普通高等学校“十四五”规划艺术设计类专业案例式系列教材
校企双元合作开发“互联网 + 教育”新形态一体化系列教材

Adobe Illustrator 2023
数字图形设计基础+商业实战

主　编　武彩云　侯　霞　徐　微
副主编　李　辉　周子强
参　编　杨　叶

扫码看本书案例视频

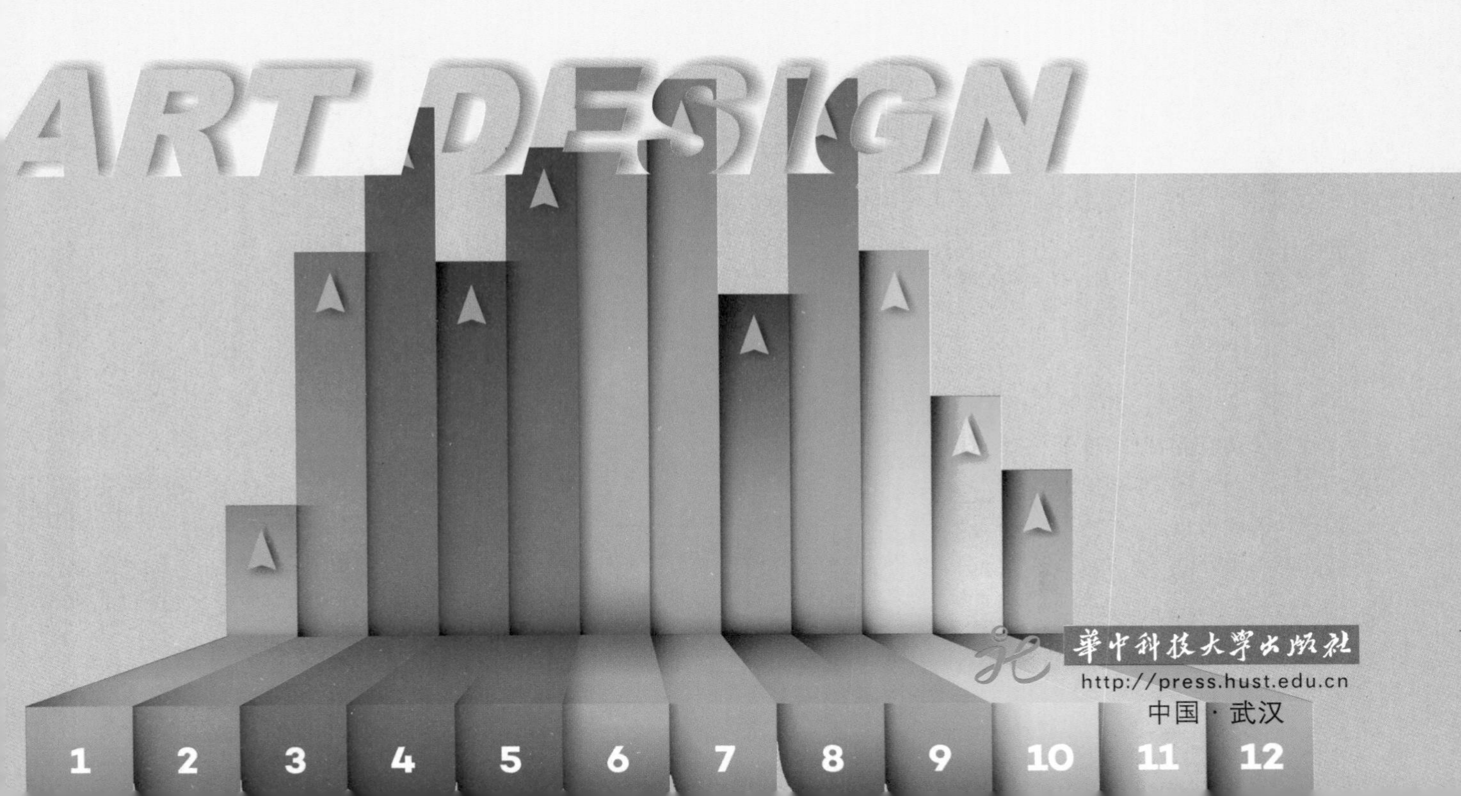

華中科技大學出版社
http://press.hust.edu.cn
中国·武汉

内容简介

本教材主要讲Adobe Illustrator软件的基础知识和商业实战项目训练，包括了9章的基础知识讲解和6章的商业实战项目讲解，本教材的主要特点是实战案例尽可能多的囊括了软件的绝大多数工具，紧贴市场、紧跟市场潮流，是训练综合技能最好的教材，适合广告设计、服装设计和动画设计等专业，本教材通过基础知识点的详细讲解介绍软件特性和使用步骤，再通过进一步的商业实战的综合案例，提升学生实际设计水平，学生通过大量的基础训练和商业实战的大案例磨练可以扎实掌握该软件的核心技能。

图书在版编目（CIP）数据

Adobe Illustrator 2023 数字图形设计基础 + 商业实战 / 武彩云，侯霞，徐微主编 . — 武汉：华中科技大学出版社，2024.2（2024.12 重印）

ISBN 978-7-5772-0454-3

Ⅰ . ① A…　Ⅱ . ①武…　②侯…　③徐…　Ⅲ . ①图形软件　Ⅳ . ① TP391.412

中国国家版本馆 CIP 数据核字（2024）第 053319 号

Adobe Illustrator 2023 数字图形设计基础 + 商业实战
Adobe Illustrator 2023 Shuzi Tuxing Sheji Jichu + Shangye Shizhan

武彩云　侯霞　徐微　主编

策划编辑：金　紫
责任编辑：王炳伦
封面设计：原色设计
责任监印：朱　玢
出版发行：华中科技大学出版社（中国・武汉）　电话：（027）81321913
　　　　　武汉市东湖新技术开发区华工科技园　邮编：430223
录　　排：孙雅丽
印　　刷：武汉科源印刷设计有限公司
开　　本：889mm×1194mm 1/16
印　　张：10
字　　数：309千字
版　　次：2024年12月第1版第2次印刷
定　　价：59.80 元

前 言

Illustrator 是 Adobe 公司开发的一款功能强大的矢量绘图软件，广泛应用于平面设计、插画绘制、书籍封面设计、标志设计、海报设计、包装设计等领域，经过漫长的发展过程，如今它已经升级到功能非常强大的 CC 2023 版本。相比于以前的版本，CC 2023 版本带来了更多的升级，能够满足设计师日益增长的需要，为广大用户提供了更出色的矢量绘图设计体验，比如新增了“全新绘图引擎”“多平台支持”“多设计师协同设计”“云端存储”等功能，同时软件更加易用，更为完整。

《Adobe Illustrator 2023 数字图形设计基础 + 商业实战》一书共分为 16 个章节，在内容安排上基本涵盖了设计工作所使用到的全部工具与命令。前 9 个章节主要介绍 Illustrator 基本概念和文件新建、打开、保存、关闭等基本操作，基本绘图工具和命令，高级绘图工具和命令，颜色系统和颜色调整的相关工具和命令，笔刷和符号的应用，文字处理和滤镜应用等；后 7 个章节则从 Illustrator 的实际应用出发，着重针对插图设计、标志设计、海报设计、名片设计、宣传折页设计、文字设计、包装设计 7 个方面进行案例式的针对性和实用性实战练习，用户不仅巩固了前面学到的基础工具和命令，也为以后的实际学习工作进行了提前“练兵”。本书尽量做到理论以够用为度，突出对学生实际动手能力的培养，每一任务均提出了相应的学习目标，让学生在学习之前就能明确学习本课程的实践应用案例，大量设计实战案例的练习，帮助学生巩固前面所学的基本知识的同时，将理论与实践结合，实现知识的串联和融会贯通。本书还发挥思政育人的作用，课程中巧妙渗透课程思政案例，深化学生的思想政治教育。

本书适合 Illustrator 的初学者，同时对具有一定 Illustrator 使用经验的读者也有很好的参考价值，还可作为学校、培训机构的教学用书，以及各类用户自学 Illustrator 的参考用书。

本书有以下显著特点。

学情分析、精准教学

针对高职学生学习特点和学习能力，结合多年教学经验、学情分析、教学成果、以及学习条件等大量的分析与研究基础上，更好地优化了教学内容，围绕教学目标进行教学设计，紧贴教学标准，精准教学，提高学生岗位实践能力。

校企共建、岗课融通

本书实现校企双元共同开发，强调知识的实用性和应用性，教学中运用企业实战案例进行实操教学，注重培养学生的实际操作能力和解决问题的能力，教学案例围绕实际企业项目开展，使学生能够将所学知识与实际岗位相结合，提高知识的转化率。

案例教学、思政育人

本书选用的案例大部分来自于企业实战案例，注重岗位需求，突出工匠精神培养。采用模块化教学，设计案例中课程思政元素的巧妙融入，弘扬中华优秀传统文化、传统美德，寓价值观引导于知识传授和能力培养之中，帮助学生塑造正确的世界观、人生观、价值观。

视频教程、互动教学

本书配套的视频教程内容与书中知识紧密结合并相互补充，可以帮助用户掌握实际的设计技能，以及处理各种设计问题的方法，达到学以致用的目的。

本书由武彩云、侯霞和徐微担任主编（工作单位：内蒙古商贸职业学院），李辉（工作单位：内蒙古中墨广告设计有限公司）、周子强（工作单位：内蒙古商贸职业学院）担任副主编，其中，第 1 ～ 9 章主要由武彩云完成，第 10 ～ 16 章主要由侯霞和徐微完成；案例、插图、校稿由李辉、周子强和杨叶完成。

本书在编写的过程中参考了有关标准、规范、图片，以及同学科的教材、习题集等，在此谨向文献资料的作者表示深深的谢意！

由于编者水平有限，书中的疏漏、不妥之处在所难免，敬请使用本书的读者批评指正。

编者

2024 年 1 月

目 录 CONTENTS

第1章 基本概念和操作

本章主要讲解使用 Illustrator CC 2023 时涉及的基本概念和操作，首先讲解 Illustrator CC 2023 在设计工作中的应用，以及矢量图和位图的相关知识，让用户对 Illustrator 的基础知识有一个初步的了解；接下来讲解 Illustrator 的界面、文件的基本操作以及辅助绘图工具的使用，为用户后续的软件学习打下良好的基础。

1.1 Illustrator 的应用领域

1.1.1 标志和 VI 设计

Illustrator CC 2023 作为功能强大的矢量绘图软件，可以非常便捷地设计企业标志、品牌商标等，如图 1-1 所示。

Illustrator CC 2023 还可以以标志为核心进行 VI 设计，如图 1-2 所示。

图 1-1

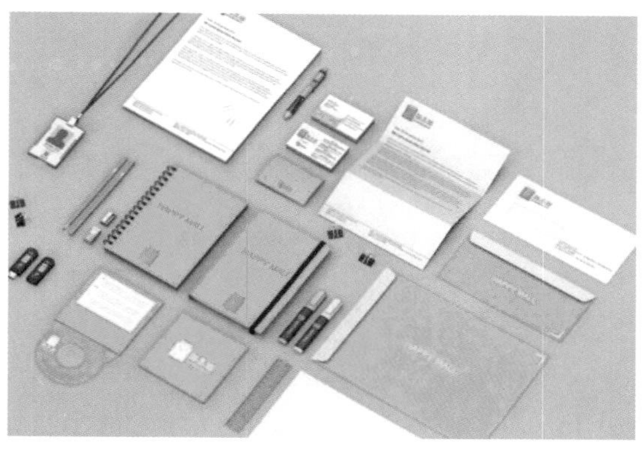

图 1-2

1.1.2 插画设计

使用 Illustrator CC 2023 可以绘制一些线条简练、颜色概括的插画，如图 1-3 所示。

图 1-3

1.1.3 平面设计

Illustrator CC 2023 可以设计专业的平面设计作品，包括广告单页、画册、折页、时尚图案、名片等，如图 1-4 ～图 1-7 所示。

图 1-4

图 1-5

图 1-6

图 1-7

1.2 矢量图与位图

学习 Illustrator CC 2023 之前，必须掌握矢量图与位图的概念。它们是设计学科最基本的概念，只要接触图片就必然会接触这两个概念。

1.2.1 矢量图与矢量对象

作为软件的使用者，用户不必对矢量这个概念有很深刻的理解，只需明白矢量图是从数学角度来描述的图形，是一系列由线连接的点。矢量图包含所绘线条的位置、长度和方向，是线条的集合，这也是矢量图文件容量十分小的主要原因。

矢量对象是矢量文件中的图像元素，而且每个对象都是一个独立的实体。它们都具有颜色、形状、轮廓、大小和位置等基本属性。因为矢量对象具有独立性，所以在对其进行各种操作（包括清晰度、弯曲度、位置、角度等属性的调节）时均不会影响文件中的其他对象。

矢量图与分辨率无关，它是按照最高的分辨率显示到输出设备上，而且它被放大无数倍以后依然清晰。在 Illustrator CC 2023 中打开矢量图，如图 1-8 所示，将其放大，就会发现矢量图没有出现位图那样的锯齿现象，而是始终保持平滑的边缘，但是矢量图最大的缺点是难以表现色彩层次丰富的逼真图像效果。Adobe 公司的 Illustrator、Corel 公司的 CorelDRAW 是众多矢量绘图设计软件中的佼佼者，大名鼎鼎的 Flash MX 制作的动画也是矢量图动画。

图1-8

1.2.2 位图

位图也称像素图或点阵图，是由多个点组成的，这些点被称为像素，位图就是由这些无数细小的像素组成的图像，组成图像的每一个像素都拥有自己的位置、亮度和大小等，位图的大小取决于像素数目的多少，而位图的颜色则取决于像素的颜色。位图图像的清晰度与分辨率有关，分辨率代表单位面积内包含的像素数量，分辨率越高，单位面积内的像素就越多，图像也就越清晰，因此位图放大以后会出现锯齿现象，如图 1–9 所示。但位图可以展示照片的真实效果，具有表现力强、细腻、层次多和细节多等优点，同时由于位图是由多个像素点组成的，将位图图像放大到一定倍数时可看到这些像素点，也就是说位图在缩放时会失真。Adobe 公司的 Photoshop 软件就是代表性的位图软件。

矢量图和位图各有优缺点，两者各自的优点几乎是无法相互替代的，所以，长久以来，矢量图跟位图在应用中一直是平分秋色。

图1-9

在应用软件时，须发挥不同软件的特长，图像、照片和常见的大喷绘等一般采用 Photoshop 软件处理；设计标志、矢量插图、排版等就采用 Illustrator 软件处理；再如做印刷品，可用 Illustrator 排版，Photoshop 做底图后，链接或导入 Illustrator 中，再进行排版和修饰。

1.2.3 矢量图和位图的相互转换

1. 将矢量图转换为位图

在 Illustrator CC 2023 中选中矢量图，按住【Ctrl】+【C】组合键复制图像，然后在 Photoshop 中新建一个文件，按住【Ctrl】+【V】组合键，会弹出图 1–10 所示的面板，在其中可以选择不同的粘贴选项。一般情况下选择默认的“智能对象（O）”选项即可，这个选项的特点是保留导入图片的矢量特点，单击“确定”按钮后会看到画板中出现导入的变换框，如图 1–11 所示。按【Enter】键确认后，“图层”面板中将出现一个“矢量智能对象”图层，如图 1–12 所示。

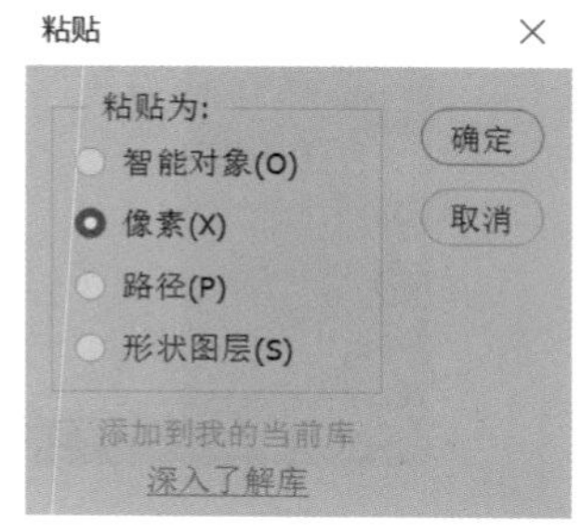

图1-10

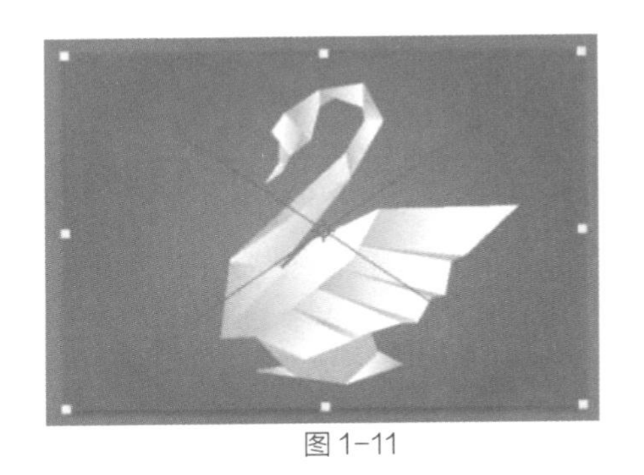

图 1-11

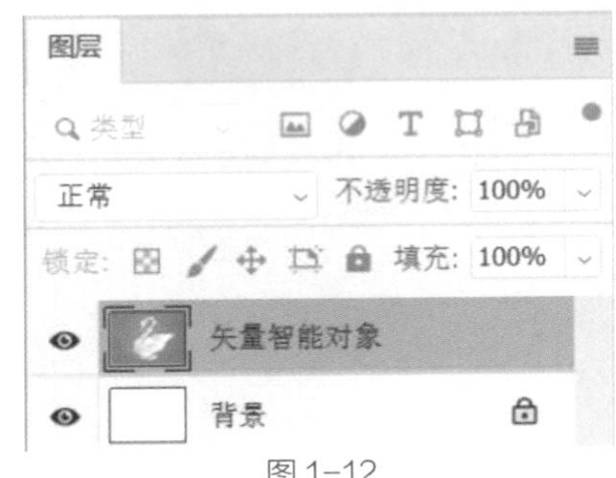

图 1-12

2. 将位图转换为矢量图

在 Illustrator CC 2023 中导入一张位图之后，选中它执行控制面板中的“图像描摹”功能，即可将其转换为矢量图。图 1-13 所示是“图像描摹”面板，单击其中的某个命令即可完成描摹的过程。图 1-14 所示是执行“自动着色”选项的结果，还可将其进行“扩展”为可编辑的路径状态，图 1-15 所示是扩展后的效果。

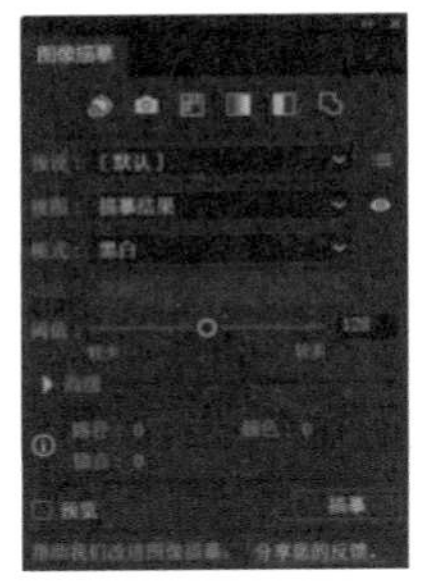

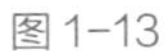

图 1-13

图 1-14

图 1-15

1.3 Illustrator CC 2023 界面

Illustrator CC 2023 支持多个画板同时操作，可以在一个文件内同时处理多个相关的文件，如宣传册的正反面、画册的多个页面、VI 的多个页面等，能够有效地提高工作效率，如图 1-16 所示。

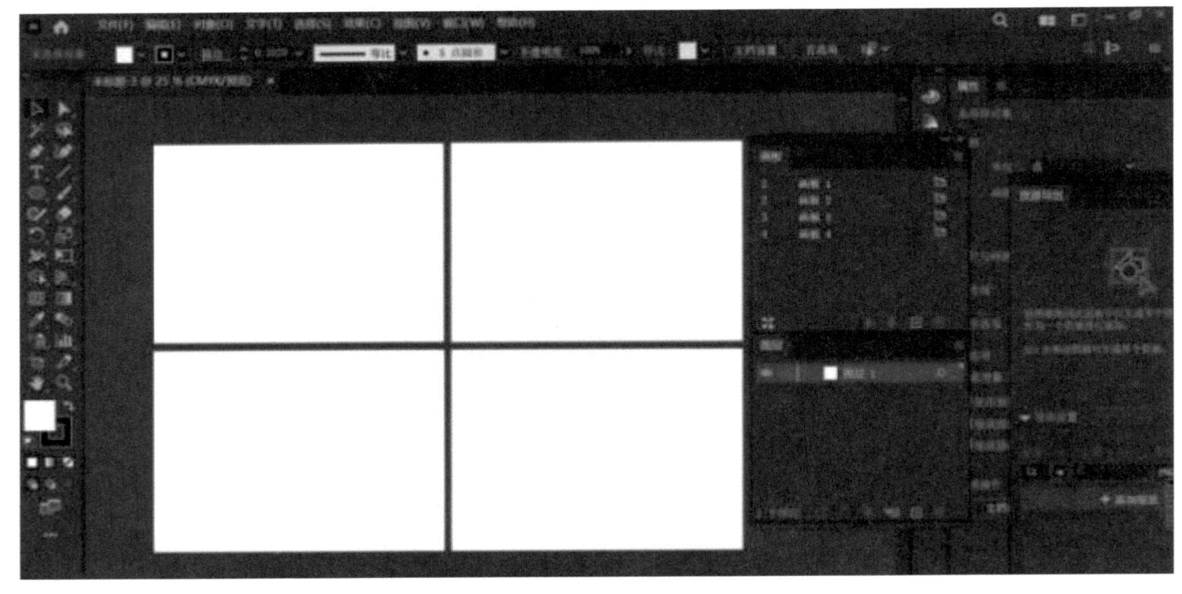

图 1-16

同时操作多个画板还有一个好处，当需要将不同画板的文件分别导出为独立的 JPEG 文件时，用户可以在导出对话框中勾选“使用画板（U）”选项，选择“全部（A）”选项进行画板全部导出，也可以单击“范围”选项设置画板导出的范围，如导出第 1 ～ 2 块画板就在“导出”面板的“范围”输入框里面输入数字“1–2”即可，如图 1–17 所示。

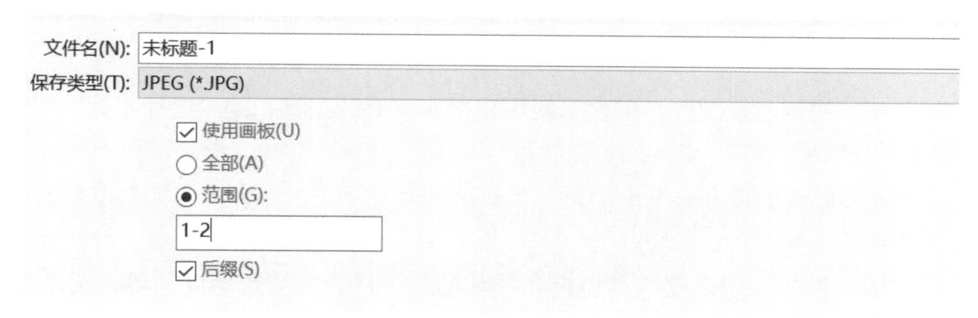

图 1–17

1.3.1 工作区的认识

当打开 Illustrator 软件时，会看到软件界面整体布局，主要分为五个功能区域，分别是菜单栏、控制面板、工具箱、浮动面板、绘图区域，如图 1–18 所示。

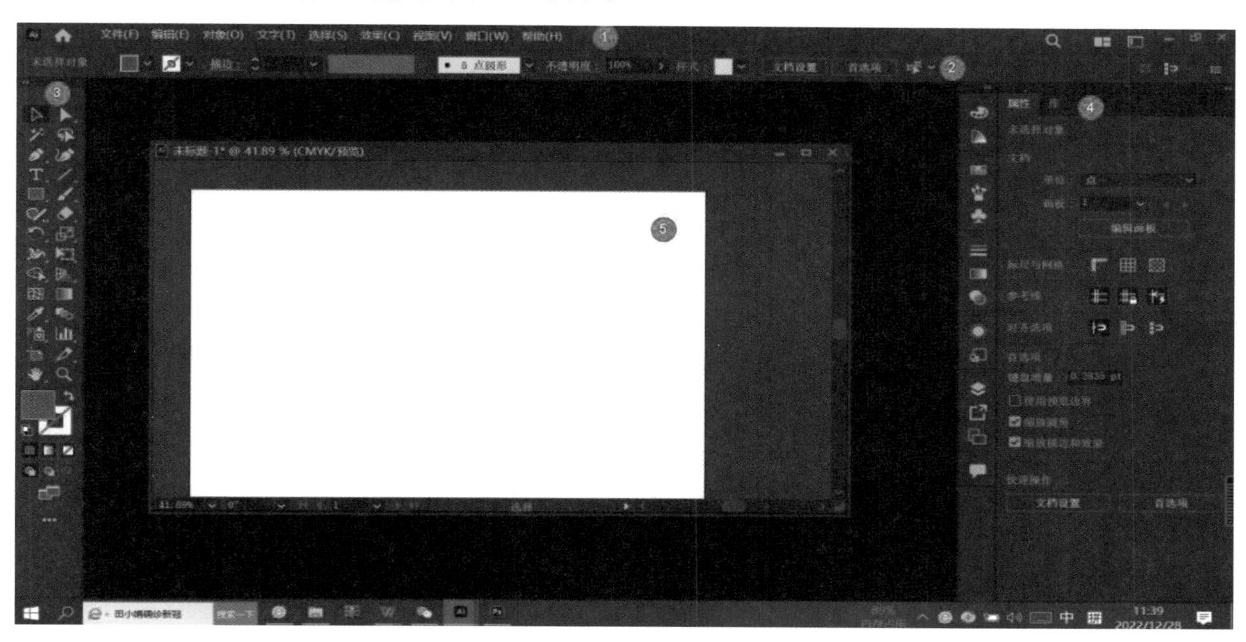

图 1–18

提示：在学习菜单命令的时候，注意有意识地观察每个主菜单的特点，如“文件”菜单下集中了关于创建、保持、导出和导入文件、打印等有关文件基本操作的命令，“对象”菜单下集中了 Illustrator 对于路径对象的很多高级的编辑命令。

下面讲解工作区的各个功能区域。

①菜单栏：设计中的基本操作都能从菜单栏里找到。

②控制面板：对不同操作状态的即时命令面板，如在没有选择任何对象的情况下，可设置文档的尺寸和软件的“首选项”，如图 1–19 所示。

未选择对象　描边：0.3528　等比　5 点圆形　不透明度：100%　样式：　文档设置　首选项

图 1–19

当选择某个对象的时候，会出现能够修改其尺寸和坐标的选项，如图 1–20 所示，同时要注意，在控制面板的最左边会提示当前所选对象的属性，下图表示所选图形是一个“锚点”对象。

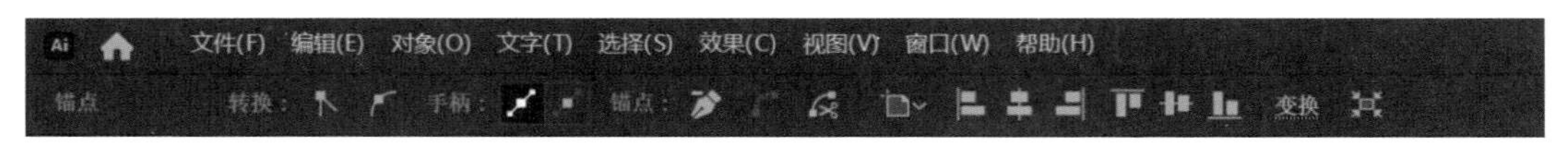

图 1–20

③工具箱：Illustrator 的核心控制区，包含了使用频率非常高的工具，如“选择工具”“绘图工具”“钢笔工具”“文字工具”等。

提示：工具箱中若图标右下角有一个小三角，则表示里面有隐藏工具，在该工具图标上单击鼠标右键，就能打开隐藏的工具菜单。

④浮动面板：包括“描边”“渐变”“色板”“画笔”“符合”“透明度”等，通常情况下需要结合菜单和工具箱才能真正发挥面板的强大功能。

提示：通常情况下，按住【Shift】+【Tab】组合键可以快速地隐藏所有的浮动面板，再按一次则取消隐藏，而按【Tab】键可以将浮动面板和工具箱一起隐藏。这与 Photoshop 是一样的，因为它们都是 Adobe 公司开发的软件，存在很多相似甚至相同的操作方法，所以用户在具备 Photoshop 的学习基础上再学习 Illustrator 会轻松很多。

⑤画板：绘图的工作窗口，也是在打印时有效的打印范围。

1.3.2 两种智能绘图模式

除了正常绘图模式，Illustrator CC 2023 还有两种智能的绘图模式（背面绘图模式和内部绘图模式），在工具箱中可单击图标进行切换，如图 1–21 所示。

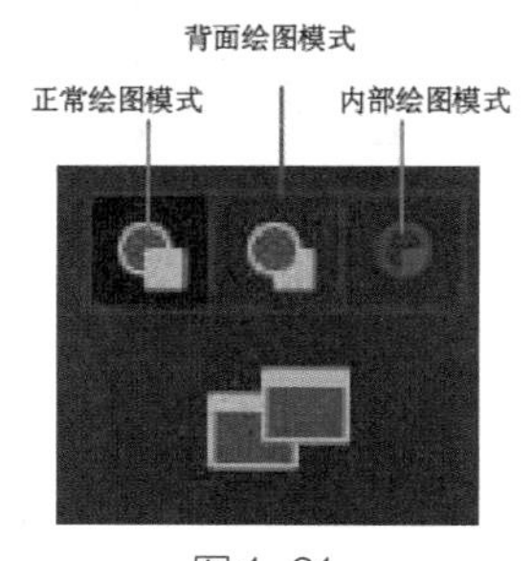

图 1–21

1. 背面绘图模式

使用背面绘图模式时，新画的图形会出现在选中图形的下方，重叠的地方默认会被遮住。Illustrator 默认的正常绘图模式是新画的图形总是在最上方，如果想让旧图形覆盖新图形就需要画完后再调整层次，而这一模式则省去了这一步。

2. 内部绘图模式

使用内部绘图模式时，不管怎么画，只有图形内部的部分会显示出来，其实生成的是一个自动蒙版的编组对象。

下面用几个图形来讲解这个模式。首先使用“矩形工具”绘制一个长方形，如图 1–22 所示。然后单击“内部绘图模式”按钮，长方形四角出现了虚线表示进入内部绘图模式，如图 1–23 所示。

图 1–22

图 1–23

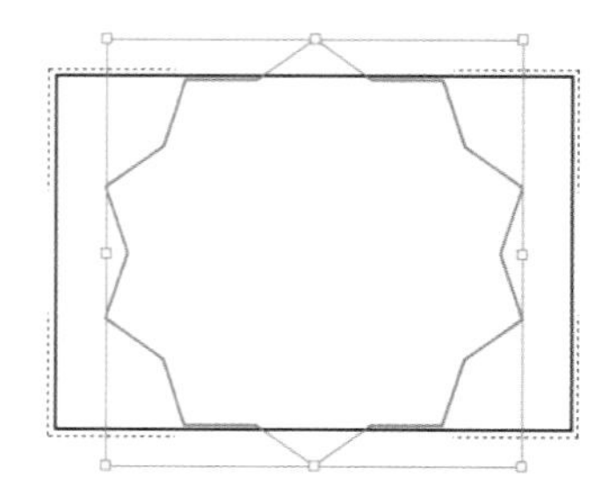

图 1–24

使用“星形工具”在长方形的中心点按住【Shift】和【Alt】组合键创建一个以鼠标指针落点为中心的十角星形状，如图 1–24 所示。然后使用工具箱的“移动工具”在图形的外部任何地方单击，取消其选择状态，会发现五角星进入长方形里，此时如果使用“编组选择工具”单击五角星可单独选中它，然后为它设置一个颜色，如图 1–25 所示。

如使用“选择工具”选中整个编组对象，然后单击鼠标右键，在弹出的右键菜单中将出现图 1–26 所示的“释放剪切蒙版”命令（这也印证了使用内部绘图得到是一个蒙版对象），执行这个命令后，十角星即可被分离出来，此时可将矩形和十角星两个图形分别移动到不同的位置，如图 1–27 所示。

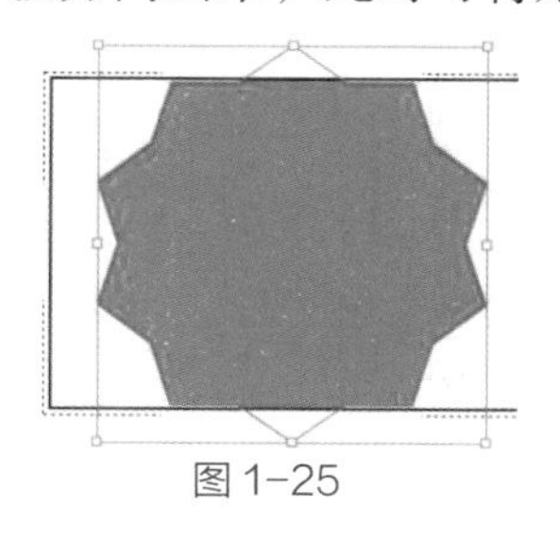

图 1–25

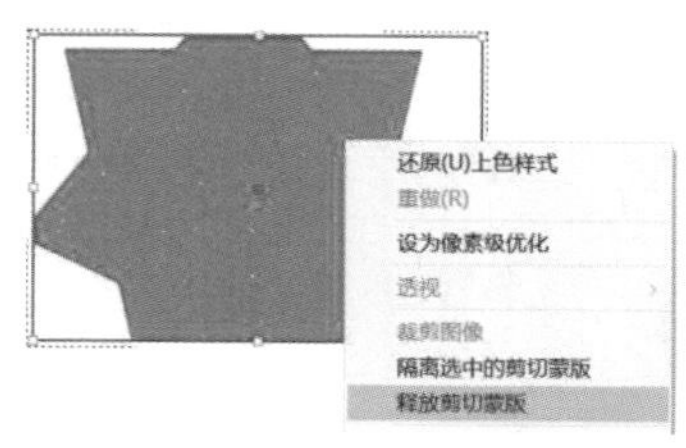

图 1–26

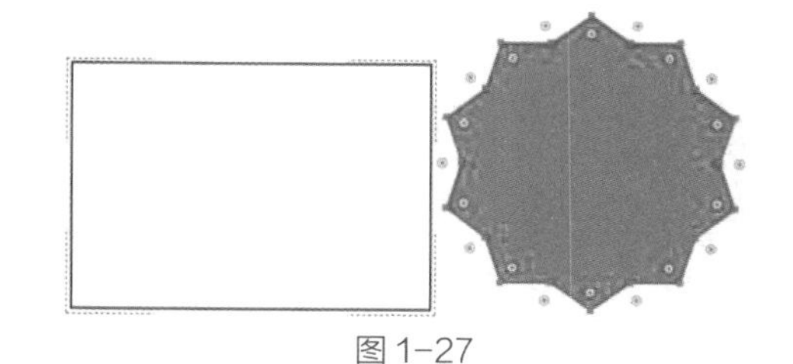

图 1–27

1.4 文件基本操作

Illustrator CC 2023 和很多的矢量绘图软件在操作方法、概念上并没有太大的区别。前面的学习让用户对 Illustrator CC 2023 有了大致的了解，本节将引导用户进行实际操作。因为不管用户学习什么样的软件，最为基础的内容是学习基本的操作知识，所以本节要求用户能熟练掌握软件的基本操作，为后续的软件应用打下良好的基础。

1.4.1 文件的基本操作

1. 文件的新建

执行“文件→新建”或按住【Ctrl】+【N】组合键，出现如图 1–28 所示的“新建文档”面板，在此面板中可以设置文档名称、文件的尺寸、单位、方向等，其中“画板”选项可以设置多个画板，“出血”功能可以指定画板每一侧的出血位置。如果对不同的侧要使用不同的值，可以单击右侧“链锁”形按钮，再输入数值。出血是指超出打印边缘的区域，设置出血以后，可以确保在最终裁剪时页面上不会出现白边。

图 1–28

2. 打开文件

执行“文件→打开”命令，打开图 1–29 所示的“打开”面板，在其中选择需要打开的文件，然后单击右下角的“打开”按钮即可。也可以直接双击由 Illustrator 创建的后缀名为 .ai 的源文件来打开一个文件。

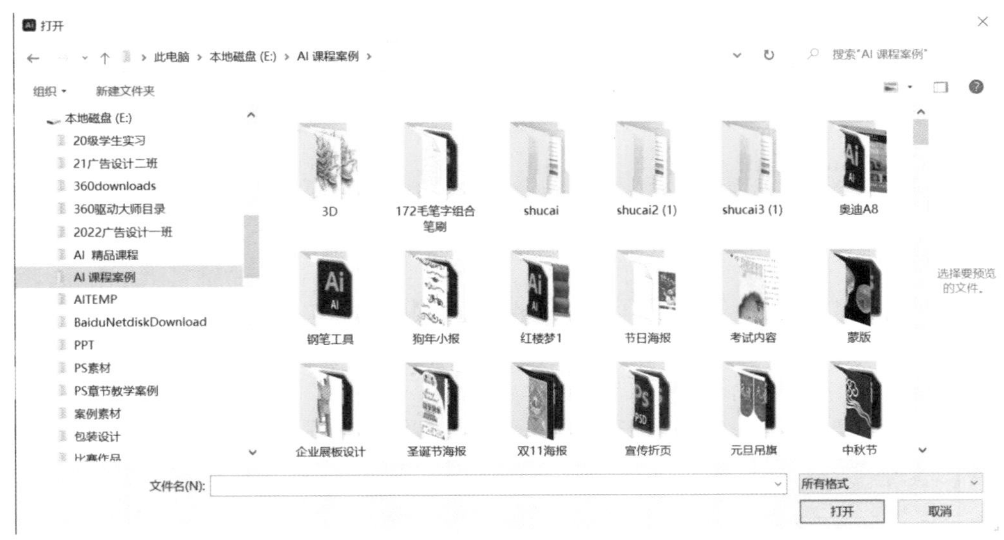

图 1–29

3. 关闭文件

在 Illustrator 中执行“文件→关闭”命令或按住【Ctrl】+【W】组合键可关闭文件。如果文件在关闭之前没有保存，系统会弹出提示是否存储的对话框，如图 1–30 所示，可根据实际情况来选择保存还是放弃。

图 1–30

4. 保存文件

在 Illustrator 中执行“文件→存储”命令或按住【Ctrl】+【S】组合键可保存文件。当需要将当前的文件另存为一个版本时，可执行“文件→存储副本”命令或按住【Ctrl】+【Alt】+【S】组合键将当前文件重新命名并保存为一个新的文件，如图 1–31 所示。

图 1–31

提示：1. 由于有的时候计算机会出现死机的情况，所以用户应养成随时保存文件的良好习惯。

2. 因为 Illustrator 保存文件的默认格式为 .ai，所以很多人会使用“AI”来称呼 Illustrator。

5. 置入和导出文件

在 Illustrator 执行“文件→置入”命令，系统将弹出如图 1-32 所示的“置入”面板。这个命令主要针对非 Illustrator 源格式文件的导入，如 PSD、JPEG、TIFF 等图片格式的导入。当需要将 Illustrator 源文件格式导出为其他格式的文件时，执行“文件→导出”命令，系统将弹出“导出”面板，在其中可以选择多种常用的图片格式，如 JPEG、PSD、PNG 等，此外还可以导出 SWF 动画格式。

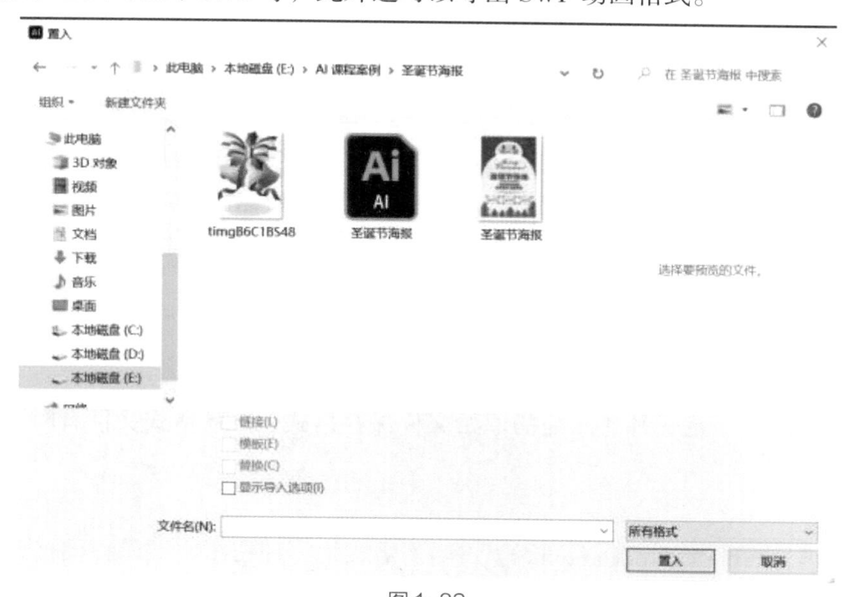

图 1-32

6. 文件的格式

日常操作计算机的过程中，经常会遇到以某一种格式存储的图像文件在某一操作系统或者其他应用软件中无法打开的情况。当然，不仅是图像文件，还有许多格式的文件都需要特殊的软件才能打开。因此了解如何使用文件格式、不同图像文件格式之间的转换非常重要。下面对常用的图像文件格式进行讲解。

1）AI 格式

Illustrator 创建的文件默认情况下存储为 AI 格式的文件，这种文件只有使用 Illustrator 才可以打开。另外，一般情况下低版本的 Illustrator 不能打开高版本的 AI 格式文件，或者即使打开了，也不能完整展示高版本 Illustrator 创建的 AI 文件的特性。所以，在存储文件格式的时候要注意选择软件的版本，考虑到印刷厂的电脑设备可能没有安装高版本的软件，需要将其保存为低版本的 AI 文件。首先在“存储为”面板中选择 AI 格式，然后单击“保存”按钮，此时系统会弹出图 1-33 所示的“Illustrator 选项”面板，在其中可以选择保存文件的不同版本。

提示：建议在保存文件时尽量选择低版本 Illustrator，避免在 Illustrator 低版本软件中无法正常打开文件。

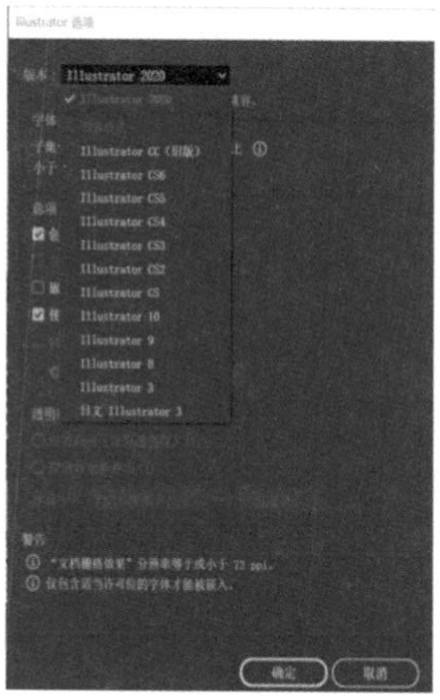

图 1-33

2）BMP 格式

BMP 是英文 Bitmap（位图）的简写，它是 Windows 操作系统中的标准图像文件格式，被多种 Windows 应用程序支持。随着 Windows 操作系统应用程序的大量开发，BMP 格式位图被广泛应用。所以，目前 BMP 在计算机上比较流行。这种格式的特点是包含的图像信息较丰富，几乎不进行压缩，但由此导致了它与生俱来的缺点——占用磁盘空间过大。

3）GIF 格式

GIF 格式的文件是 8 位图像文件，最多为 256 色，不支持 Alpha 通道。GIF 格式的文件较小，常用于网络传输，在网页上见到的图片大多是 GIF 和 JPEG 格式的。与 JPEG 格式相比，GIF 格式的优点在于可以保持动画和透明效果。

4）JPEG 格式

JPEG 格式是目前网络上最流行的图像格式，一般简称为 JPG 格式，可以把图像文件压缩到最小。JPEG 格式的图片在获得极高压缩率的同时能将图像展现得十分丰富生动。由于容量小，因此非常适合应用于互联网，可减少图像的传输时间，也普遍应用于需要连续色调效果的图像。

5）TIFF 格式

TIFF 是 MAC 操作系统中广泛使用的图像格式，它由 Aldus 公司和微软联合开发，最初是出于跨平台存储扫描图像的需要而设计的。它的特点是存储信息多。正因为它存储的图像细微层次的信息非常多，图像的质量也得以提高，所以非常有利于原稿的保存。不过，由于 TIFF 格式结构较为复杂，兼容性较差，因此部分软件可能无法正确识别 TIFF 文件（绝大部分软件都已解决了这个问题），目前在计算机上移植 TIFF 文件也十分便捷，因而 TIFF 也是在计算机上使用较广泛的图像文件格式之一。

6）PSD 格式

PSD 格式是 Photoshop 图像处理软件的专用文件格式，文件扩展名是 .psd，可以支持图层、通道、蒙版和不同色彩模式的各种图像，是一种非压缩的原始文件保存格式，PSD 格式文件有时容量会很大，但可以保留所有原始信息。

7）PNG 格式

可移植网络图形（portable network graphics，PNG）格式是一种位图文件的存储格式，PNG 能够提供长度比 GIF 小 30% 的无损压缩图像文件。PNG 失真率较小，支持透明图像，但不支持动画效果。

9）SWF 格式

利用 Flash 可以制作出一种后缀名为 .swf 的动画，这种格式的动画图像能够用比较小的体积来表现丰富的多媒体形式。在图像的传输方面，不必等文件全部下载完才能观看，而是可以边下载边看，因此非常适合网络传输，特别是在传输速率不佳的情况下，也能取得较好的观看效果。SWF 如今已被大量应用于 Web 网页进行多媒体演示与交互性设计。此外，SWF 动画是基于矢量技术制作的，因此不管将画面放大多少倍，画质都不会有任何损害。因而，SWF 格式作品以其高清晰度的画质和小巧的体积，受到越来越多网页设计者的青睐，逐渐成为网页动画和网页图片设计制作的主流。

9）SVG 格式

SVG 也是目前比较热门的图像文件格式，它的英文全称为 scalable vector graphics，意思为可缩放的矢量图形。它基于 XML，由 World Wide Web Consortium（W3C）联盟进行开发。严格来说是 SVG 一种开放标准的矢量图形语言，可应用于设计高分辨率的 Web 图形页面。用户可以直接用代码来描绘图像，用任何文字处理工具打开 SVG 图像，通过改变部分代码来使图像具有交互功能，并可以随时插入 HTML 中通过浏览器来观看。

SVG 具有目前网络流行格式 GIF 和 JPEG 无法具备的优势——可以任意放大图形显示，但绝不会以牺牲图像质量为代价。其中文字在 SVG 图像中处于可编辑和可搜寻的状态。SVG 文件比 JPEG 和 GIF 格式文件的容量要小很多，因而下载速度也更快。SVG 的开发将会为 Web 提供新的图像标准。

10）EPS 格式

EPS（encapsulated post script）是计算机中较少见的一种格式，而在 MAC 操作系统中用得较多。它是用 PostScript 语言描述的一种 ASCII 码文件格式，主要用于排版、打印等输出工作。

1.4.2 视图的基本操作

有关文件视图的基本操作命令几乎全部位于“视图”菜单下，也可以通过相关的快捷键来进行操作。下面就来具体地讲解一下相关操作。

1. 放大和缩小视图

使用工具箱中的“缩放工具”可以起到放大或缩小图像的作用，光标在画面内为一个带加号的放大镜时，使用这个放大镜，单击可实现图像的放大；光标为一个带减号的放大镜时，单击可实现图像的缩小。也可使用放大镜工具在画面内圈出部分区域，来实现放大或缩小指定区域的操作。

2. 移动视图

当图像的显示比例较大时，图像窗口不能完全显示整幅画面，这时可以使用“抓手工具”来拖动画面，以显示图像的不同部位。

3. 视图的显示模式

在 Illustrator 中除了正常的视图显示模式，还有一种“轮廓”视图显示模式。打开一张矢量插画作品，执行“视图→轮廓”命令，以轮廓视图的方式观察对象，图 1-34 所示分别是同一图像的正常视图模式和轮廓视图模式。

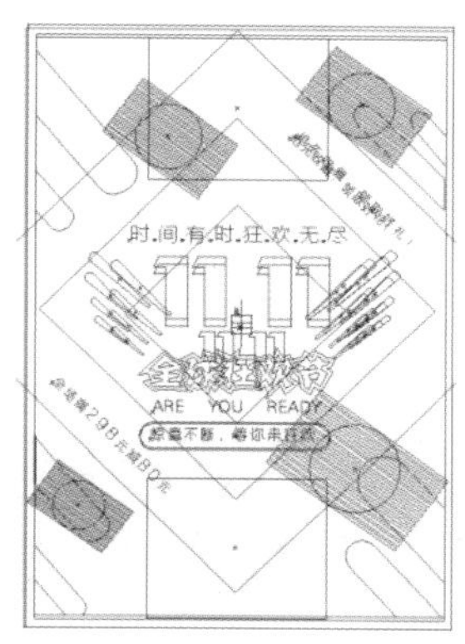

图 1-34

提示：绘制比较复杂的场景时，如果一直使用正常的视图显示模式会导致屏幕刷新变慢，如果只是为了观察版面的位置和比例，可以开启轮廓视图模式来加快屏幕的刷新速度。

1.5 辅助绘图工具的使用

1.5.1 标尺

用户可以在绘图窗口中显示标尺，以准确地绘制、缩放和对齐对象。标尺可以隐藏或移动到绘图窗口的另一位置，还可以帮助用户捕捉对象。

1. 打开和隐藏标尺

执行“视图→标尺→显示标尺”命令就可以显示标尺。在标尺显示之后，该菜单的同样位置处则会显示“隐藏标尺”命令，选择后标尺就会被隐藏起来。该组命令的快捷键为【Ctrl】+【R】。

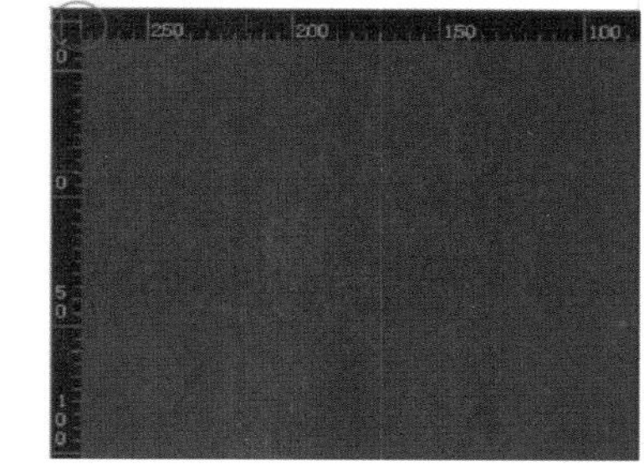

图 1-35

2. 改变标尺原点

在默认情况下，标尺的原点位于页面的左上角，如图 1-35 所示。但有时候因为设计的需要，也可以改变标尺原点的位置。这时只要拖动图 1–35 所示的标尺刻度左上角的位置，即可重新定位标尺原点位置。

3. 标尺单位的更改

在默认情况下，标尺的单位为像素。当需要更改默认的标尺单位时，在标尺的刻度上单击鼠标右键，在弹出的右键菜单中可以选择其他单位，如图 1–36 所示。

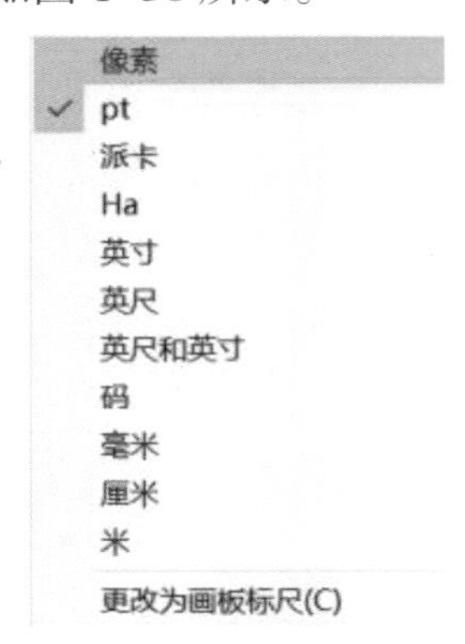

图 1–36

1.5.2 网格

网格是一系列交叉的网格或点，可以用来在绘图窗口中精确地对齐和定位对象。

1. 网格的显示与隐藏

执行“视图→显示网格”命令即可显示网格。在网格显示之后，该菜单的同样位置处会显示“隐藏网格”命令，执行此命令后网格就会被隐藏起来，如图 1–37 所示。

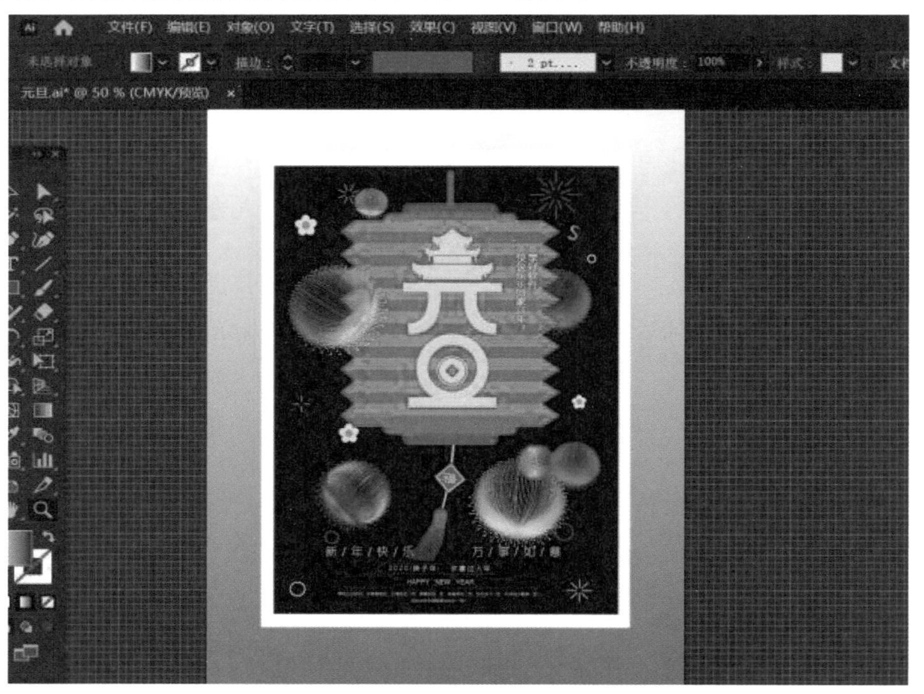

图 1–37

2. 对齐网格

如果在作图时希望图形能够对齐到网格，达到精确计算和控制绘图过程的目的，可以执行“视图→对齐网格”命令。

1.5.3 参考线

参考线是可放置在绘图窗口任何位置以帮助精确放置对象的直线。参考线共分为两种类型——普通参考线和智能参考线。其中，普通参考线分为水平参考线和垂直参考线。默认情况下 Illustrator CC 2023 会显示添加到绘图窗口的参考线，但是用户随时都可以将它们隐藏起来。

用户执行“使对象与参考线对齐”命令后，当对象靠近参考线时，对象就只能位于参考线的中间，或者与参考线的任何一端对齐。

1. 参考线的显示和隐藏

执行“视图→参考线→显示参考线”命令可以显示参考线。在参考线显示出来之后，该菜单的同样位置会显示“隐藏参考线”命令，执行该命令后参考线就会被隐藏起来。

2. 参考线的添加

可以直接从水平标尺上拖出水平参考线，或者从垂直的标尺上拖出垂直参考线。

3. 参考线的锁定与锁定解除

在作图的过程中，为了防止对参考线进行错误操作，默认情况下参考线是被锁定的。执行“视图→参考线→锁定参考线 / 解锁参考线”命令可对参考线进行锁定和解锁操作。

4. 智能参考线

智能参考线是 Illustrator CC 2023 默认打开的一个功能，是在创建或操作对象和画板时显示的临时对齐参考线。通过对齐和显示 X、Y 位置和偏移值，这些参考线可帮助用户参照其他对象或画板来对齐、编辑和变换对象或画板。

5. 参考线的自定义

按住【Ctrl】+【K】组合键可打开“首选项”面板，如图 1-38 所示。选择“参考线和网格”选项可以修改参考线的颜色、样式等属性。同理，也可以在这个面板中修改一些其他的软件预置的默认参数，包括智能参考线、用户界面、文字、单位等。

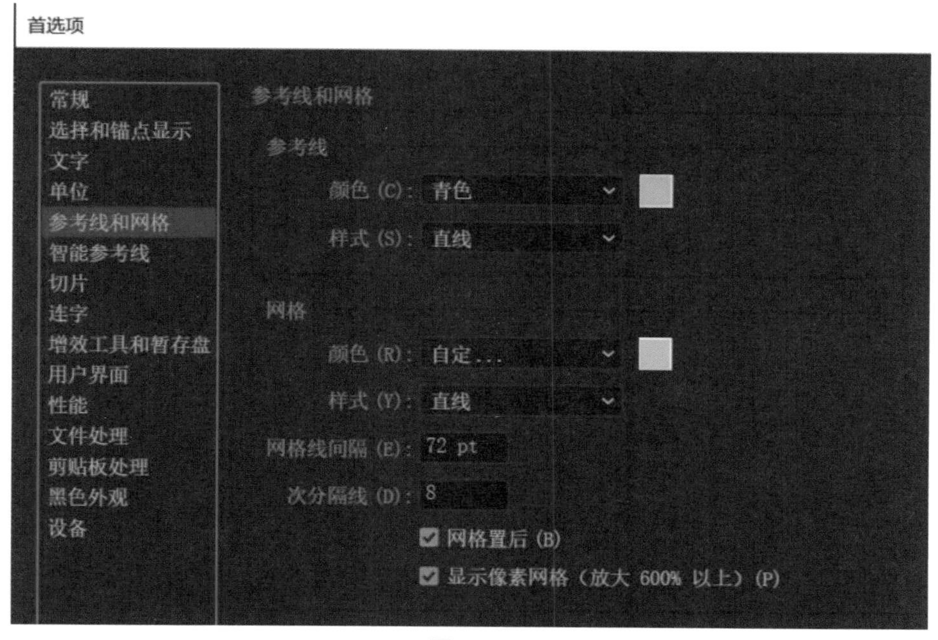

图 1-38

第2章 基本绘图工具和命令

本章主要讲解 Illustrator CC 2023 的基本绘图工具和命令。首先讲解基本几何造型工具组、选择工具组、钢笔工具组和路径查找器面板等基本绘图工具；然后讲解对象的顺序、排列、对齐、变形、锁定与解锁、显示与隐藏、编组与取消编组等绘图中的基本命令。

第 1 章对 Illustrator CC 2023 进行初步介绍后，从本章开始，用户要充分调动手和脑去应用软件。因为 Illustrator CC 2023 是一个应用型软件，所以在学习过程中动手实践非常重要，只有用心地了解和体会，才可以将软件应用得非常熟练。下面从最基础的绘图工具和命令开始学习。

2.1 基本几何造型工具组

基本几何造型工具组包含如图 2–1 所示的几种工具。这些工具虽然是最简单的矩形、椭圆、多边形等基本形状，但是世界上所有复杂的形状都是由这些最基本的形状变化而来的，所以掌握这些工具非常重要，另外还需要掌握这些工具的使用技巧。

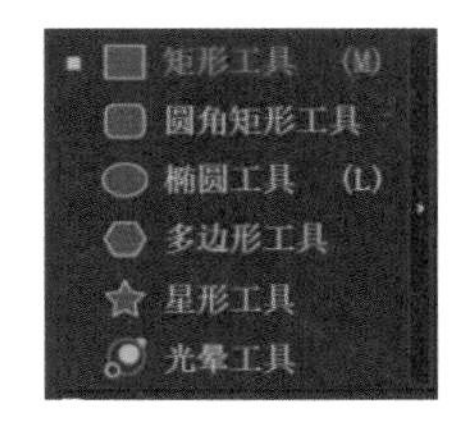

图 2–1

1. 矩形工具和椭圆工具

创建矩形的方法有两种：一种是选择矩形工具后直接在页面上拖曳鼠标；另一种是在选择矩形工具的状态下，单击页面，打开如图 2–2 所示“矩形”面板，在其中输入矩形的宽度和高度，然后单击“确定”按钮。绘制矩形时用户可以按住【Alt】键，在页面中某一位置单击并按住鼠标左键不放，拖曳鼠标到需要的位置释放鼠标，可以绘制一个以鼠标单击点为中心的矩形。使用同样的方法绘制矩形时按住【Shift】键可以绘制一个正方形，同时按住【Alt】键 +【Shift】键可以绘制一个以鼠标单击点为中心的正方形。在绘制圆形、多边形、星形时此方法同样适用。

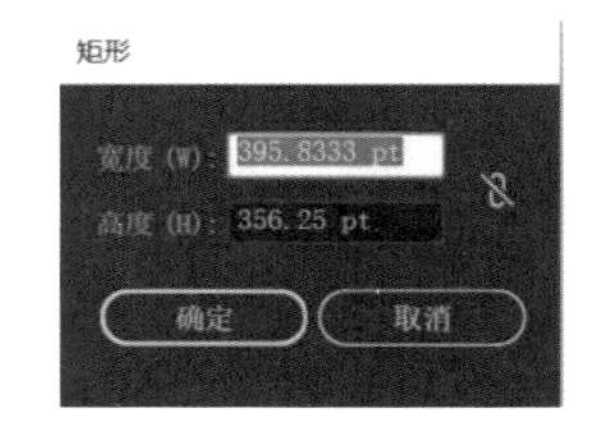

图 2–2

椭圆工具的使用方法和参数设置与矩形工具一样，可以自行尝试操作。

提示：绘制矩形图形的过程中，按住【Shift】键，可以绘制正方形；按住【Shift】+【Alt】组合键可以绘制以鼠标单击点为中心的正方形；按住【空格】键可以移动图形。此方法同样适用于其他的基本几何造型工具。

2. 圆角矩形工具

创建圆角矩形的方法有两种：一种是选择圆角矩形工具后直接在页面上拖曳鼠标；另一种是在选择圆角矩形工具的状态下，单击页面，打开如图 2–3 所示“圆角矩形”面板，在其中输入圆角矩形的宽度、高度和圆角半径的数值，然后单击 “确定”按钮。

圆角半径用于确定圆角的大小，图 2–4 所示从左至右是当圆角矩形的宽度和高度都为 100mm 的时候，圆角半径分别是 0mm、10mm、20mm、40mm、50mm 的不同结果。

提示：绘制圆角矩形时，在不松开鼠标的情况下，按住【↑】键和【↓】键就可以改变圆角的半径，按住【↑】键圆角半径会越来越大，按住【↓】键圆角半径会越来越小。按住【←】键则可使圆角半径变成最小值，按住【→】键则可使圆角半径变为最大值。

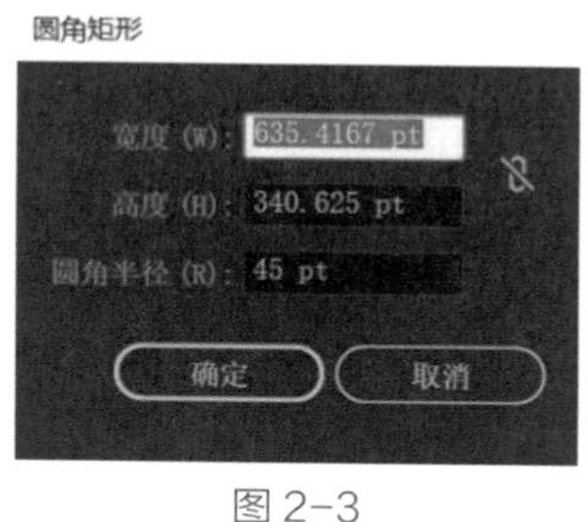

图 2-3

图 2-4

3. 多边形工具

使用多边形工具绘制的多边形都是规则的正多边形。多边形工具的面板如图 2-5 所示。该面板中边数的最小值为 3。边数越大创建出的图形越接近于圆形。不同边数的绘制效果如图 2-6 所示。

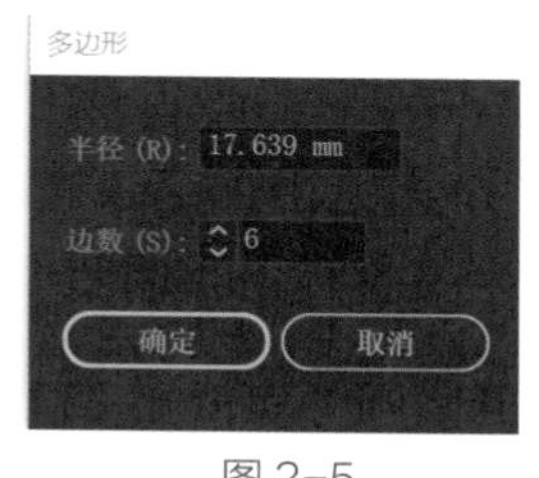

图 2-5

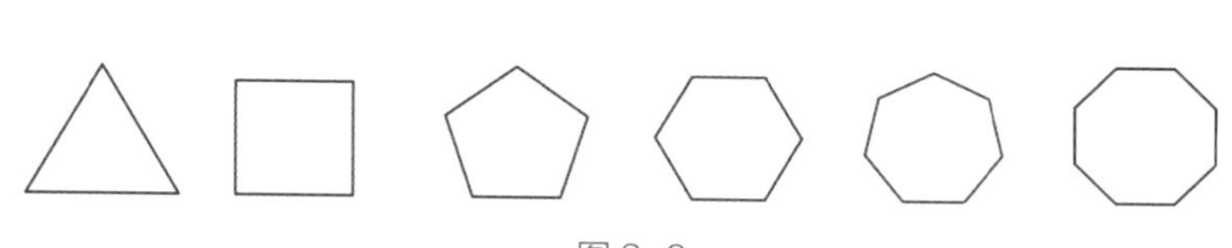
图 2-6

提示：绘制多边形时，在不松开鼠标左键的情况下，按住【↑】键或【↓】键可以增加或减少多边形的边数。

4. 星形工具

星形工具可以绘制角点数不同的星形图形。星形工具的面板如图 2-7 所示。半径 1 和半径 2 数值的差值越大，绘制出的星形的锐度越大，反之锐度越小。角点数决定了有多少个星角。图 2-8 所示是采用不同参数设置得到的星形。

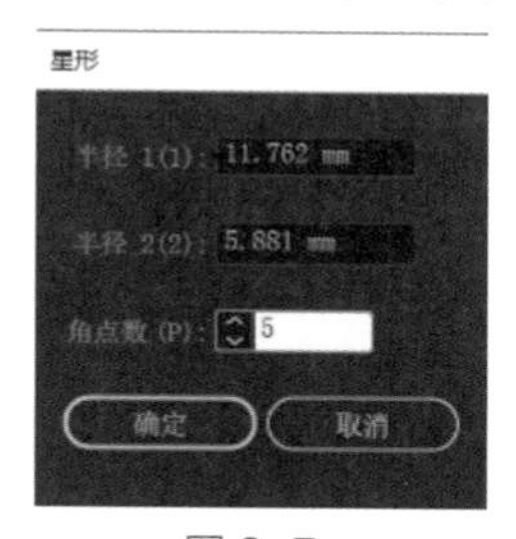

图 2-7

图 2-8

提示：绘制星形时，在不松开鼠标左键的情况下，按住【Ctrl】键，可以保持星形内切圆的半径不变，外切圆的半径增大，对比效果如图 2-9 所示；按住【Alt】键可以保持星形的边是直线，同时，可以利用【↑】键和【↓】键来调整星形边数。

另外，使用基本几何造型工具时，在不松开鼠标左键的情况下，按住【～】键，移动鼠标，可以快速复制多个基本形状。

图 2-9

5. 光晕工具

光晕工具可以用来绘制光晕效果，如阳光、珠宝、光线等。如果绘制的光晕效果需要调整，可以选择画出的光晕，然后双击“光晕工具”按钮，会出现光晕工具选项面板，再进行详细的参数设置。这个工具使用的频率比较低，用户可以自己练习体验。

2.2 选择工具组

1. 选择工具

选择工具是用来选择图形或图形组的工具，这个工具非常基础，但是十分重要。使用它单击或框选一个或多个对象之后，默认情况下对象的周围会出现如图 2-10 所示的定界框。用户可以通过定界框对对象进行缩放、旋转等操作。

图 2-10

提示：由于选择工具使用非常频繁，用户有必要记住它的快捷键，其中一种方法是在任何情况下按【V】键就可以快速切换为选择工具，另一种方法是在使用其他工具的时候按住【Ctrl】键可临时切换为选择工具。

2. 直接选择工具

直接选择工具用于选择一个或多个路径锚点，选中锚点后可以改变锚点的位置和性质。被选中的锚点为实心状态，如图 2-11 ～图 2-14 所示。

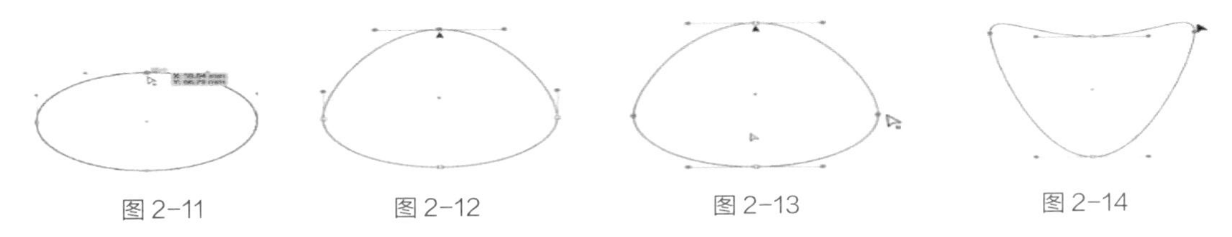

图 2-11　　图 2-12　　图 2-13　　图 2-14

提示：在某个锚点上单击鼠标左键，则该锚点会转变为实心状态且被选中；在图形内部单击鼠标左键则整个图形被选中。如果要挑选几个锚点，则可以按住【Shift】键加选或减选，也可以框选几个锚点进行统一操作。

3. 编组选择工具

当画板中的对象比较多的时候，需要把其中相关的对象进行编组以便控制和操作，对多个对象进行编组的快捷键是【Ctrl】+【G】，而取消编组的快捷键是【Ctrl】+【Alt】+【G】，编组选择工具针对的就是编组对象，图 2-15 打开的是一个编组对象，正常情况下，用选择工具选择会选中整个编组对象，而使用编组选择工具则可以在不取消编组的情况下，选中组里面的单独对象进行移动、编辑等，如图 2-16 所示。

图 2-15

图 2-16

4. 套索工具

用套索工具来选择图形，只有在鼠标选择区域范围内的图形或锚点才可以被选中激活，如图 2–17、图 2–18 所示。

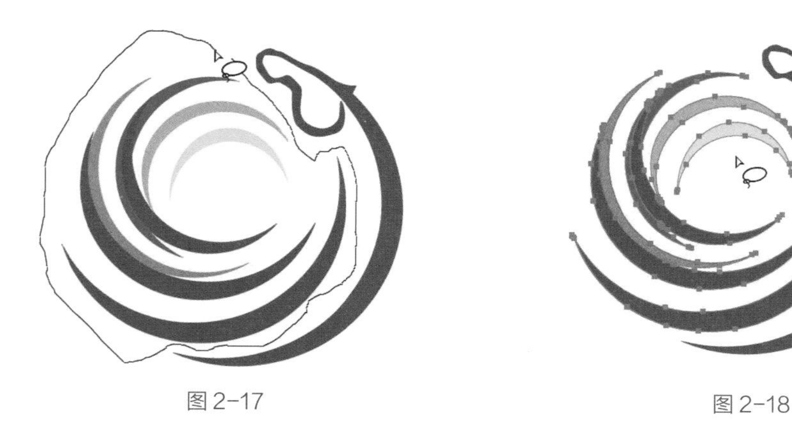

图 2–17　　图 2–18

5. 魔棒工具

魔棒工具可以基于图形的填充色、边线的颜色、线条的宽度等来进行选择。如图 2–19 所示为使用魔棒工具单击图中的某一个黄色块后，所有的黄色块路径都被选中。双击“魔棒工具”可以打开魔棒工具的属性栏，可以在属性栏中进行参数设置，其中容差越小，可选择的颜色范围越少，也可以勾选“填充颜色”或“描边颜色”等选项，如勾选“描边颜色”选项，选择魔棒工具，用鼠标左键单击图形轮廓，页面内相同轮廓色的图形都会一起被选中，如图 2–20 所示。

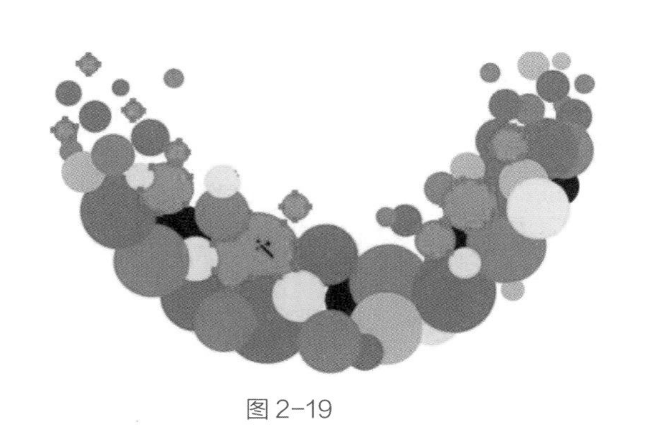

图 2–19

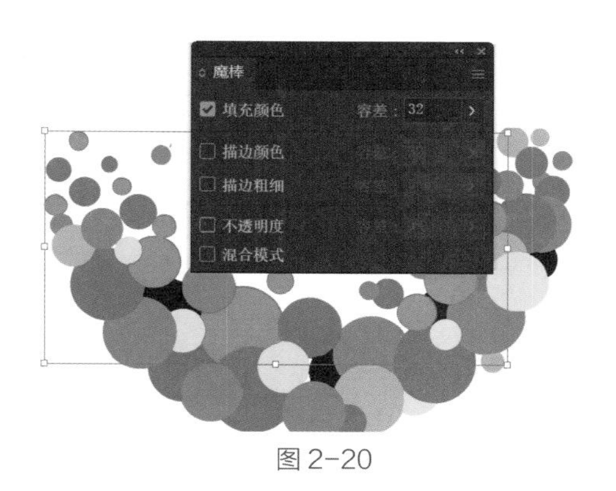

图 2–20

2.3 钢笔工具组

钢笔工具组是在绘制路径时使用得非常频繁的一组工具，它包含的工具如图 2–21 所示。

图 2–21

1. 钢笔工具

钢笔工具是非常重要而且实用的绘图工具之一。在讲解该工具的使用之前，必须了解以下几个相关概念，只有掌握了这些概念才能更好地使用钢笔工具。

（1）路径：用于表达矢量线条的曲线叫作贝塞尔曲线，而基于贝塞尔曲线概念建立来的矢量线条就是路径。路径由锚点、锚点间的线段和控制手柄组成（直线的路径只有前两项）。

（2）锚点：有 4 种类型，锚点之间的关系决定锚点之间的路径位置。

①圆滑型锚点：锚点两侧有两个控制手柄，如图 2–22 所示。

②直线型锚点：该锚点两侧没有控制手柄，一般位于直线段上，如图 2–23 所示。

③曲线型锚点：锚点两侧有两个控制手柄，但这两个控制手柄相互独立，调节单个控制手柄调的时候，不会影响到另一个手柄，如图 2–24 所示。

④复合型锚点：该锚点的两侧只有一个控制手柄，是一段直线与一条曲线相交后产生的点，如图 2–25 所示。

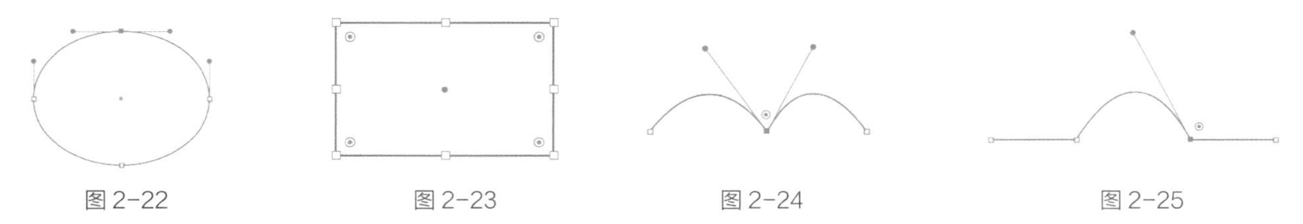

图 2–22　　图 2–23　　图 2–24　　图 2–25

使用钢笔工具绘制直线路径的方法比较简单，只要用钢笔工具在起点和终点处单击即可，按住【Shift】键则可绘制水平或垂直的直线路径。用该工具绘制曲线是一项较为复杂的操作。单击后释放鼠标左键，得到的是直线型锚点，单击并拖曳后释放鼠标左键，得到的是圆滑型锚点。调整手柄的长短或方向都可以影响两个锚点间的曲度。

2. 添加锚点工具、删除锚点工具和锚点工具

在绘制路径时，往往不可能一步到位，经常要调节锚点的数量，此时就需要用到添加锚点、删除锚点和锚点工具。

添加锚点：选择一段路径，点击“添加锚点工具”按钮，在路径上的任意位置单击，路径上的对应位置就会出现一个锚点，如图 2–26 所示。

删除锚点工具使用时的效果如图 2–27 所示。锚点工具使用前后的对比效果如图 2–28 所示。

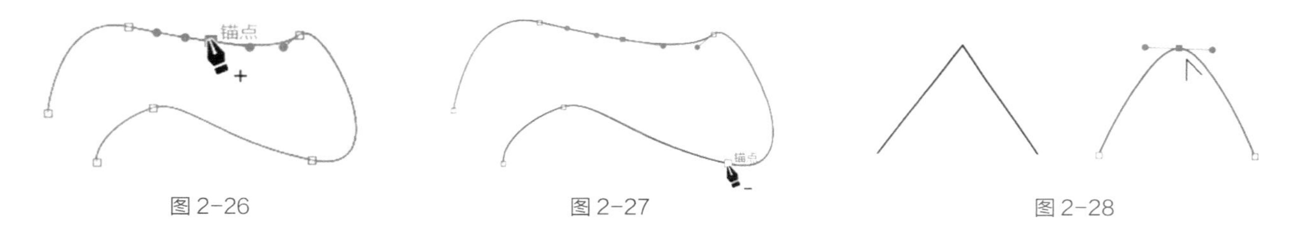

图 2–26　　图 2–27　　图 2–28

2.4 路径查找器面板

Illustrator CC 2023 为广大用户提供了带有强大路径编辑处理功能的面板——路径查找器面板。该面板可以帮助用户方便地组合、分离和细化对象的路径。

执行“窗口→路径查找器”命令即可打开路径查找器面板，如图 2–29 所示。在该面板中可以看到一共有上下两行，共 10 个按钮，根据实战经验，主要掌握“联集”“减去顶层”“交集”“差集”“分割”这 5 个按钮就可以创建出很多的复杂形状。下面重点讲解这 5 个按钮对应的命令。

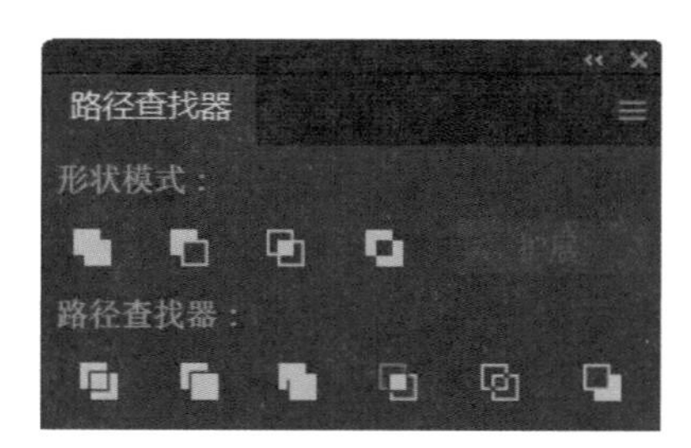

图 2–29

1. 联集

用户对选择的路径执行“联集”命令后，当前的页面将产生一条围绕用户所选全部路径的外轮廓线，

并且，此轮廓线还会构成一条新的路径，而与用户选择的路径相互重叠的部分则会被忽略，例如，如果用户选中的路径中有一条路径被另外一条路径完全包含，则这条被包含的路径将被全部忽略。最终形成的路径的填充类型由用户选中的路径中最下面的一条路径决定。选中多个对象执行“联集”命令的效果如图 2-30 所示。

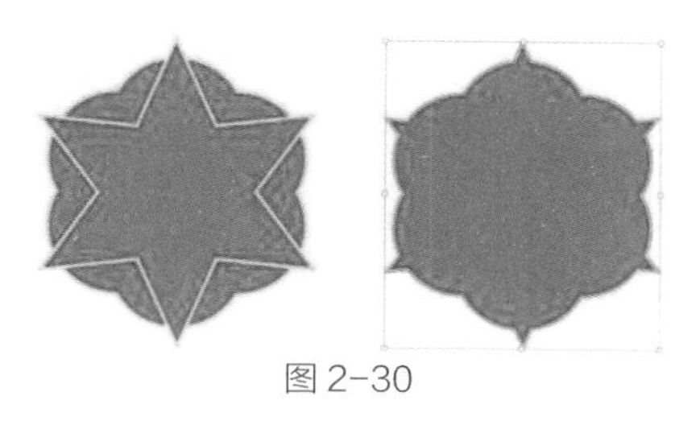

图 2-30

2. 减去顶层

与“联集”命令相反的是，“减去顶层”命令可以从一条路径中减去另外一条路径。用户在选中了两条相交的路径以后，执行该命令就可以从后面的对象中减去前面的对象。如果两个对象不相交，则后面的对象会被保留，前面的对象将被删除，效果如图 2-31 所示。

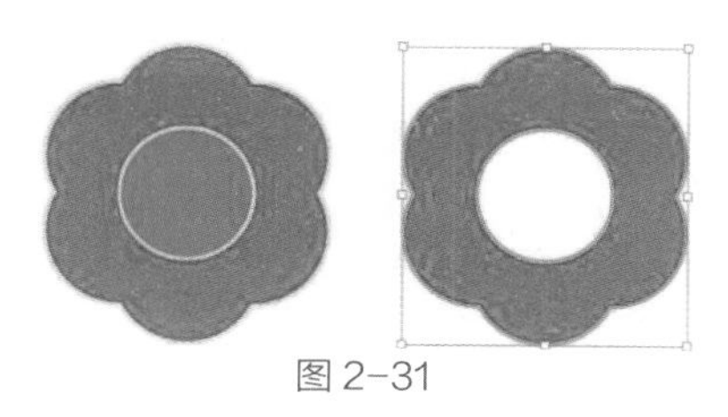

图 2-31

3. 交集

“交集”命令可以保留所有选中对象的相交部分的路径，一次只可以对两个对象进行操作，效果如图 2-32 所示。

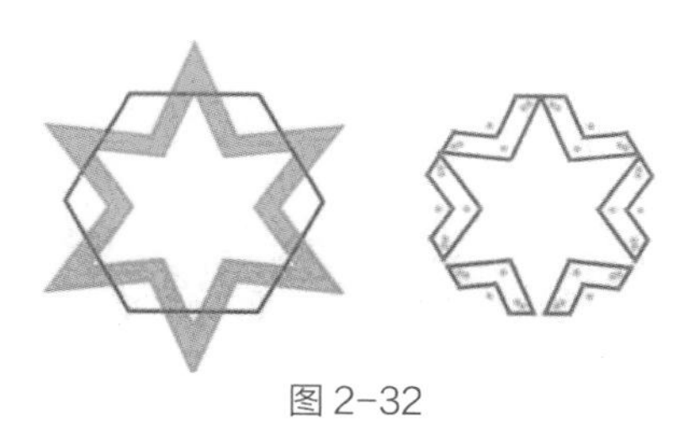

图 2-32

4. 差集

“差集”命令和“交集”命令正好相反，可以保留对象中未重叠的区域，使重叠的区域透明，效果如图 2-33 所示。

图 2-33

5. 分割

“分割”命令可以将选中路径中所有重叠的对象按照边界进行分割，最后形成一个路径的编组。若接着执行“取消编组”命令，就可以对单独的路径进行编辑修改，效果如图 2-34 所示。

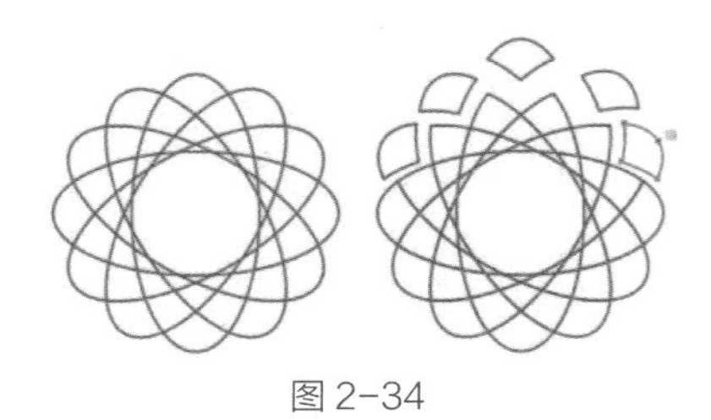

图 2-34

2.5 对象的顺序、排列与对齐

当同一个绘图窗口中有多个对象时，便会出现重叠或相交的情况，此时就会涉及调整对象之间的顺序、排列与对齐方式的问题。

1. 对象的顺序

执行“对象→排列”命令，选择“排列”命令组中的系列命令来改变对象的前后排列顺序，从而改变图层上对象的叠放顺序，以及将对象发送至当前图层，如图 2-35 所示。

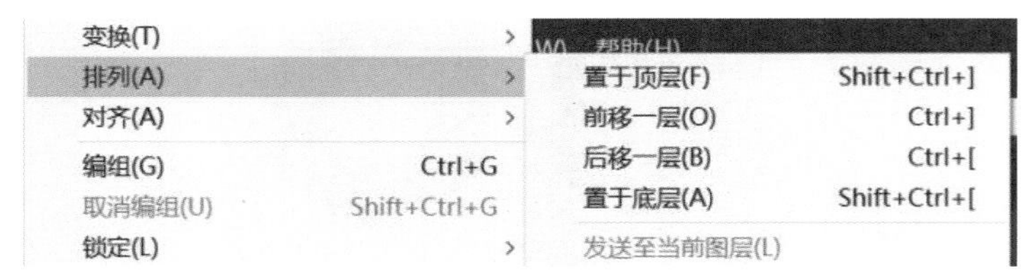

图 2-35

2. 对象的排列与分布

Illustrator CC 2023 允许用户在作图中准确地排列、对齐对象，以及使各个对象互相对齐或等距。在选中需要对齐的对象后，执行“窗口→对齐”命令即可打开“对齐”面板，如图 2-36 所示。默认情况下，用来对齐左、右、顶端或底端边缘的基准对象由创建顺序或选择顺序确定，如果在对齐前已经圈选对象，则会以最后创建的那个对象为基准，图 2-37 ～图 2-43 所示是各种对齐命令的效果。

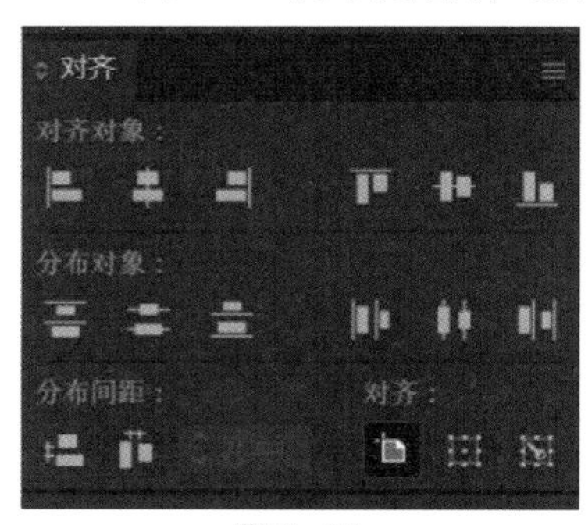

图 2-36

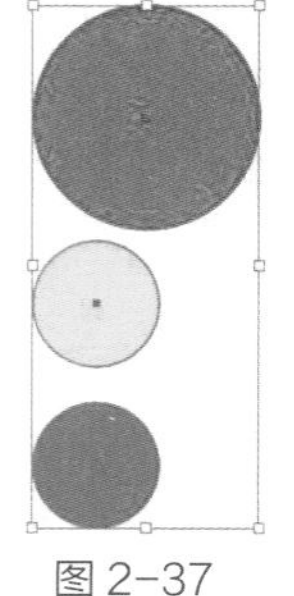

图 2-37

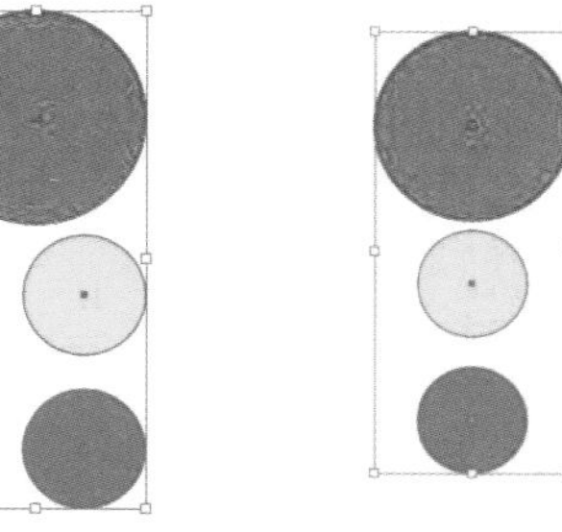

图 2-38 图 2-39

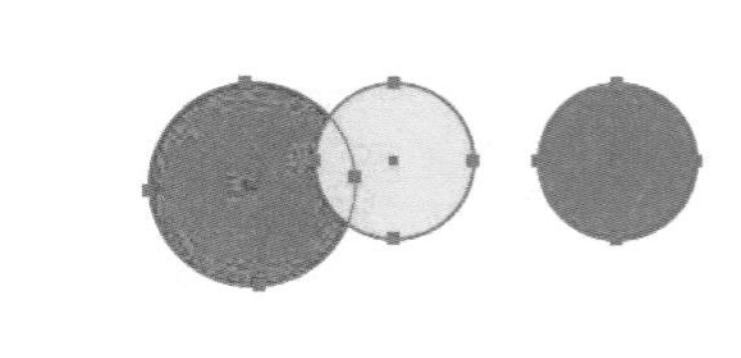

图 2-40

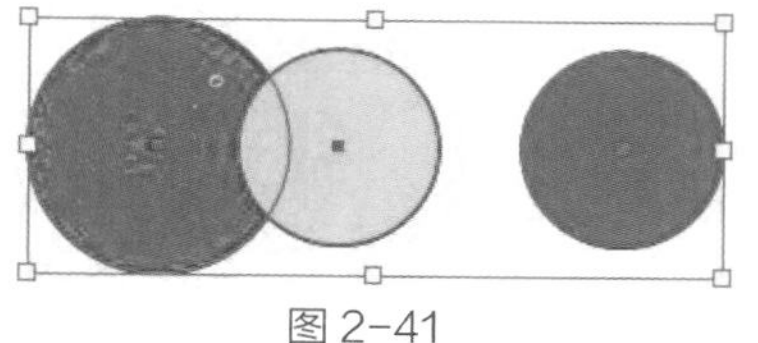

图 2-41

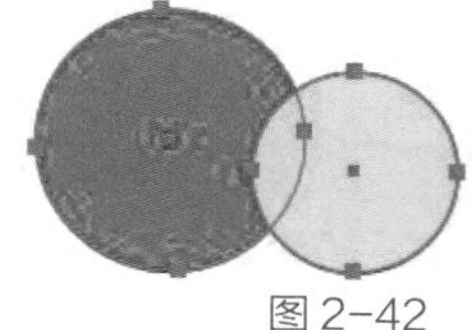
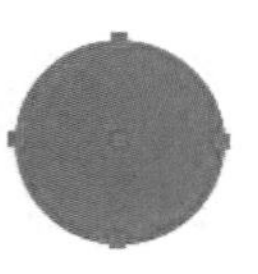

图 2-42

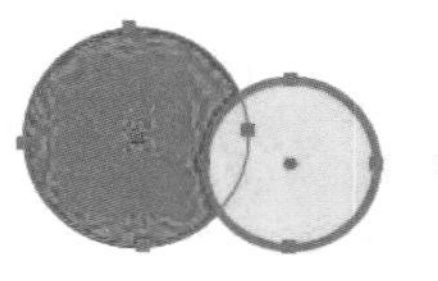

图 2-43

Illustrator CC 2023 中可以指定对齐对象的基准对象，方法是首先选择所有需要对齐的对象，如图 2-42 所示。然后在需要作为基准的对象上再次单击一次，被再次单击的对象周围出现了一个加粗的蓝色线框，如图 2-43 所示，这表示它成了对齐或分布对象的基准。

单击“对齐”面板右上角的“≡”按钮，执行其中的“显示选项”命令，将面板完整地展开，出现“分布间距”功能栏，如图 2-44 所示。

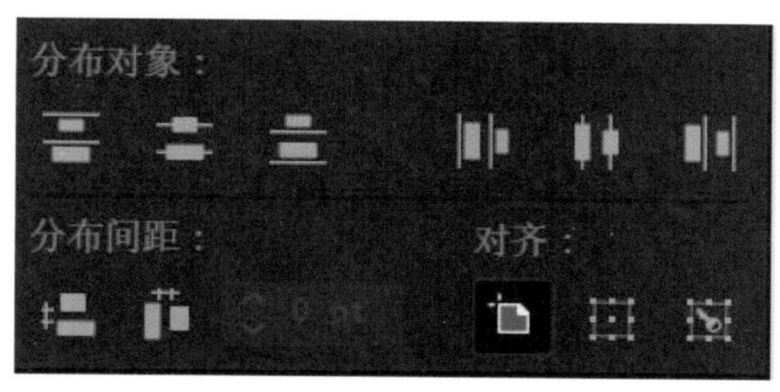

图 2-44

分布间距功能主要应用于待分布对象的宽度和长度不统一的情况。如果对长度不一的几个矩形使用“分布间距”功能栏里的命令，无论怎么操作，都不能使每个图形的间距相等；而如果使用“分布间距”功能栏内的“水平分布间距”按钮，则能够使矩形的间距相等，如图 2-45 所示。

图 2-45

2.6 对象的变形操作

Illustrator CC 2023 中常见的变形操作有旋转、缩放、镜像、倾斜等，它们应用的途径包括以下 4 种。

（1）利用对象本身的定界框和控制手柄进行变形操作。这种方式比较直观方便。

（2）利用工具箱中的专用变形工具进行变形操作，如“旋转工具”“镜像工具”等，可以设置相关变形参数。

（3）利用“变换”面板进行精确的基本变形操作。

（4）选中对象，执行“对象→变换”下的系列命令或者使用鼠标右键单击菜单栏中的“变换”按钮下面的系列命令。

下面将介绍一些常用的对象变形操作，并且适当穿插一些技巧和提示。

1. 旋转

如果要进行旋转操作则需要先单击一个位置以确定固定点，这个固定点常称为原点（否则系统默认以对象中心为原点）。原点及其他术语的标注如图 2-46 所示。旋转操作有以下 2 种方法。

（1）使用控制手柄进行旋转操作。选中对象，将光标移动到对象的控制手柄上，光标就会变为图 2-46 所示的弯曲的双箭头形状，此时便可拖动光标进行旋转。

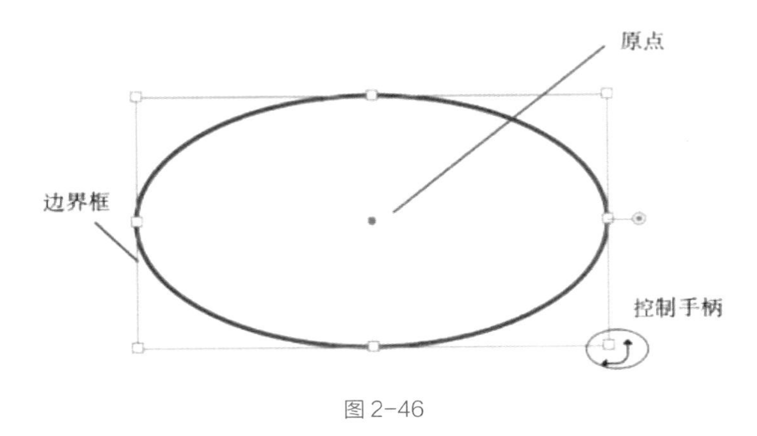

图 2-46

（2）使用旋转工具选中对象。按【R】键可直接切换到旋转工具，单击一个位置以确定原点，拖动光标即可使对象绕原点进行转动。

要进行精确旋转，则可以双击“旋转工具”按钮打开“旋转”面板进行设置，如图 2-47 所示。

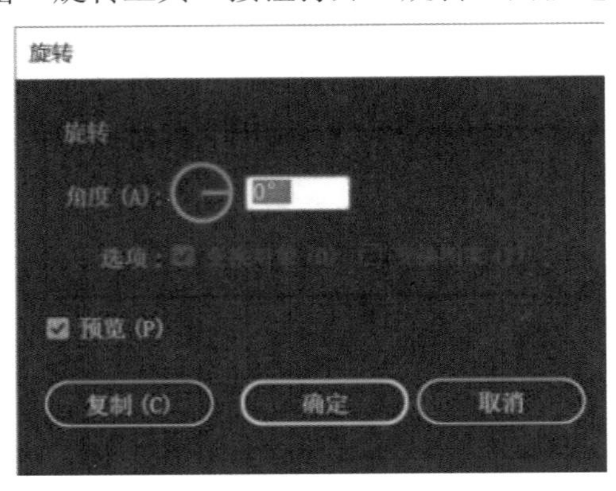

图 2-47

提示：旋转时按住【Shift】键，可将旋转的度数控制为 45° 的倍数；使用旋转工具时按住【Alt】键，则可在旋转的同时复制对象。还可以使用“旋转”面板进行精确的旋转，后面案例会详细用到。

2. 缩放

用户不但可以在水平或垂直方向放大和缩小对象，也可以同时在两个方向上对对象进行整体缩放。

（1）使用边界框缩放对象。首先选中对象，并确保其边界框已经显示。光标变为双向箭头时，拖动边界框上的控制手柄即可进行缩放，如图 2-48 所示，也可单独沿水平或垂直方向缩放。

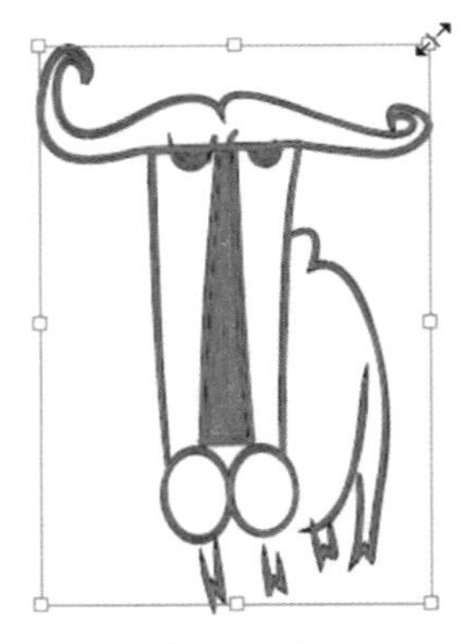

图 2-48

（2）使用比例缩放工具缩放对象。选中对象并拖动即可进行缩放（注意光标变化），单击一个位置即可确定缩放原点，然后以原点为固定点进行缩放，其中，离原点越远，缩放程度越大。

（3）使用“比例缩放”面板精确缩放对象。双击比例缩放工具可打开“比例缩放”面板，如图 2-49 所示。该面板中各项参数的具体含义如下。

①等比：可在文本框中输入等比缩放的比例。

②不等比：输入水平和垂直方向上的比例进行缩放。

③复制：在缩放时进行复制。

④预览：进行效果预览。 若有填充图案，则可选择是否一并对其缩放。

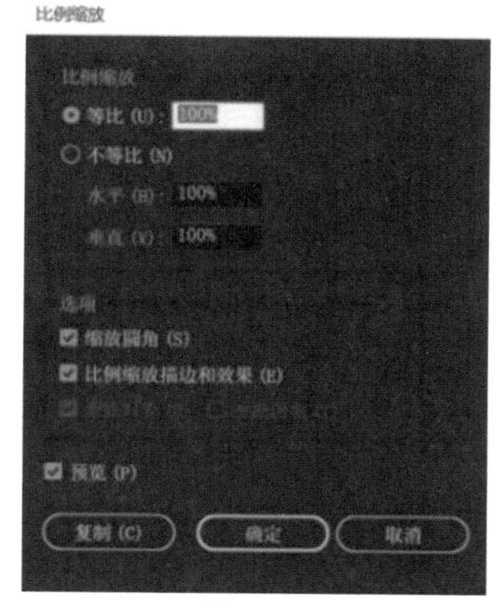

图 2-49

提示：缩放时按住【Shift】键，可以进行等比例缩放；同时按住【Alt】键和【Shift】键可从对象中心开始进行等比例缩放。使用缩放工具时，先进行缩放再按住【Alt】键可复制对象。此外，还可以用“变换”面板进行精确缩放。

3. 镜像

镜像变换可对所选对象按照指定的对称轴进行镜像操作。

（1）使用镜像工具进行操作。选中对象（可选择多个）后，按【O】键可以切换到镜像工具，单击一个位置确定镜像原点（否则系统默认以对象中心点为原点），围绕镜像原点单击并拖动鼠标，系统会显示镜像操作的预览图形，释放鼠标即可完成操作，如图 2-50 所示。

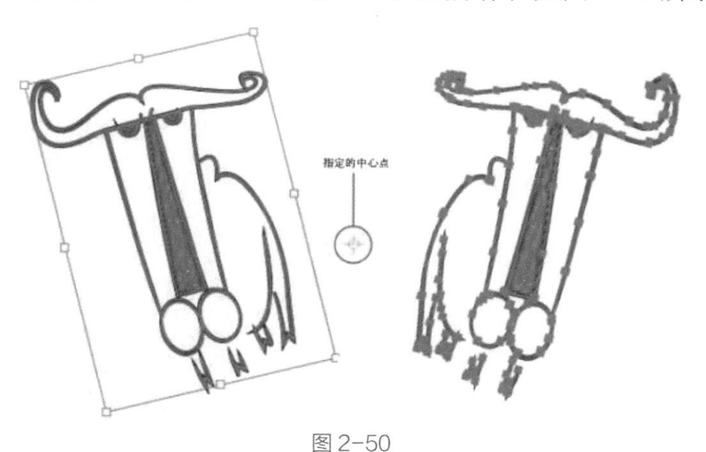

图 2-50

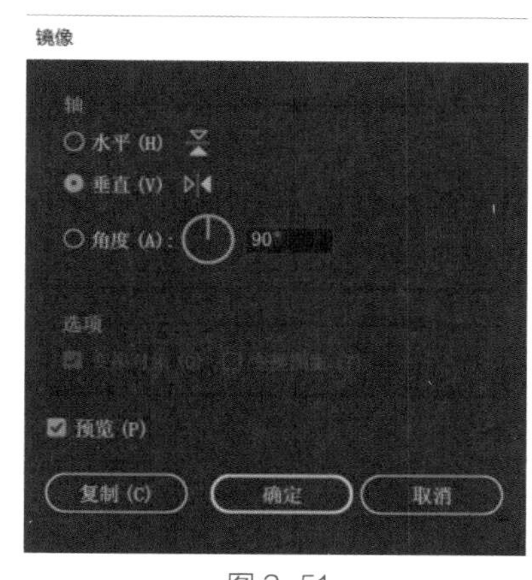

图 2-51

（2）使用“镜像”面板进行镜像操作。双击“镜像工具”可打开“镜像”面板，如图 2-51 所示。在该面板中可选择沿“水平”或“垂直”轴生成镜像，若在“角度”文本框中输入角度，系统将沿着此倾斜角度的轴进行镜像。同样，可以根据对象填充状态设置对象和图案，以决定是否对填充图案进行镜像。

4. 倾斜

对选择的对象进行倾斜操作时，也需要指定原点。不能用边界框和控制手柄进行倾斜操作。

（1）使用倾斜工具进行操作。选中对象和点击“倾斜工具”按钮后，单击一个位置以确定原点，然后拖动对象即可进行倾斜操作。在倾斜操作时，按住【Alt】键可以复制对象；按住【Shift】键则可使对象在水平和垂直两个方向上倾斜，如图 2-52 所示。

（2）使用“倾斜”面板进行倾斜操作。双击“倾斜工具”可打开“倾斜”面板，如图 2-53 所示。在“倾斜角度”文本框中可输入倾斜角度，还可以选择沿“水平”“垂直”或“角度”进行倾斜操作。

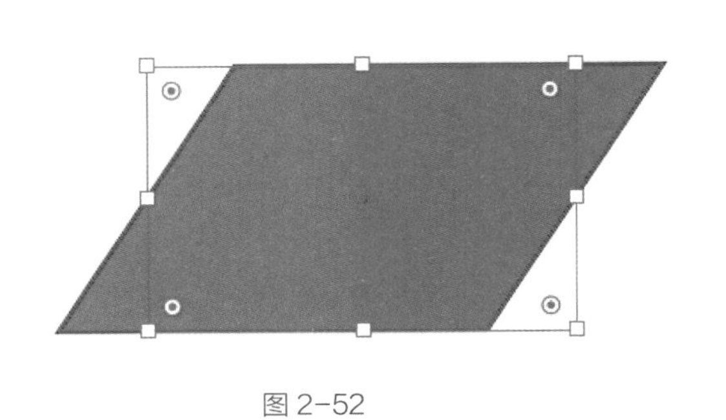

图 2-52

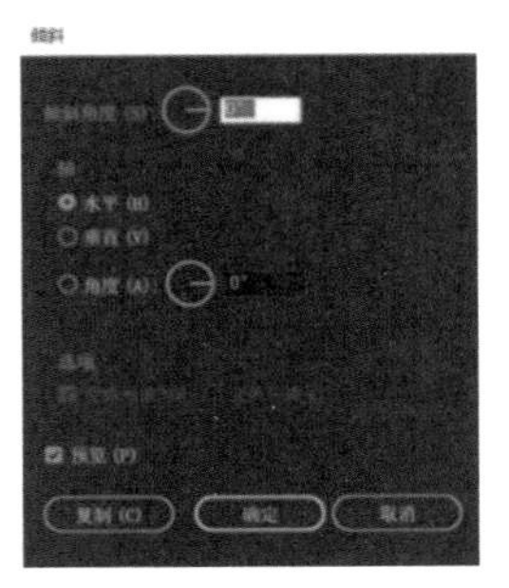

图 2-53

5. 自由变换

自由变换集合了缩放、旋转、倾斜、透视等功能。对选中的对象进行缩放的方法是，使用自由变换工具在定界框的控制点上进行拖动。而在定界框之外拖动控制点，则可以旋转对象。

对选中的对象进行倾斜的方法是，点击“自由变换工具”按钮，单击选中定界框上的一个控制点，最后再横向或竖向拖动鼠标，如图 2-54 所示。对选中的对象进行透视的方法是，点击“自由变换工具”按钮，单击选中定界框上的一个控制点，然后按住【Shift】+【Ctrl】+【Alt】组合键的同时横向或竖向拖动鼠标，如图 2-55 所示。

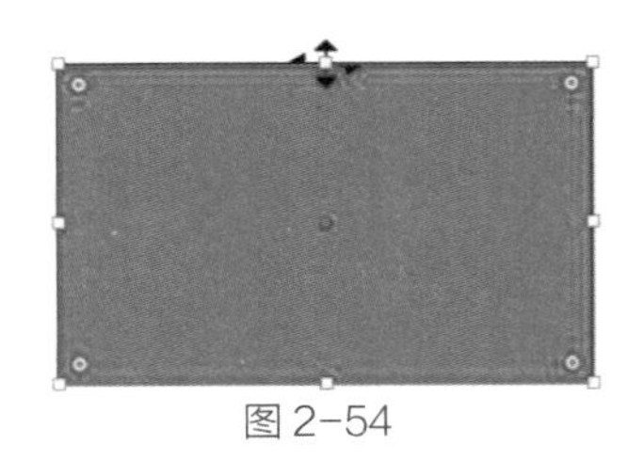

图 2-54

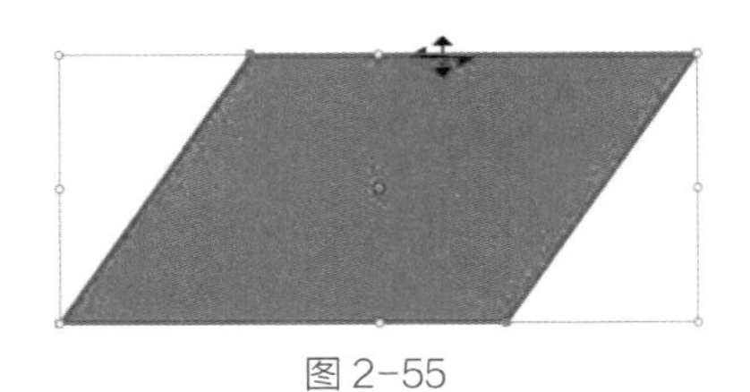

图 2-55

6. 变换面板

选中对象后，执行“窗口→变换”命令或按住【Shift】+【F8】组合键可以打开“变换”面板。“变换”面板会显示对象的大小、位置、倾斜角度等信息，用户可输入新数值来进行变换，如图 2-56 所示。单击面板左侧中代表定界框的控制点，即可指定相应的操作参考点。

如果需要移动对象，在“X”“Y”文本框中输入数值即可；如果要改变对象的宽度和高度，在“宽”“高”文本框中输入数值即可；如果需要倾斜或旋转对象，在“倾斜”和“旋转”文本框中输入数值即可。输入数值后按【Enter】键即可完成相应的操作。注意宽度和高度设置的右边有一个“小锁”，单击它表示对高度或宽度进行成比例变化。

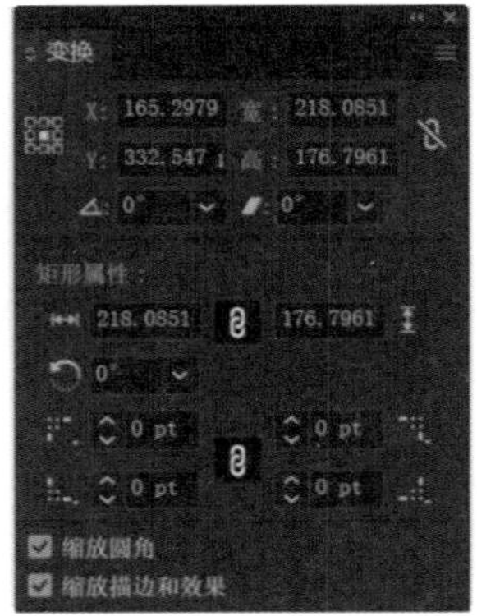

图 2-56

2.7 对象的锁定与解锁

在比较复杂的画面中，为了防止误操作的发生，Illustrator CC 2023 提供了锁定对象与解锁对象的功能。将对象锁定以后，将不可以对该对象进行任何操作。选中对象后，按住【Ctrl】+【2】组合键即可锁定对象，按住【Ctrl】+【Alt】+【2】组合键即可解锁所有被锁定的对象。在“图层”面板中可观察和操作对象锁定的状态，如图 2-57 所示。

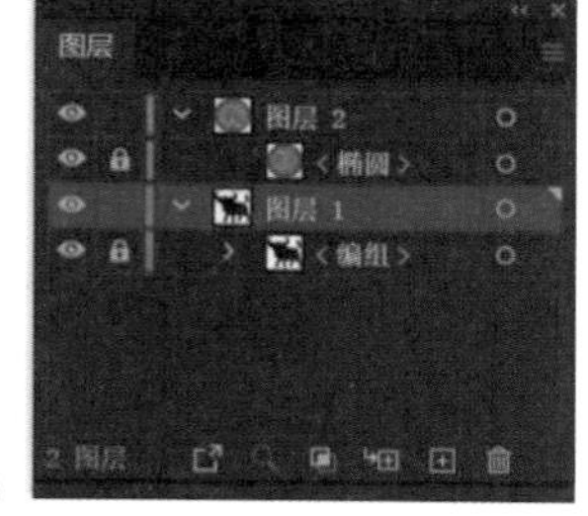

图 2-57

2.8 对象的显示与隐藏

在处理复杂工作时，为了防止误操作带来不必要的麻烦，需要对一部分操作对象进行隐藏，减少干扰。隐藏对象的快捷键是【Ctrl】+【3】，而显示对象的快捷键是【Ctrl】+【Alt】+【3】；在“图层”面板中可观察和操作对象显示的状态，如图 2-58 所示。

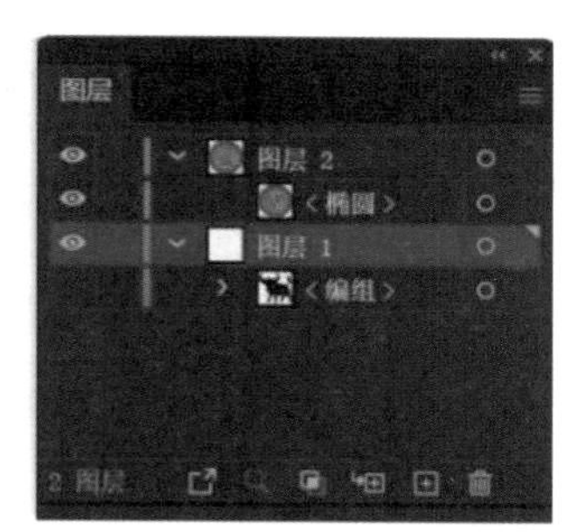

图 2-58

2.9 对象的编组与取消编组

当画板中的对象比较多的时候，需要把其中相关的对象进行编组以便于控制和操作。对多个对象进行编组的快捷键是【Ctrl】+【G】，而取消编组的快捷键是【Ctrl】+【Alt】+【G】，也可以在选中对象的情况下单击右键，进行编组和取消编组操作，如图 2-59 所示。

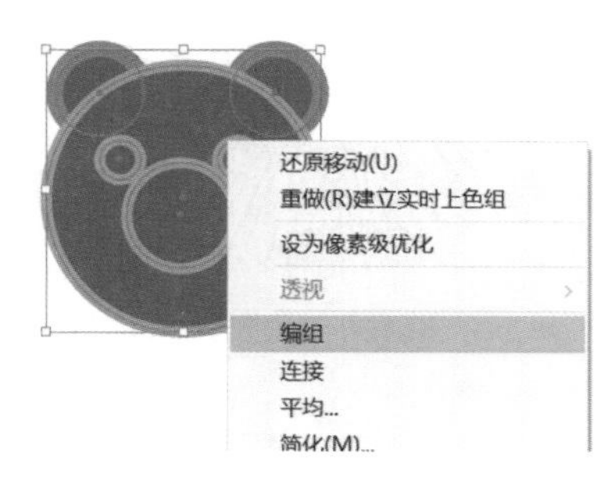

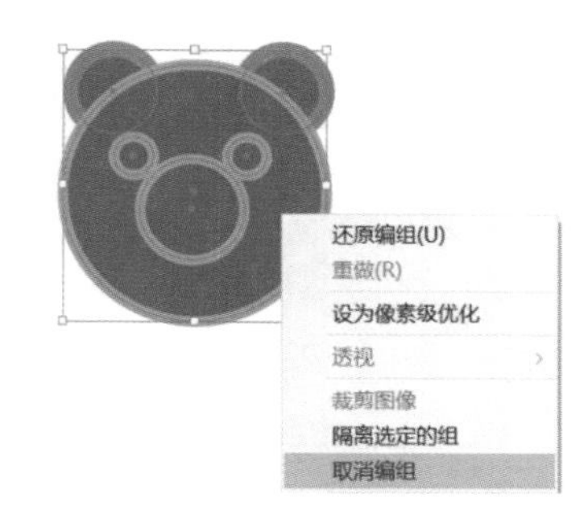

图 2-59

提示：可以从不同图层中选择对象进行编组，但是一旦组成群组，这些对象就会处于同一图层中。

当操作的对象是一个多级群组对象时，如果要取消编组，可以根据要编辑的图形状态来决定取消编组要进行到怎样的级别，每执行一次“取消编组”命令，群组可向下打散一次，多次执行则最终将群组对象打散为单独的路径或其他对象。

第 3 章 高级绘图工具和命令

本章主要讲解 Illustrator CC 2023 的高级绘图工具和命令。首先讲解各个高级绘图工具组的使用，如线形工具组、自由画笔工具组、变形工具组等。然后讲解图层面板和描边面板的使用，让用户进一步掌握 Illustrator CC 2023 绘图的高级功能。

3.1 线形工具组

线形工具组一共包含 5 种工具，包括“直线段工具”“弧形工具”“螺旋线工具”“矩形网格工具”和“极坐标网格工具”，如图 3-1 所示。

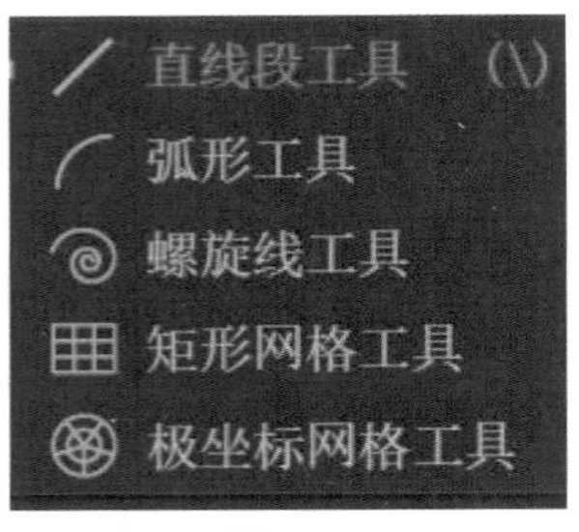

图 3-1

1. 直线段工具

直线段工具的使用非常简单，只需在线形工具组中选择“直线段工具”，就可以在工作页面上绘制直线。在绘制时，按住【Alt】键，可以绘制一条由某一点出发的直线。按住【空格】键可以移动直线，按住【Shift】键，可将绘制直线的角度限制为 45°，如图 3-2 所示。而按住【～】键，则可以绘制多条直线，如图 3-3 所示。

图 3-2　　图 3-3

2. 弧形工具

选择“弧形工具”后，在工作页面上直接拖动，就可以绘制出如图 3-4 所示的弧形类型。

在绘制时按住【Alt】键，可以绘制出从当前点出发的对称弧线；按住【～】键，可以得到很多条弧线，如图 3-5 所示；按【C】键，可以在开放弧线类型和封闭弧线类型之间进行切换，如图 3-6 所示；按住【F】键，可以翻转所绘制的弧线；按【↑】键或【↓】键，则可以调整弧线的曲率，如图 3-7 所示。

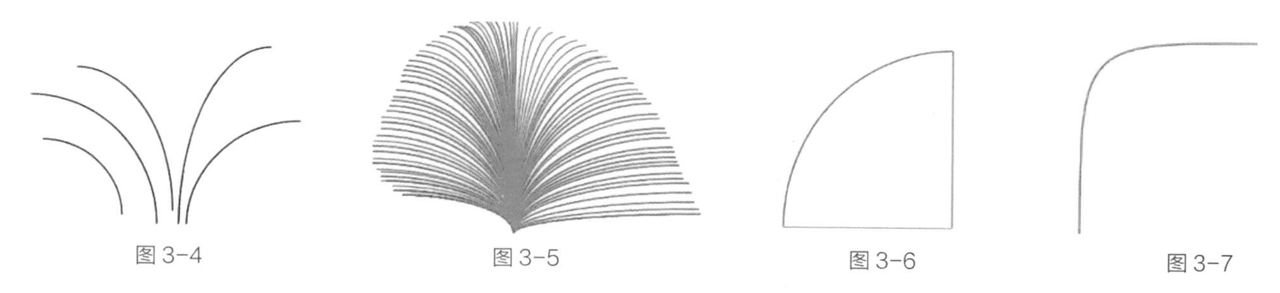
图 3-4　图 3-5　图 3-6　图 3-7

3. 螺旋线工具

选择“螺旋线工具”后，可以直接在工作页面上拖动鼠标来完成绘制工作。绘制的时候，鼠标拖动的方向不同，可得到不同方向的螺旋线。同时，按住【↑】键可以增加螺旋线的圈数；按住【↓】键，可以减少螺旋线的圈数，如图 3-8 所示，按住【Ctrl】键可以改变螺旋线的衰减度。

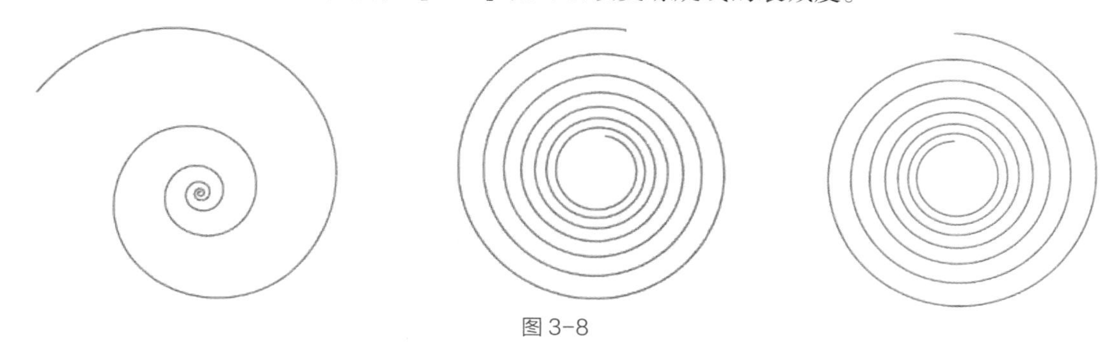
图 3-8

4. 矩形网格工具

使用矩形网格工具可以快速地绘制网格图形，如图 3-9 所示。在绘制的过程中，按【←】键，可以在水平方向上减少网格的数量；按【→】键，可以在水平方向上增加网格的数量；按【↑】键，可以在垂直方向上增加网格的数量；按【↓】键，可以在垂直方向上减少网格的数量。按【C】键和【X】键可以向左偏移、向右偏移垂直网格线，按【V】键和【F】键可以向上偏移、向下偏移垂直网格线，如图 3-10 所示。

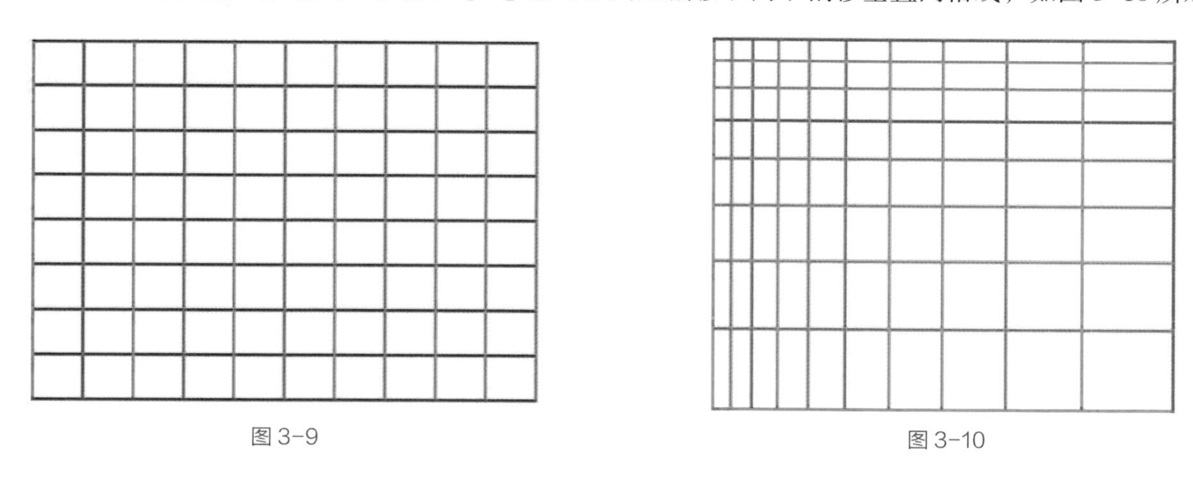
图 3-9　图 3-10

5. 极坐标网格工具

极坐标网格工具绘制的图形类似于同心圆的放射线，如图 3-11 所示。在绘制的过程中，按【←】键，可以减少辐射线的数量；按【→】键，可以增加辐射线的数量；按【↑】键，可以增加同心圆的数量；按【↓】键，可以减少同心圆的数量。按【X】键和【C】键可以向内、向外偏移同心圆，按【F】键和【V】键可以向左偏移、向右偏移辐射线，如图 3-12 所示。

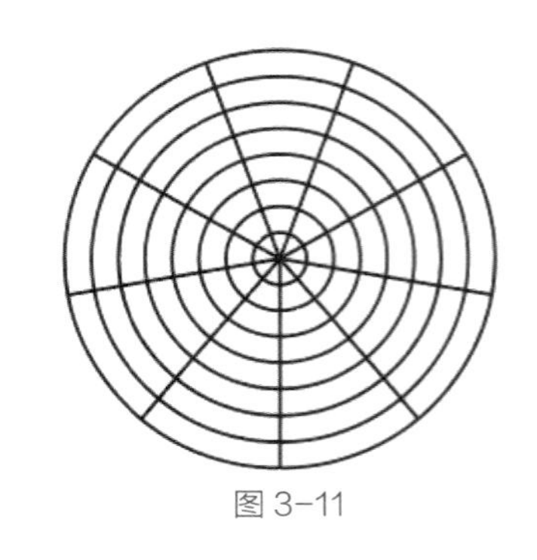
图 3-11

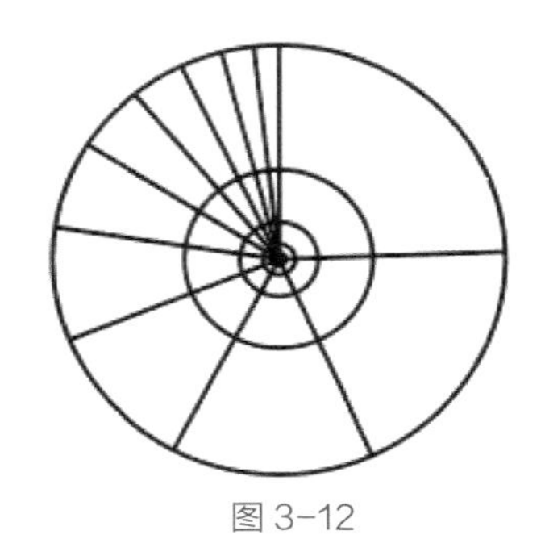
图 3-12

3.2 自由画笔工具组

自由画笔工具组包含图 3-13 所示的 5 种工具。

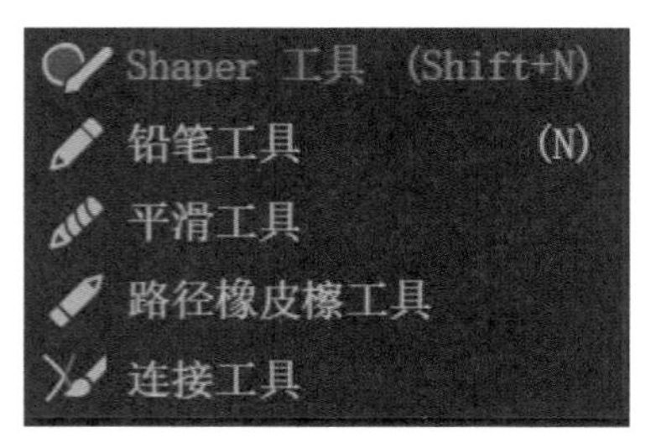

图 3-13

1. 铅笔工具

铅笔工具可以实现手工绘画和计算机绘画的平整过渡。因为 Illustrator CC 2023 可以通过跟踪手绘的痕迹来创建路径，所以不论使用该工具绘制开放路径还是封闭路径，都可以像在纸张上绘制那样方便。

如果需要绘制一条封闭的路径，可以在选中该工具以后一直按住【Alt】键，直至绘制完毕。

提示：使用该工具得到的路径形状与绘制时鼠标的移动速度有关。当鼠标在某处停留的时间过长，系统将在此处插入一个锚点；反之，鼠标移动得过快，系统就会忽视某些线条方向的改变。

2. 平滑工具和路径橡皮擦工具

平滑工具可以对路径进行平滑处理，而且尽可能地保持路径的原始状态。如果要使用平滑工具，那么就必须要保证待处理的路径处于选中状态，然后在自由画笔工具中选择“平滑工具”，沿着路径上要进行平滑处理的区域拖动。平滑工具的使用效果如图 3-14 所示。

路径橡皮擦工具可用来清除路径或笔画的一部分，使用效果如图 3-15 所示。

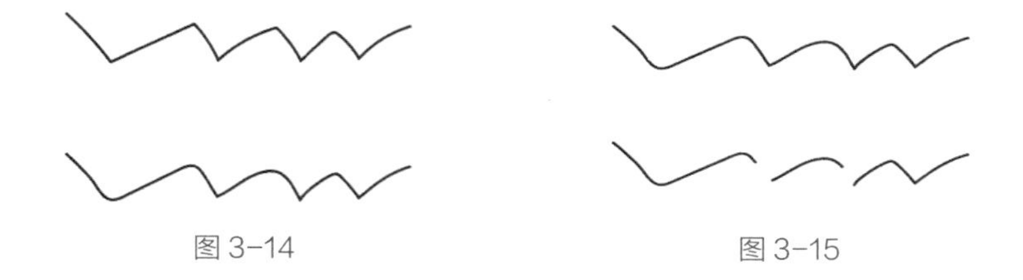
图 3-14　　图 3-15

3.3 变形工具组

变形工具组一共包含 8 种工具，如图 3-16 所示。

该工具组的功能非常强大，使用该工具组中的工具可以对图形进行多样化和灵活化的变形操作，使得文字、图像和其他对象的交互变形变得轻松。这些工具的使用和 Photoshop 中的手指涂抹工具相似，不同的是，使用手指涂抹工具得到的是颜色的延伸，而使用该组工具可以对矢量图形进行扭曲甚至夸张的变形。

图 3-16

1. 宽度工具

宽度工具能方便地改变路径上任何一个地方的宽度。操作的同时按住【Alt】键，可以使路径的两边距离中心的宽度不一样。图 3-17 所示是先用钢笔工具绘制的一个曲线路径，然后使用宽度工具拖动其中的锚点来改变路径的宽度。

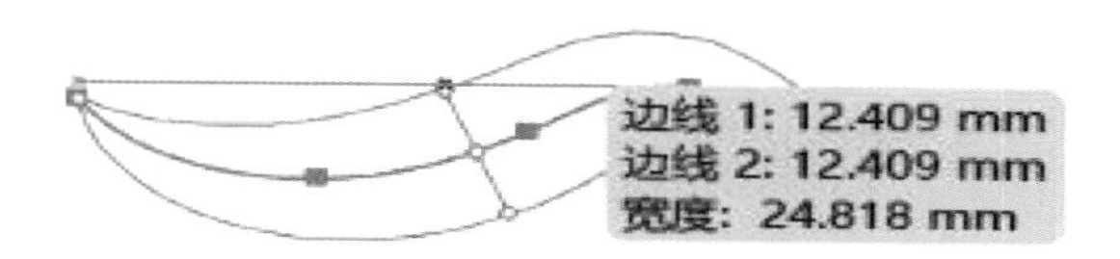

图 3-17

下面使用宽度工具绘制一个罐子的形状。首先，绘制一条直线，如图 3-18 所示，使用宽度工具在路径上图 3-19 所示的位置向上拖动，得到路径加宽的效果。然后，继续使用宽度工具加宽其他的部位，如图 3-20 所示。最后，调整之后得到图 3-21 所示的形状。

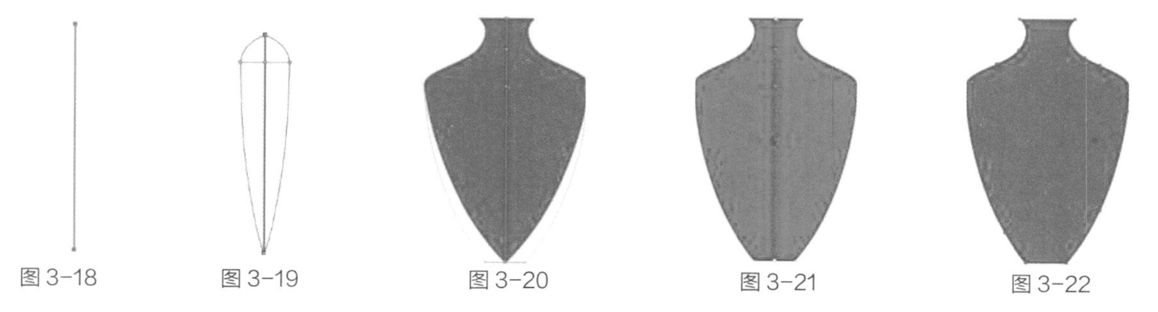
图 3-18　图 3-19　图 3-20　图 3-21　图 3-22

罐子的形状出来后，它的路径还保持为一条直线。如果想要将路径扩展开，则执行“对象→扩展外观”命令，效果如图 3-22 所示。

2. 变形工具

变形工具可用手指涂抹的方式对矢量线条进行改变，还可以对置入的位图进行变形，以得到有趣的效果。矢量图、位图皆可使用该工具。图 3-23 所示是矢量图变形前后的效果对比。

图 3-23

图 3-24

当导入一张位图对其进行变形的时候，会弹出图 3-24 所示的提示。

提示：在 Illustrator 中导入的位图，默认情况下是以“链接”的方式存在的，即这个位图其实并不在当前的文件中，只是从硬盘中的某一个路径位置中打开，而“嵌入”才能使位图真正进入当前的文件。

单击控制面板上的“嵌入”命令，然后就可以对其进行变形了。图 3-25 所示是导入的位图变形前后的效果对比。

提示：使用变形工具时，按住【Alt】键，并按住鼠标左键向不同的方向拖动，可调整变形工具画笔的宽度和高度。这个方法也适用于后文讲到的其他工具。

图 3-25

3. 旋转扭曲工具

旋转扭曲工具可对图形进行旋转扭曲变形。进行相关设置后，即可随意旋转扭曲、挤压扭曲图像。作用区域和力度由预设参数决定。图 3-26 所示是对矢量图进行旋转扭曲变形前后的效果对比。

4. 膨胀工具和缩拢工具

使用膨胀工具和缩拢工具可对图形的局部进行放大或缩小操作。图 3-27 所示分别是对图形进行局部膨胀和收缩的效果对比。

图 3-26　　图 3-27

5. 扇贝工具、晶格化工具、皱褶工具

扇贝工具、晶格化工具、皱褶工具的使用方法和上面的工具大同小异。效果如图 3-28 所示。

图 3-28

3.4 橡皮擦工具、剪刀工具和美工刀工具组

橡皮擦工具、剪刀工具和美工刀工具组如图 3-29 所示。

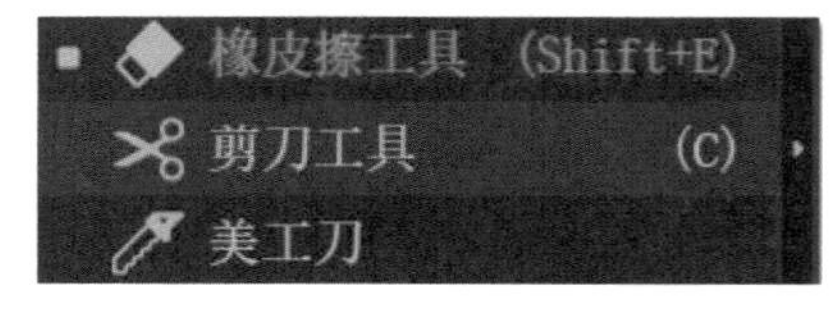

图 3-29

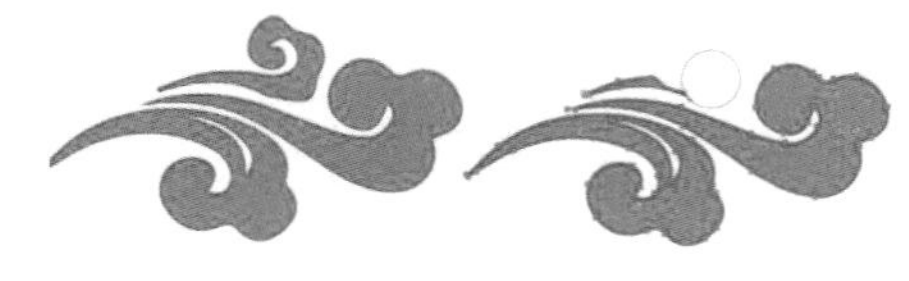

图 3-30

1. 橡皮擦工具

橡皮擦工具可以快捷、方便、直观地删除不需要的路径，如图 3-30 所示。

2. 剪刀工具

使用剪刀工具在一条路径上单击，即可将一条开放路径拆分成两条开放路径，或者将一条封闭路径拆分成一条或多条开放路径。

单击的位置不同，操作后的结果也不相同。如果单击路径的位置位于一段路径的中间，则单击位置处会有两个重合的新锚点；如果在一个锚点上单击，则原来的锚点上面还将出现一个新的锚点。

对于剪切后的路径，用户可以使用直接选择工具或编组选择工具进行进一步的编辑。图 3-31 所示是使用“剪刀工具”将一个螺旋形剪断之后，使用编组选择工具将其移动的效果。

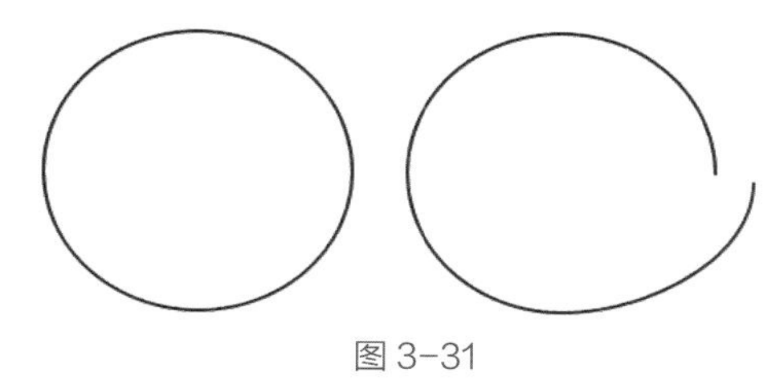

图 3-31

3. 美工刀

“美工刀”的用法类似于用刀切蛋糕。在 Illustrator 中输入一个字母，然后按住【Ctrl】+【Shift】+【O】组合键即可执行将文字转换为图形命令，使用“美工刀”在需要断开的地方按住鼠标左键拖曳贯穿过去，在使用“美工刀”的时候按住【Alt】+【Shift】组合键可保证“美工刀”的方向为 45°、90° 或 180°，如图 3-32 所示。

使用选择工具，先单击图形外部任意地方以取消其选中状态，再单击被割开的笔画部分以单独选中它，然后将其移动到新的位置，如图 3-33 所示。

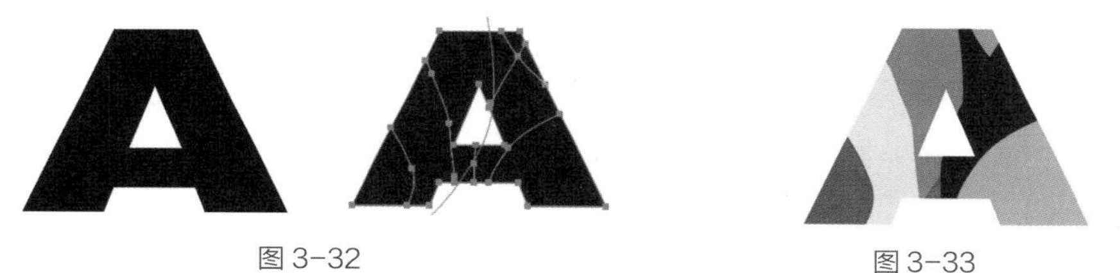

图 3-32　　图 3-33

3.5 形状生成器工具和实时上色工具组

形状生成器工具和实时上色工具组如图 3-34 所示。

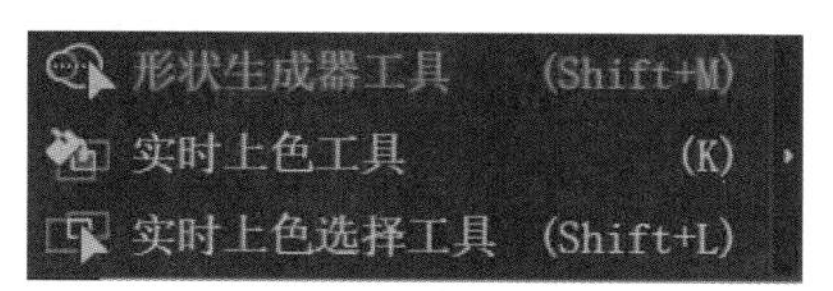

图 3-34

形状生成器工具可以将绘制的多个简单图形合并为一个复杂的图形，还可以分离、删除重叠的形状，快速生成新的图形，使复杂图形的制作更加灵活、便捷。绘制图 3-35 所示的对象，选中它们，然后使用形状生成器工具在需要合并的区域拖动，如图 3-36 所示。图 3-37 所示是生成的合成图形。

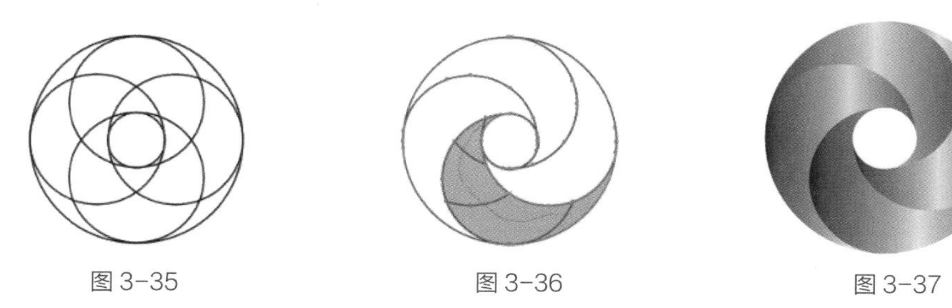

图 3-35　　图 3-36　　图 3-37

实时上色工具组分为“实时上色工具”和“实时上色选择工具”两个工具。将多个重合的对象选中之后，执行“对象→实时上色→建立”命令，即可将普通的路径转换为实时上色的对象，然后使用“实时上色工具”选中不同的颜色，对不同的区域进行填充，如图 3-38 所示。

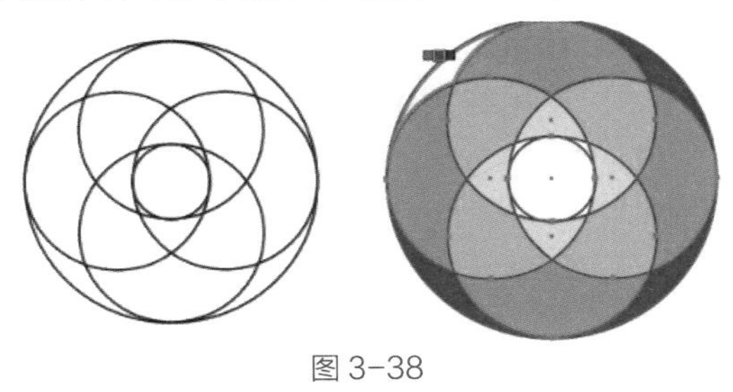

图 3-38

3.6 透视工具组

透视工具组包含透视网格工具和透视选区工具，如图 3-39 所示。在工具箱中直接单击“透视工具”之后，即可启动当前画笔的透视网格功能。在画板中会出现图 3-40 所示的透视网格。

图 3-39

默认情况下透视网格是两点透视的，可以通过执行“视图→透视网格→一点透视”命令来改变透视类型，如图 3-41 所示。同理还可改变为“三点透视”类型。

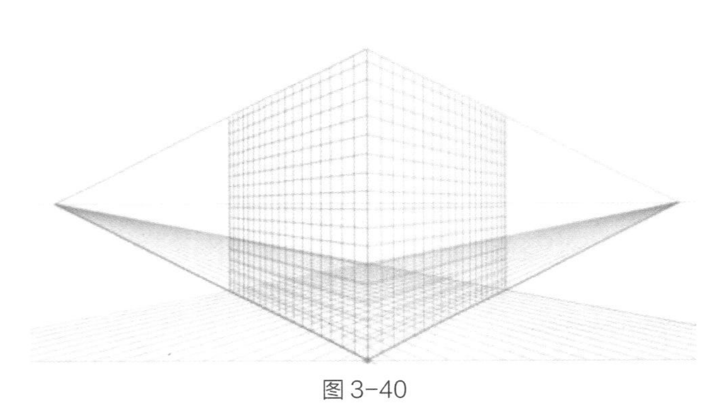

图 3-40

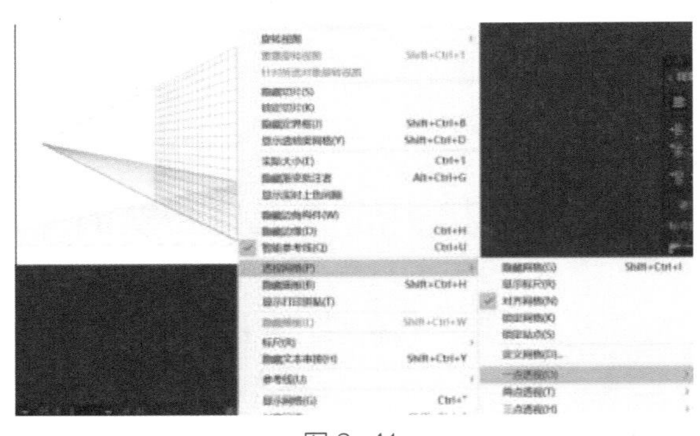

图 3-41

图 3-42 和图 3-43 分别是一点透视和三点透视网格的显示效果。

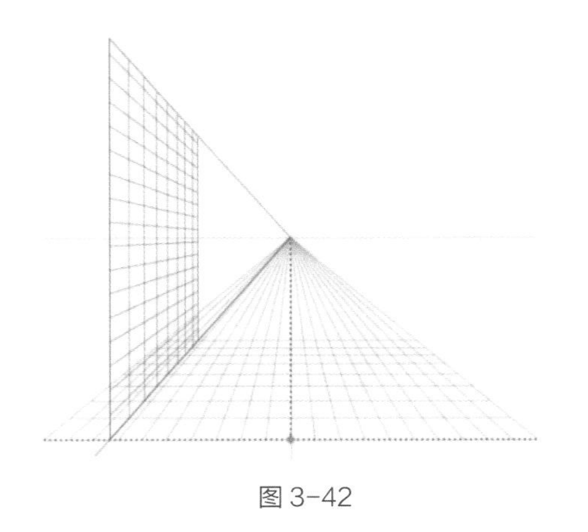

图 3-42

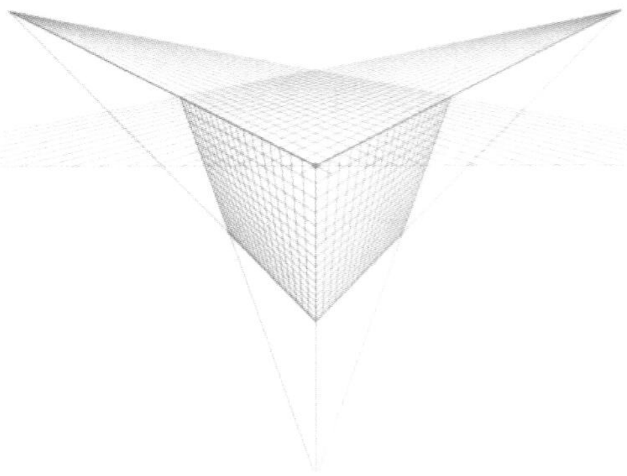

图 3-43

可利用透视网格在精准的一点、两点或三点直线透视中绘制形状和场景，创造出真实的景深和距离感。图 3-44 所示是用透视网格绘制的简单场景。

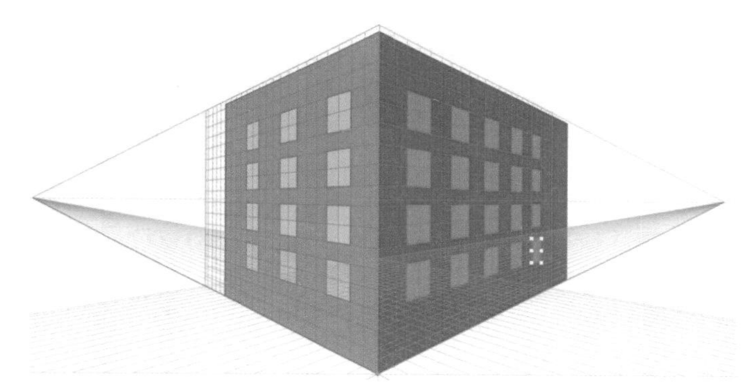

图 3-44

3.7 图层面板

Illustrator 中的图层概念和 Photoshop 中是一样的，只不过在操作上存在区别。另外，由于 Illustrator 可以在同一个图层里面管理对象的上下关系，所以相对 Photoshop 的图层使用没有那么重要和频繁，只在设计比较复杂的场景或者其他必要的时候才会新建图层，更多的时候是利用“图层”面板来进行锁定和隐藏对象的操作。

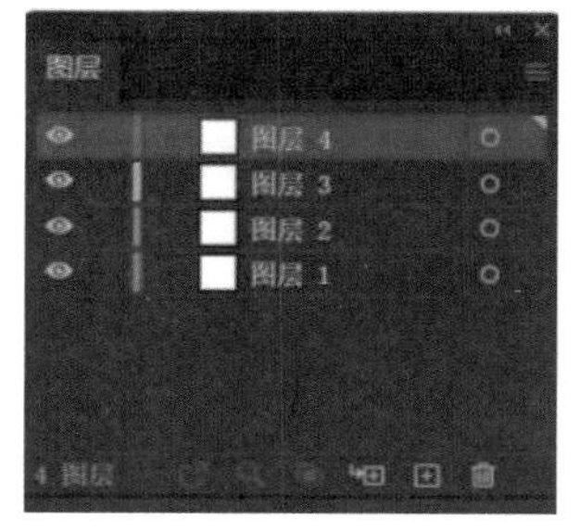

图 3-45

按【F7】键可打开“图层”面板，图层的相关操作都位于该面板上，如图 3-45 所示。

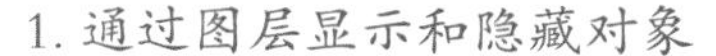

1. 通过图层显示和隐藏对象

在“图层”面板中的最左边有一个“眼睛”图标，如果单击“眼睛”图标，则“眼睛”图标会消失，这表明对应的图层已被隐藏，图层处于不可见状态。再次单击，相应位置会再次出现“眼睛”图标，对应的图层也会恢复为可见状态，如图 3-46 所示。

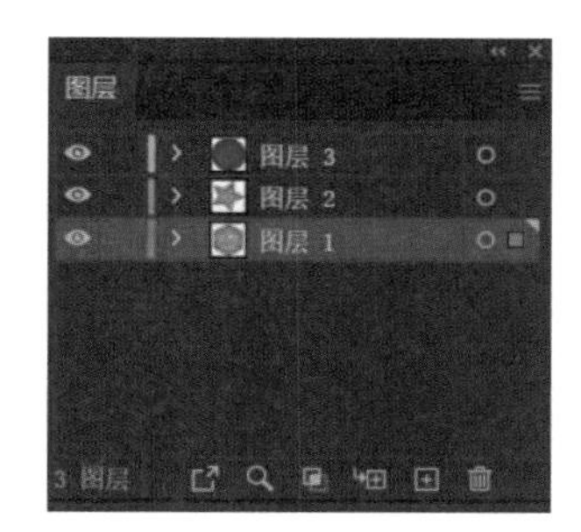

图 3-46

2. 通过图层锁定和解锁对象

在“图层”面板中，“眼睛”图标的右边有一列灰色的按钮，单击相应位置会呈现锁定状态，这表示该层的对象已被锁定，不可对其进行修改或删除等操作。再次单击相应位置便可解锁对象，可对其进行正常的编辑，如图 3-47 所示。

图 3-47

3. 选择图层中对象

每一个对象都处于一个图层，要选择该图层中的对象就要单击该图层右侧的“圆圈”，如图 3-48 所示。

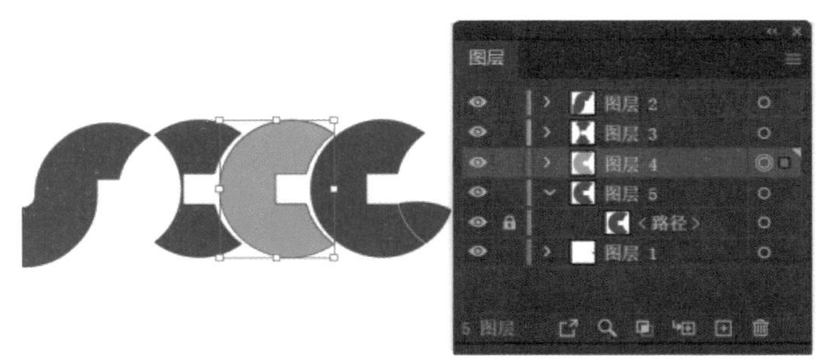

图 3-48

3.8 描边面板

“描边”面板可以用来定义图形边框的粗细、端点样式、边角样式等属性，还可以自由定义各种虚线的效果。描边功能的强大还体现在沿路径缩放的描边效果和为路径添加箭头的功能。

下面详细讲解“描边”面板的各项功能。

（1）端点：为线的起点和末点设置不同的端点效果。图 3-49 所示分别是“平头端点”“圆头端点”“方头端点”的效果。

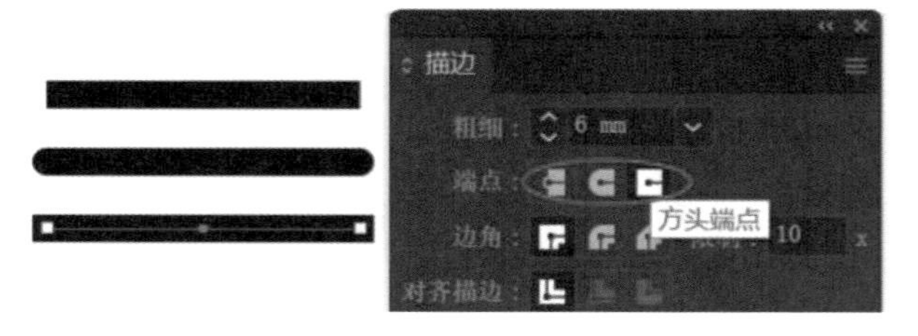

图 3-49

（2）边角：当线条有转角的时候，可为转角设置不同的效果。图 3-50 所示分别是“斜接连接”“圆角连接”“斜角连接”的效果。

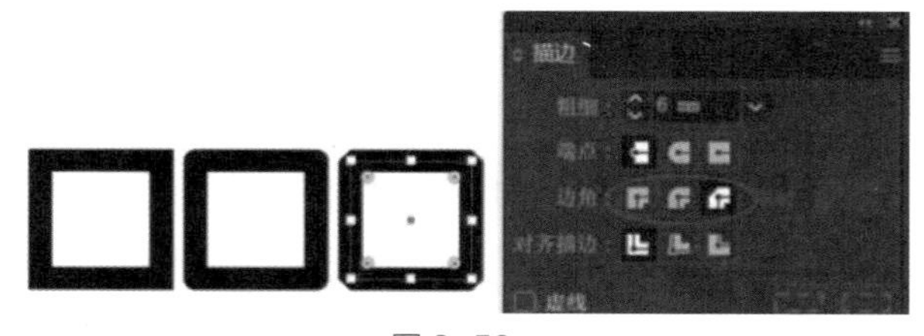

图 3-50

（3）对齐描边：设置描边的宽度和路径的对齐方式。图 3-51 所示分别是“使描边居中对齐”“使描边内侧对齐”“使描边外侧对齐”的效果。

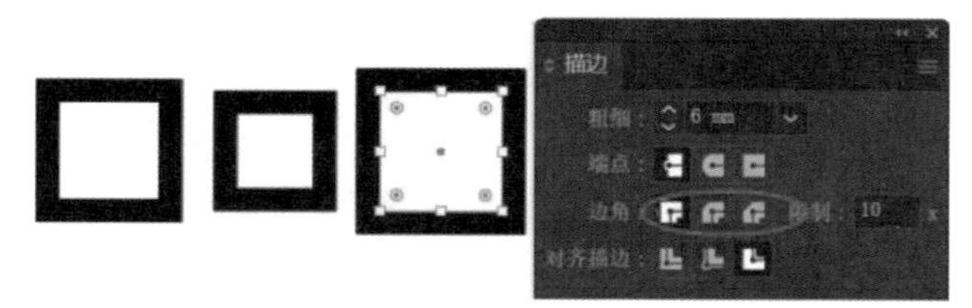

图 3-51

（4）虚线：勾选这个选项，然后在其下的 6 个输入框中输入相应的数值便可得到不同效果的虚线。结合上面讲到的“端点”功能可得到更多的效果。

图 3-52 所示是设置粗细为 12mm，虚线为 12mm，端点为“平头端点”的效果。图 3-53 所示是设置粗细为 12mm，虚线为 0mm、“间隙”为 12mm，端点为“圆头端点”的效果。

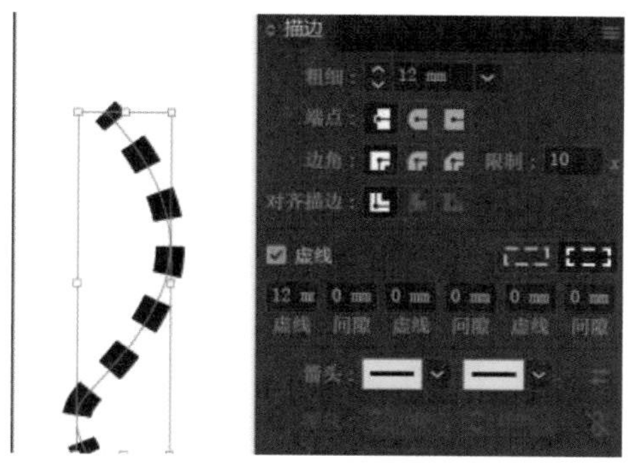

图 3-52

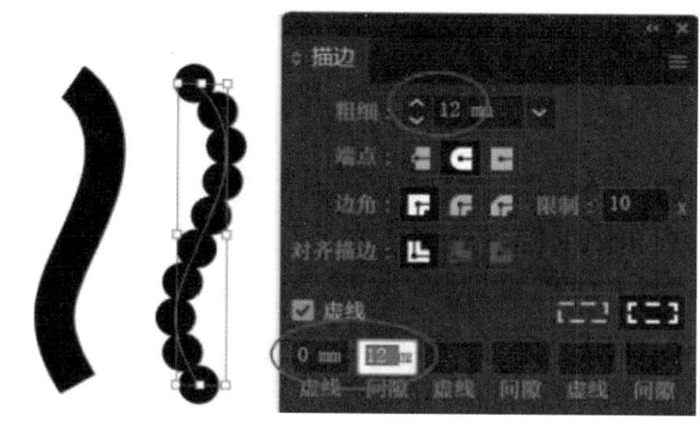

图 3-53

（5）箭头：可为线条添加前端箭头和末端箭头效果，还可以更改箭头的缩放比例和对齐端点的方式，如图 3-54 所示。

（6）配置文件：能够使得路径的描边不再缺少变化。Illustrator CC 2023 中包含若干种可供选择的描边样式，图 3-55 所示为不同描边样式的效果。

图 3-54

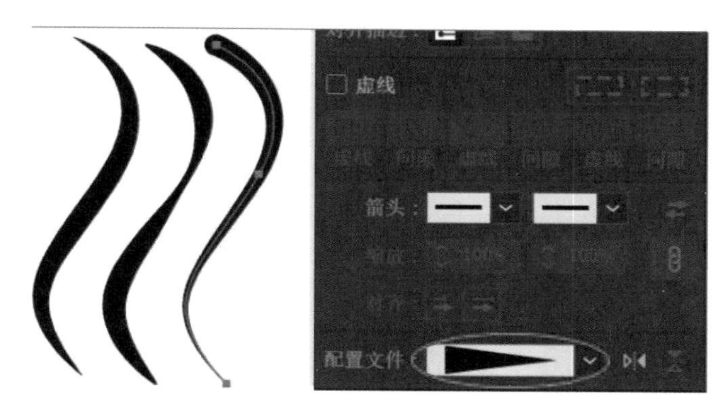

图 3-55

第4章 颜色系统和颜色工具

本章将系统地讲解 Illustrator CC 2023 中与颜色相关的各项知识，包括颜色的基础知识和相关颜色工具的使用。用户学习这些知识后可以使设计工作更加得心应手。此外，本章还将通过实际案例帮助用户熟悉软件中有关于颜色的工具使用方法以及技巧。

4.1 颜色的基础知识

色彩就是指对象的明度、饱和度以及色相，是人类视觉对光波的反射感受，也就是说色彩总是和光相伴的。

光实际上是一种电磁波，绝大部分的光是人类无法用肉眼看到的，人只能看见部分光，例如太阳光。一个三棱镜可以将太阳光分解为赤、橙、黄、绿、青、蓝、紫 7 种单色光，与图 4-1 所示的色谱相似。在自然现象中，彩虹的出现也是基于这个原理。

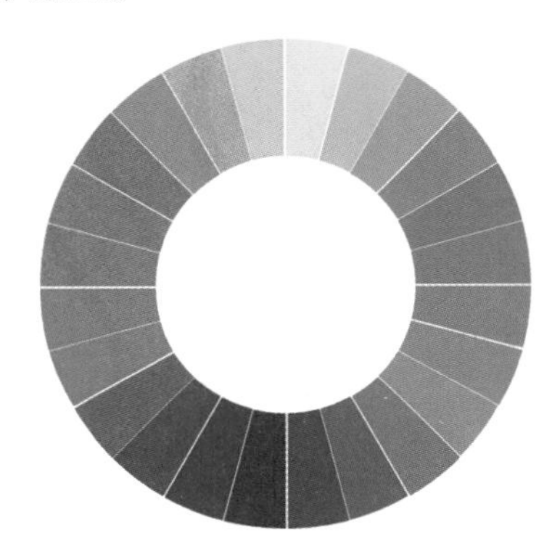

图 4-1

颜色的介质有色光介质和色料介质两种。不论是色光介质还是色料介质，颜色的呈现都离不开光。色光介质的呈色是色光直接刺激人眼的结果。色料介质的呈色则是可见光照射在色料上，经色料吸收后反射的剩余色光。

色光和色料都有它们各自的原色。色光的三原色是 R（红）、G（绿）、B（蓝）。色料的三原色是 C（青）、M（品红）、Y（黄）。

对于色光来说，把两种或两种以上的单色光混合在一起，便会产生其他色彩的复合光。色光的原理是亮度相加的规律，即混合的光越多，得到的光就越亮。将所有的原色光全部混合到一起，光就变成了白色。

对于色料来说，把两种或两种以上的色料原色混合在一起，便产生了其他色料。色料的原理是亮度相减的规律，即混合的色彩越多，得到的色料就越暗。将所有的原色全部混合到一起，色料就成了黑色。

4.2 颜色的三个基本属性

色彩的构成具备三个基本属性，色相（Hue）、饱和度（Saturation）和明度（Brightness）。下面将对它们进行讲解。

1. 色相（Hue）

色相（Hue）是物体反射光的波长或通过物体转变的光的波长。色相在色轮上的显示如图 4–2 所示。在色轮上，每一个颜色都与它相应的补色成 180°，如图 4–2 所示。

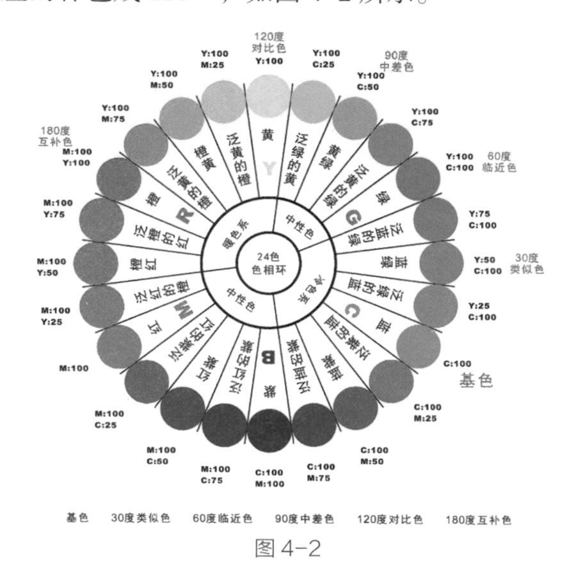

图 4–2

2. 饱和度（Saturation）

饱和度（Saturation）经常被称为纯度。饱和度就是指颜色的强度，饱和度的高低，实际上就是该色彩中含有灰度成分的多少，它的范围是 0 ～ 100%，如图 4–3 所示。

图 4–3

3. 明度（Brightness）

明度（Brightness）是指色彩中黑或白的多少，是相对的亮度或暗度。它的范围也是 0 ～ 100%，0 的明度是黑色，100% 的明度是白色，如图 4–4 所示。

图 4–4

4.3 颜色模式和模型

有的时候，人们往往需要一个用来定义颜色的精确方法。颜色模型可提供各种定义颜色的方法，每种模型都是通过使用特定的颜色组件来定义颜色的。在创建图形时，会有多种颜色模型供选择。

1.CMYK 颜色模式和模型

CMYK 颜色模型的组件如图 4–5 所示。

青色（C）、品红（M）、黄色（Y）和黑色（K）组件为 CMYK 颜色模式所包含的青色、品红、黄色和黑色墨水的对应值，用 0 ～ 100% 之间的数值来衡量。

CMYK 颜色模型为减色模型。减色模型使用反射光来显示颜色。在生活中可以使用 CMYK 颜色模型生产各种打印材料。如果青色、品红、黄色和黑色组件的值都为 100% 的打印材料，那么结果为纯黑色；如果每一组件的值都为 0 的打印材料，则结果为纯白色。

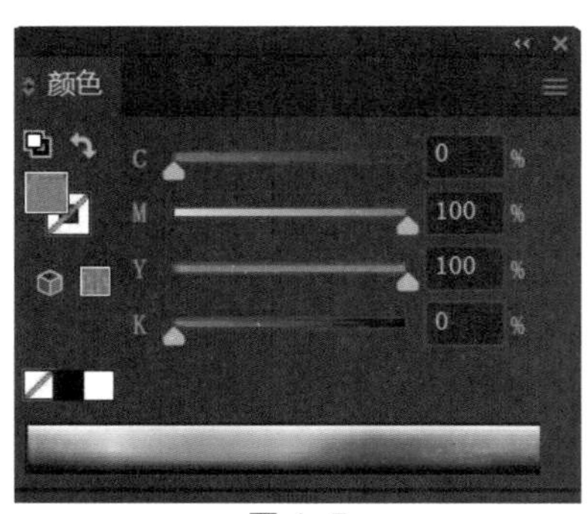

图 4-5

CMYK 也叫作印刷色。每一种颜色都有其各自独立的色版，色版上记录了这种颜色的网点，四种色版合到一起就形成了一般定义的原色。

换句话来说，印刷品中的各种各样的色彩都是由这四种颜色的油墨合成的（专色除外）。但是，为什么人们在印刷品上看不到这四种颜色的单独存在呢？实际上，这是由于人类视觉的特性所决定的。网点与网点之间的距离远远小于人眼能辨别的距离，但可以使用专用的网点放大镜查看印刷后效果。

在印刷前，一般都会将制作的 CMYK 图像送到出片中心出片，以获得青色、品红、黄色、黑色四张菲林片。得到菲林片以后，印刷厂便可以根据胶片印刷。

提示：每一张菲林片实际上都是相应颜色色阶关系的黑白胶片，如图 4-6 ～图 4-10 所示。

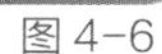
图 4-6

图 4-7

图 4-8

图 4-9

图 4-10

2.RGB 颜色模式和模型

RGB 颜色模型的组件如图 4-11 所示。

红色（R）、绿色（G）和蓝色（B）组件为 RGB 颜色包含的红色、绿色和蓝色光的对应值，其取值区间为 0 ～ 255。

RGB 颜色模型为加色模型。加色模型使用透色光来显示颜色，显示器使用的就是 RGB 颜色模型。如果将红色光、蓝色光和绿色光添加在一起，且每一组件的值都为 255，那么显示的颜色为纯白色；如果每一组件的值都为 0，则显示的颜色为纯黑色。RGB 颜色模式的图像多用于电视、网络、投影和多媒体。

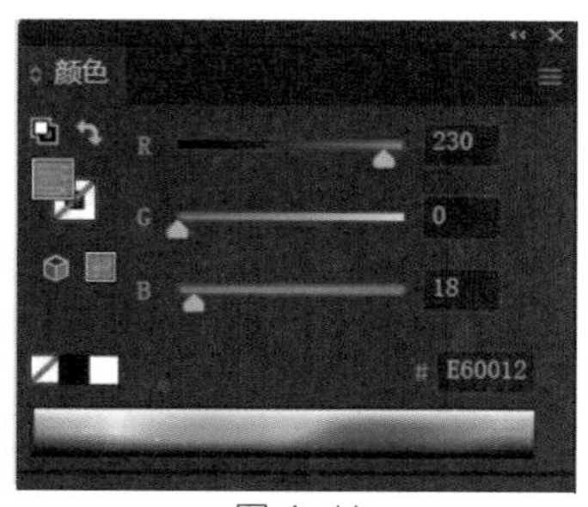

图 4-11

RGB 颜色模式是计算机中最直接的色彩表示法，而且计算机中的 24 位真彩色图像也适合使用该颜色模式来精确记录。

3. 灰度颜色模式和模型

灰度颜色模型只使用一个组件——亮度（L）来定义颜色，并用 0 ～ 255 的值来度量。每种灰度颜色都有相等的 RGB 颜色模型的红色、绿色和蓝色组件的值，如图 4–12 所示。

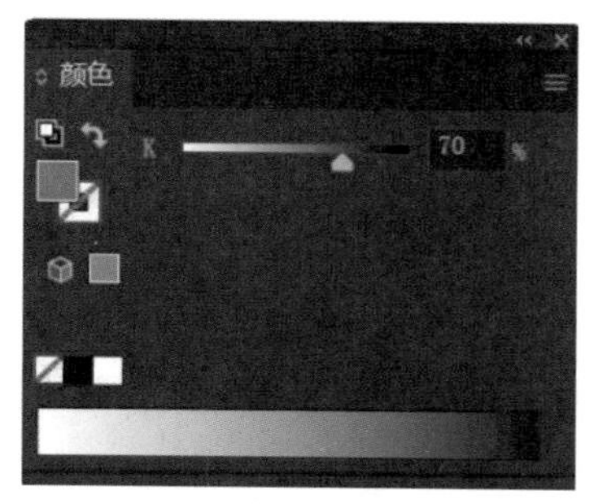

图 4–12

4.HSB 颜色模式和模型

HSB 颜色模型的组件如图 4–13 所示。色度（H）描述颜色的色素，用 0°～359° 来测量（如 0° 为红色，60° 为黄色，120° 为绿色，180° 为青色，240° 为蓝色，300° 则为品红）；饱和度（S）描述颜色的鲜明度或阴暗度，用 0～100% 来度量（百分比越高，颜色就越鲜明）；亮度（B）描述颜色中包含的白色的值，用 0～100% 来度量（百分比越高，颜色就越明亮）。

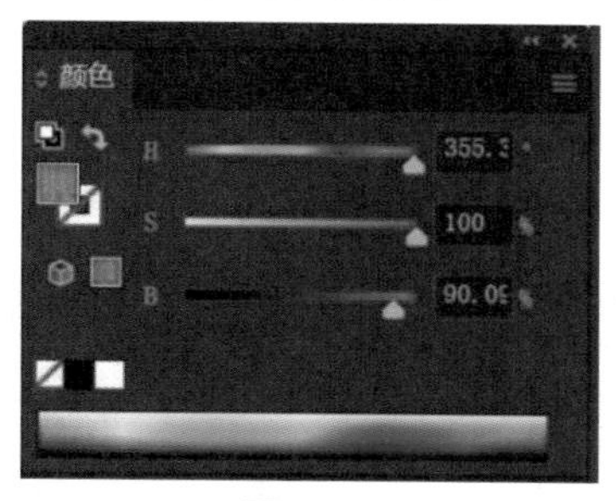

图 4–13

5.Web Safe RGB 颜色模式和模型

Web Safe RGB 是保证颜色可以在网络上正确显示的颜色模型。一般网络上的图片都十分清晰，层次也极为丰富，然而这是以降低颜色的过渡为代价。同时网页通过显示器显示，而显示器的显色原理是 RGB，但 Web Safe RGB 颜色模型可以保障网页图片颜色的正常过渡，如图 4–14 所示。

该颜色模式的值的范围为 0～9 和 A～F 的组合。6 位数字及字母的组合即可代表一种颜色，例如，#000000 代表黑色，#FFFFFF 代表白色。

图 4–14

4.4 颜色相关面板

本节将介绍与颜色填充相关的工具。

1. 颜色面板

颜色是绘图软件中永恒的主题，任何一幅成功的作品在颜色的处理方面都独具匠心，且与主题息息相关。

在 Illustrator CC 2023 中可以使用“颜色”面板对操作对象进行内部和轮廓的填充，也可以用来创建、编辑和混合颜色，还可以从“色板”面板、对象和颜色库中选择颜色。要打开“颜色”面板，可执行“窗口→颜色”命令（快捷键为【F6】），“颜色”面板如图 4–15 所示。

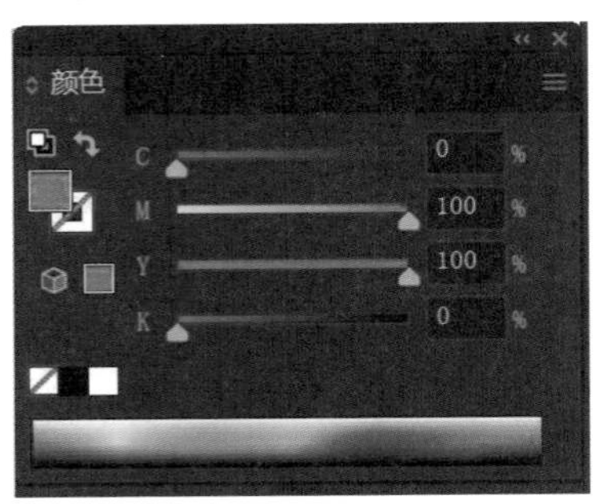

图 4–15

2. 渐变面板

“渐变”面板可以对对象进行连续的色调填充。要打开该面板，可双击工具箱中的“渐变”按钮，如图 4–16 所示。“渐变”面板如图 4–17 所示。

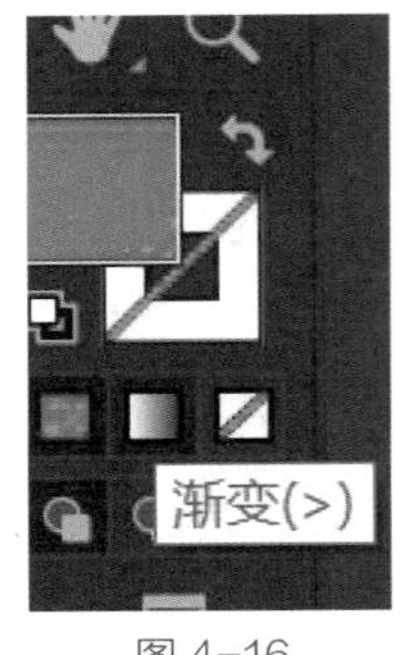

图 4–16

图 4–17

渐变的类型有线性、径向、任意形状渐变三种。“渐变”面板经常要与“颜色”面板结合使用。当然，也可以在“色板”面板上选择已经设置好的渐变类型。

接下来，利用“色板”面板选择已经设置好的渐变类型。具体的操作步骤如下。

①利用椭圆工具绘制一个圆，打开“渐变”和“色板”面板，并在“色板”面板中选择一种渐变的样式，效果如图 4–18 所示。

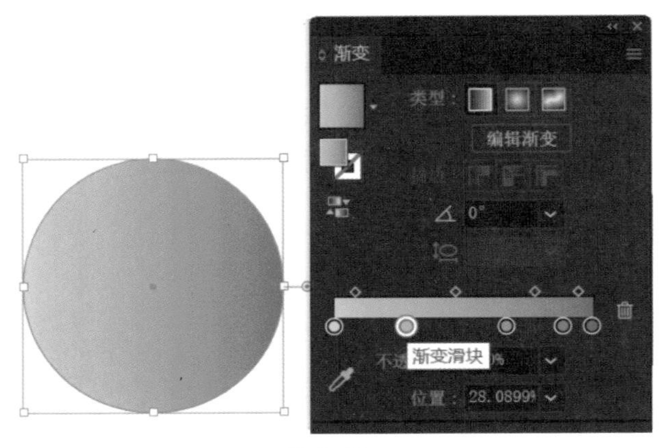

图 4–18

②更改渐变颜色的方法是，首先单击“渐变”面板上要更改的颜色滑块，被选中的颜色滑块将显示为带蓝色边框的双层圆形，没有被选中的则仍处于实心状态，如图 4–19 所示。然后双击选中的颜色滑块，系统将会在其下方弹出“颜色”面板。更改该面板颜色即可调整颜色滑块的色彩，如图 4–20 所示。

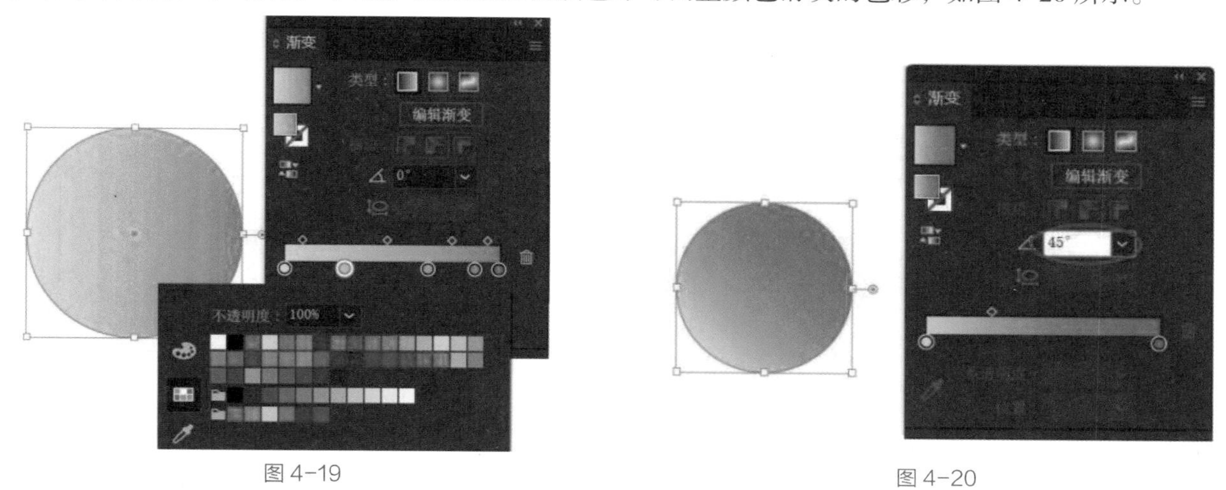

图 4–19　　　　图 4–20

③更改颜色所占比例有两种方法：一种是直接拖动颜色条上方的“菱形滑块”；另一种是选中一个要更改颜色的“菱形滑块”后，在“位置”的数值框中进行直接的精确定义，如图 4–21 所示。

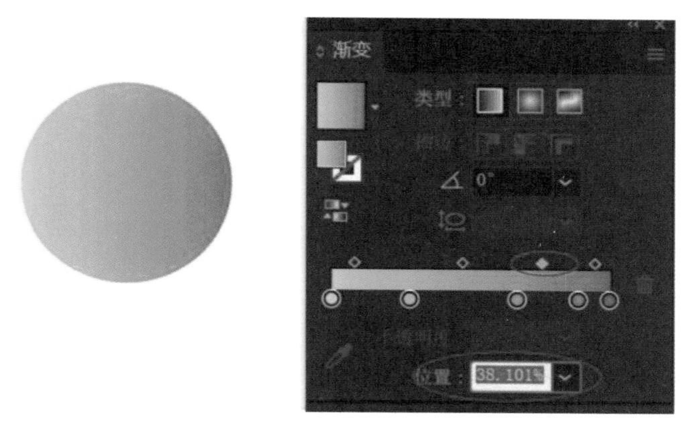

图 4–21

④更改颜色填充的角度，在角度数值文本框中输入角度即可，如图 4–22 所示。

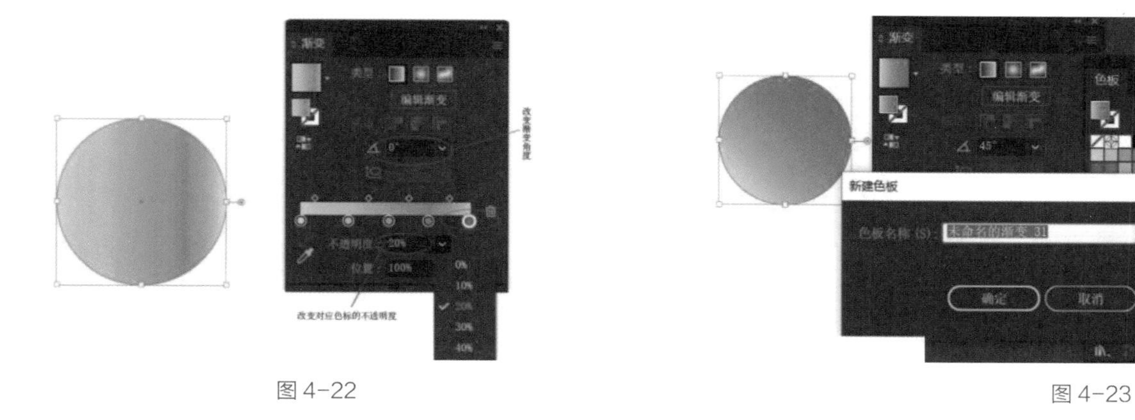

图 4–22　　　　图 4–23

⑤用户可以将自定义的渐变放到“色板”面板上保存起来，以便在其他的图形中使用。操作方法是将“渐变”面板的缩览图使用鼠标左键拖放到“色样”面板上，如图 4–23 所示。

4.5 吸取颜色属性

工具箱中的吸管工具可以直接用来填充具有相同颜色属性的对象。在已经拥有一个设定好的渐变对象之后，选中想要复制它的属性的对象，使用吸管工具在设定好的对象上单击即可，如图 4–24 和图 4–25 所示。

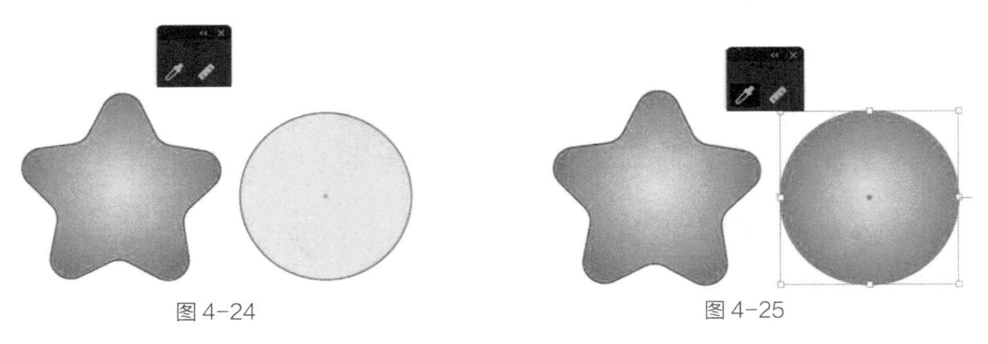

图 4–24　　图 4–25

4.6 网格工具

网格工具可以把贝塞尔曲线网格和渐变填充完美地结合在一起，通过贝塞尔曲线来控制锚点和锚点之间丰富、光滑的色彩渐变，从而形成让人惊叹不已的华丽效果。图 4–26 所示为使用渐变网格工具绘制的一幅插画。

图 4–26

1. 渐变网格对象结构

画一个椭圆，随便填充一个颜色，然后从工具箱中选取“网格工具”，在椭圆内部单击，这样就可以生成一个标准的渐变网格对象，如图 4–27 和图 4–28 所示。

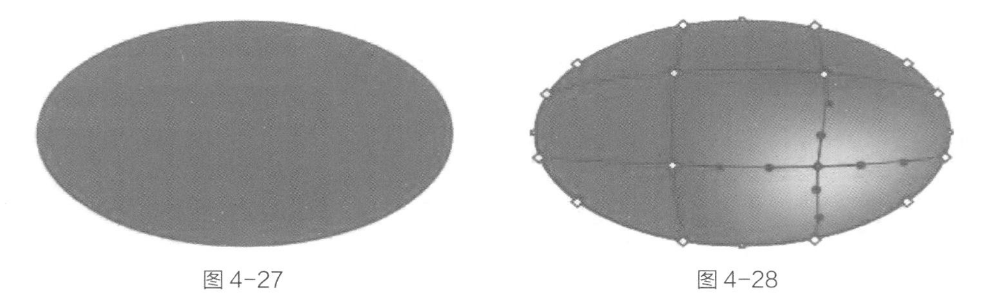

图 4–27　　图 4–28

渐变网格对象是由网格点和网格线组成的，4 个网格点即可组成一个网格片，但在非矩形物体的边缘，3 个网格点就可以组成一个网格片。每一个网格点之间的色彩柔和地渐变过渡，是因为网格点和网格点上手柄的移动会影响颜色的分布，如图 4–29 和图 4–30 所示。

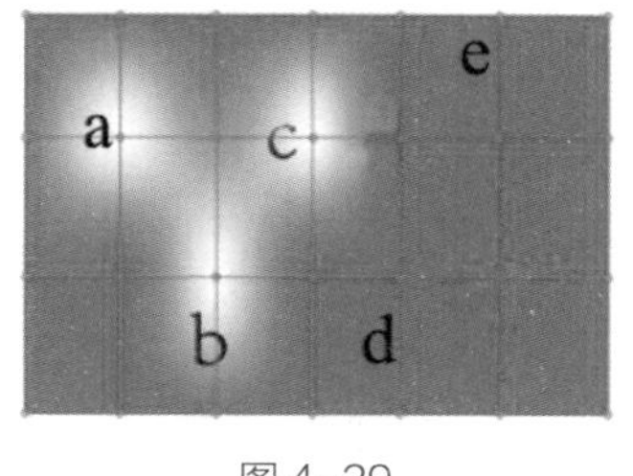

图 4-29

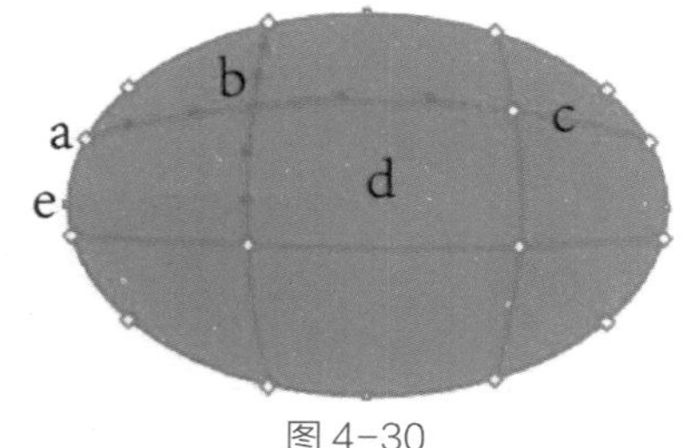

图 4-30

a 是一个在边缘的网格点，未被选中时显示为一个空心的菱形。

b 是物体内部的网格点，因为正处于被选定状态， 所以是一个实心的菱形，四周具有与贝塞尔曲线一样的调节手柄。

c 是网格线。

d 是一个标准的由 4 个网格点构成的网格片。

e 是路径的锚点，它是一个小方块，注意它和网格点在形状上的区别。

网格点和路径的锚点很相似，但是它们在形状和本质上都不太相同。网格点的形状是菱形，而路径的锚点是正方形，且不能填充颜色。网格线和贝塞尔曲线路径相似，每一个锚点都有两个控制手柄，交叉的网格线中则有 4 个相互交叉的手柄，它可以在 4 个方向上控制色彩过渡的方向和距离。

2. 创建渐变网格对象

渐变网格对象的创建有两种方式。

一种是直接使用网格工具创建渐变网格对象。把网格工具放在均匀填充物体上，光标就会变成 的形状，之后在物体上单击，就可以把它转化为一个最简单的渐变网格对象。如果在图形的边缘单击鼠标，路径上的锚点就会变成可以填充的网格点；如果在图形内部单击，单击的地方就会出现网格点和交叉的网格线，并且系统会自动给网格点填上当前的前景色，如果不想让系统自动填充前景色，可以在单击的时候按住【Shift】键。可通过单击鼠标左键决定网格的数量和密度，如图 4-30 所示。

提示：图 4-29 中 a、b、c 三个点都自动填充了当前的前景色（白色），d、e 两个点是按住【Shift】键单击而得，所以保持了原有的渐变过渡效果。

另一种是用菜单命令创建渐变网格物体。选中一个物体，执行“对象→创建渐变网格”命令后屏幕上将会弹出“创建渐变网格”面板，可在其中设置渐变网格的行数和列数等参数，如图 4-31 所示。

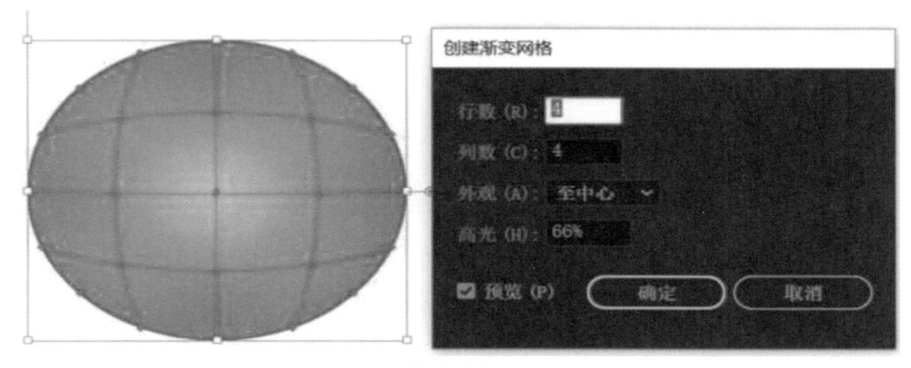

图 4-31

3. 由渐变填充创建渐变网格对象

Illustrator CC 2023 中的渐变填充对象可完美地转换成渐变网格对象。这说明渐变填充和网格填充有很相近的关系。这种转变往往可以产生用网格工具难以达到的渐变填充效果。

选定一个渐变填充对象，执行“对象→扩展”命令，弹出“扩展”面板，如图 4-32 所示。 在“将渐变扩展为”选项中选择“渐变网格”。单击“确定”按钮后，渐变填充物体就会变成渐变网格对象，如图 4-33 所示。

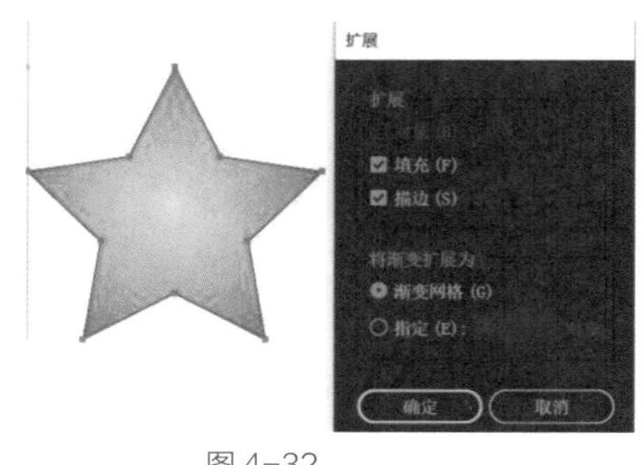

图 4-32

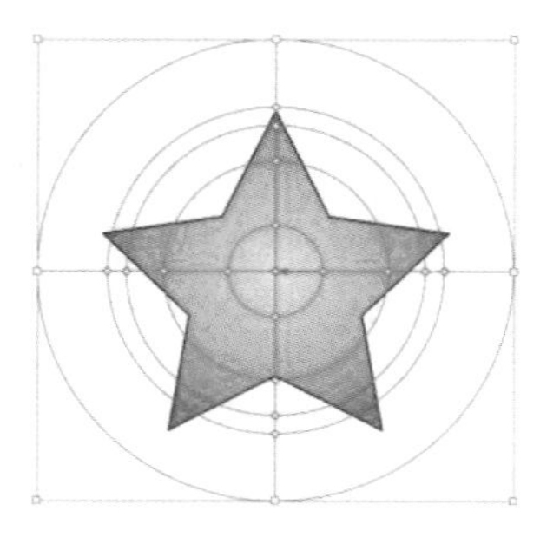
图 4-33

4. 渐变网格对象的修改

通过上述方式创建的渐变填充物体，一般都需要使用网格工具进行进一步的调整。如果要增加网格密度，使用网格工具在物件内部单击，就可以增加网格点以及与网格点相连的网格线。填充复杂的区域时，往往需要较多的网格线来控制。

使用网格工具按住【Alt】键，单击网格线就可以删除网格线；在网格点上单击，可以一次性删除与该网格点相连的所有网格线。

如果要调整网格点的位置和方向等，则可使用直接选择工具进行选择和调整。按住【Shift】键单击网格点，可同时选中多个网格点进行调整。调整的效果如图 4-34 所示。

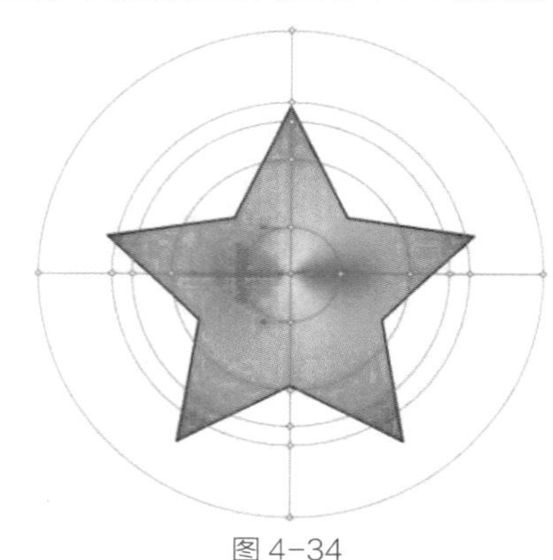
图 4-34

选中的网格点会显现出它的调节手柄，与贝塞尔曲线的调节方法相似，用户可以通过拖动锚点和手柄来调节曲线的形状和色彩的过渡变化。

5. 渐变网格对象的颜色调整

使用直接选择工具选中 1 个或多个网格点后，可在“颜色”或“色板”面板中选取它们的颜色来调整渐变网格对象的颜色，也可以在编辑过程中，使用吸管工具来吸取其他对象的颜色来改变渐变网格对象的颜色。

第 5 章 画笔的应用

本章主要讲解 Illustrator CC 2023 中画笔的应用，其中包括“画笔”面板各项功能的讲解、画笔路径的创建、画笔选项的设置、自定义画笔的创建等。灵活运用画笔可以在图形绘制时事半功倍。

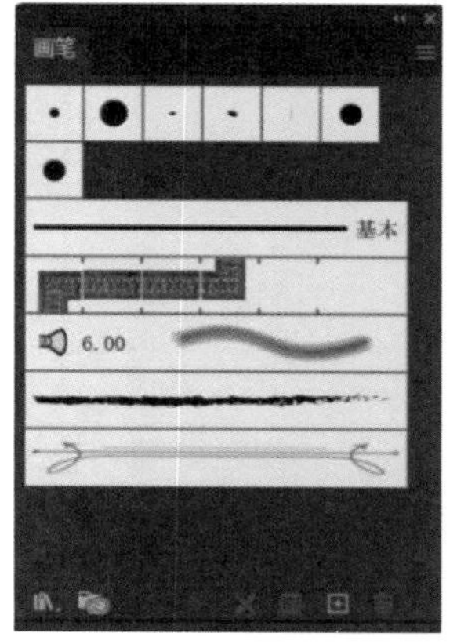

图 5–1

5.1 画笔面板

用户可以在“画笔”面板中选择画笔效果和编辑画笔属性，同时还可以自行创建和保存画笔，如图 5–1 所示。

5.1.1 画笔库

在“画笔”面板中，执行图 5–2 所示的操作，打开更多的画笔库来丰富可用的画笔。

画笔库包含很多种类的画笔，用户可通过画笔工具使用不同的画笔效果。其中“毛刷画笔”是 Illustrator CC 2023 中经常使用的画笔库，“毛刷画笔”能够模仿自然绘画笔触的功能，可以结合带压感应、方向感应的绘图板使用。图 5–3 所示是使用“毛刷画笔”绘制的一个矢量格式的花环，通常只有使用画板软件才能达到如此逼真的自然绘画效果，如今矢量图也可以达到这种效果。

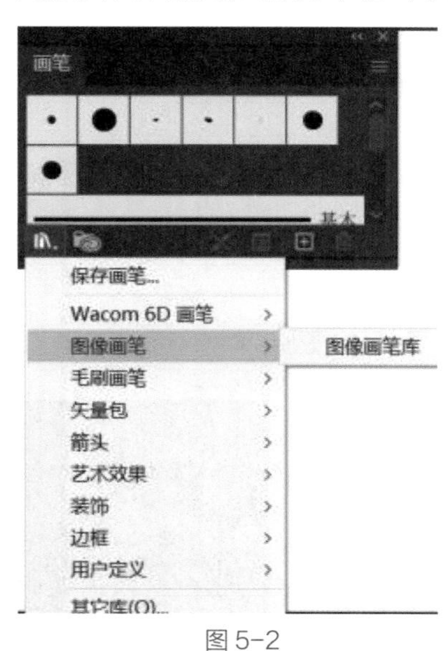

图 5–2

图 5–3

5.1.2 画笔类型

按照功能特征的不同效果，画笔分为 5 种类型，分别是书法画笔、散点画笔、图案画笔、毛刷画笔和艺术画笔，如图 5–4 所示。

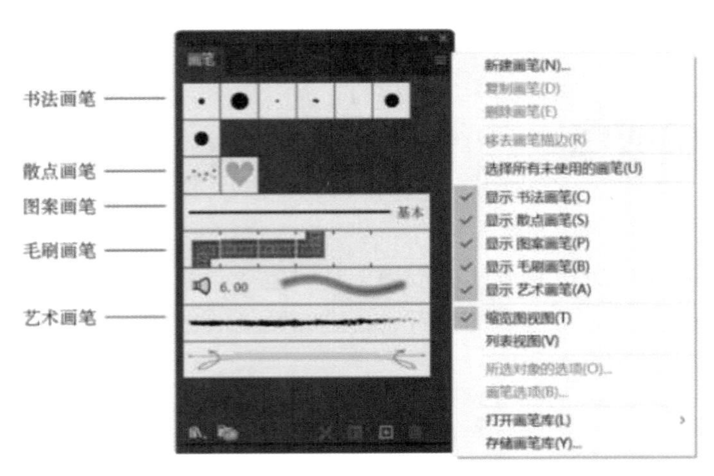

图 5-4

5.2 创建画笔路径

可以使用工具箱中的画笔工具绘制路径，也可以使用铅笔工具、椭圆形工具、多边形工具、星形工具、矩形工具等来绘制路径，然后选中绘制的路径，单击“画笔”面板中想要应用的画笔即可，如图 5-5 所示。

5.2.1 用画笔工具创建画笔路径

用画笔工具创建画笔路径是所有创建画笔路径中最为简单的一种，用户只需在使用此工具之前选择一种画笔即可。在工具箱中双击“画笔工具”按钮，会弹出如图 5-6 所示的“画笔工具选项”面板。该面板中各项参数的含义如下。

（1）保真度：可以移动滑块控制笔画散离于路径的像素的值。滑块越靠近“精确”一边，笔画或曲线就越逼真；滑块越靠近“平滑”一边，笔画或曲线就越平滑。

（2）填充新画笔描边：如果未勾选该项，即使用户在工具箱中的填充色块中进行了填充设置，所绘制的路径也不会进行填充。

（3）保持选定：勾选该项，绘制出的路径将自动保持被选中状态。

（4）编辑所选路径：勾选该项，即可以利用各种工具编辑选中路径。

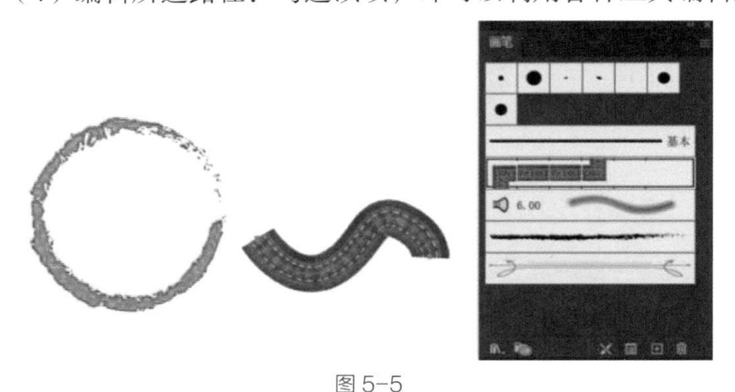

图 5-5

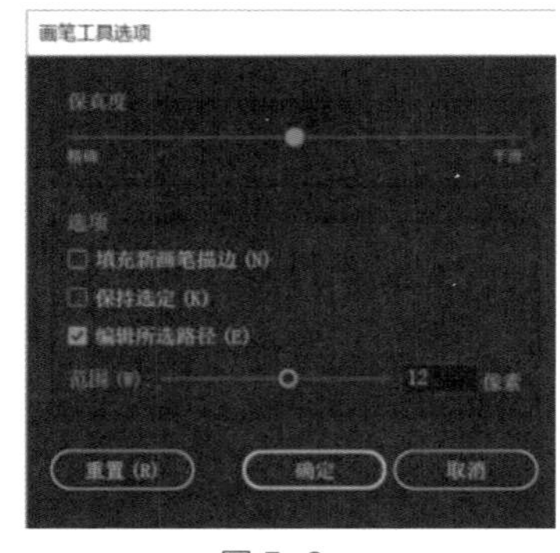

图 5-6

5.2.2 扩展画笔

在画笔路径被选中的情况下，执行“对象→扩展外观”命令，将画笔的状态转换为路径的状态以便于修改。图 5-7 所示是路径扩展前后不同状态的对比。

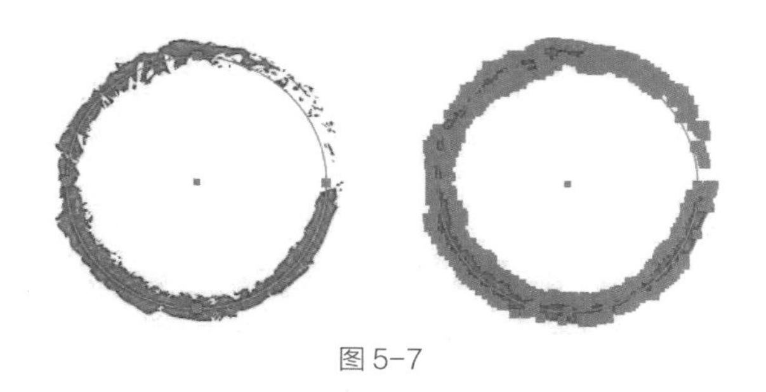

图 5-7

5.3 设置画笔选项

如果对预置的画笔效果不满意，可以对画笔选项进行调整。

5.3.1 设置书法画笔和散点画笔

在“画笔”面板中双击某个需要设置的画笔，打开图 5-8 所示的“书法画笔选项”面板，在该面板中可以设置画笔的角度、圆度和大小等参数。

“散点画笔选项”面板如图 5-9 所示，在其中可以修改散点画笔的大小、间距、分布等参数，设置后的画笔效果如图 5-10 所示。

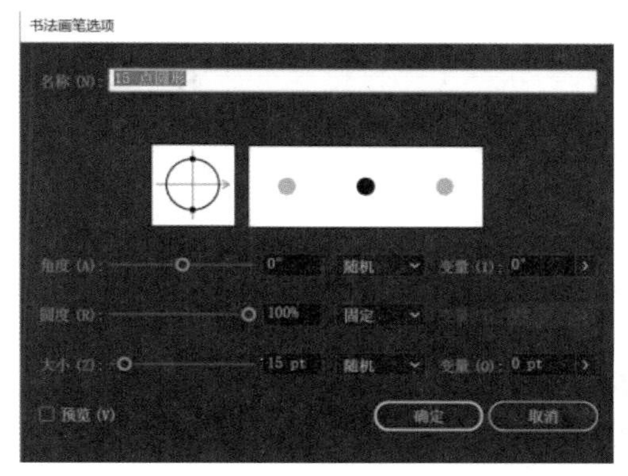

图 5-8

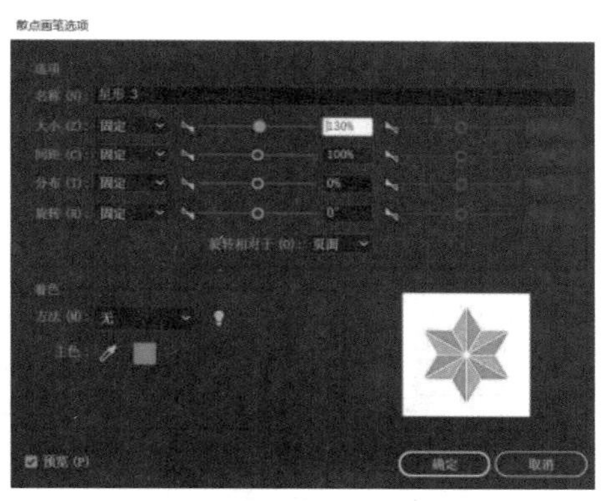

图 5-9

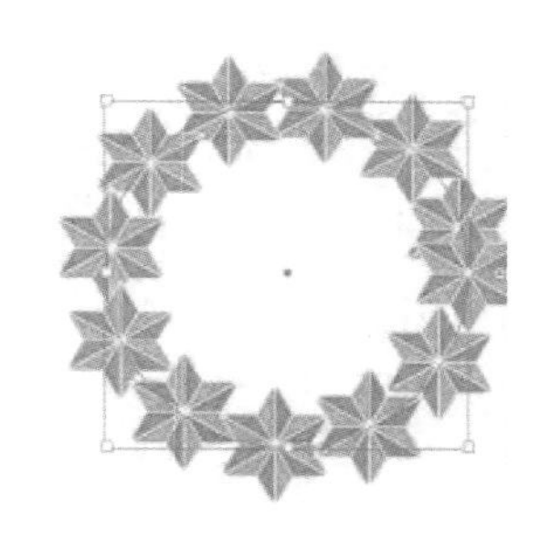

图 5-10

5.3.2 设置毛刷画笔

“毛刷画笔选项”面板如图 5-11 所示。在其中可以修改毛刷画笔的大小、毛刷长度、毛刷密度、毛刷粗细、上色不透明度、硬度等参数。

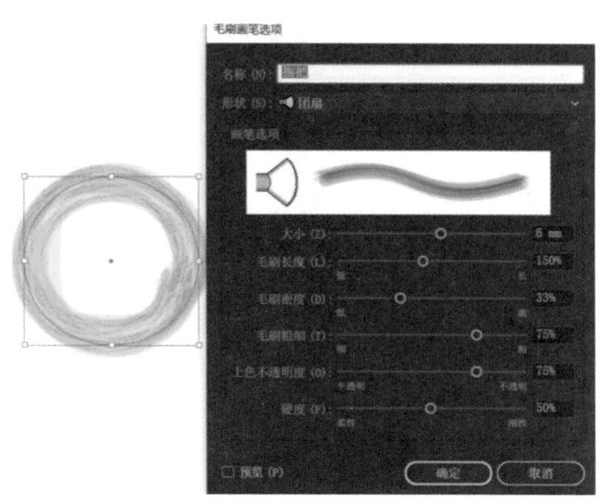

图 5-11

5.3.3 设置图案画笔

“图案画笔选项”面板如图 5-12 所示。

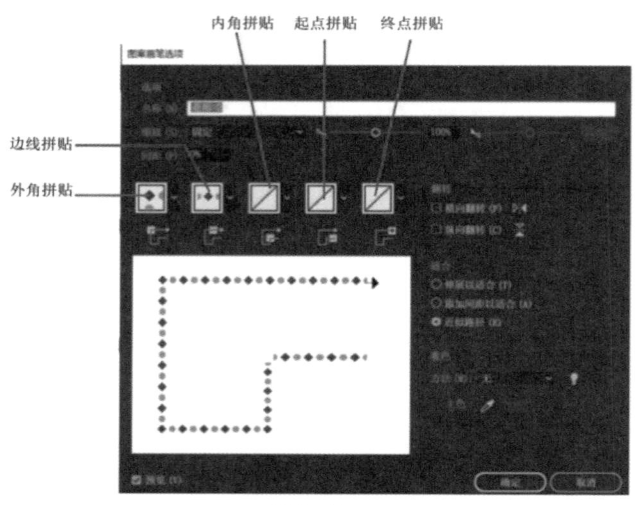

图 5-12

图案画笔一共有 5 个拼贴的图案，可以组合成画笔的对象，分别是“起点拼贴”“终点拼贴”“边线拼贴”“外角拼贴”和“内角拼贴”。

对于开放的路径，这些拼贴的图案将依次被用在路径开始、路径中、路径结束的地方。如果应用的画笔路径有拐角，那么还将用到“外角拼贴”和“内角拼贴”。首先选择拼贴类型，然后可在拼贴图案框中进行选择，修改每个拼贴图案的基本元素、间距、大小等参数。

5.3.4 设置艺术画笔

“艺术画笔选项”面板如图 5-13 所示。在其中可以修改画笔的方向、缩放的选项、翻转等参数。

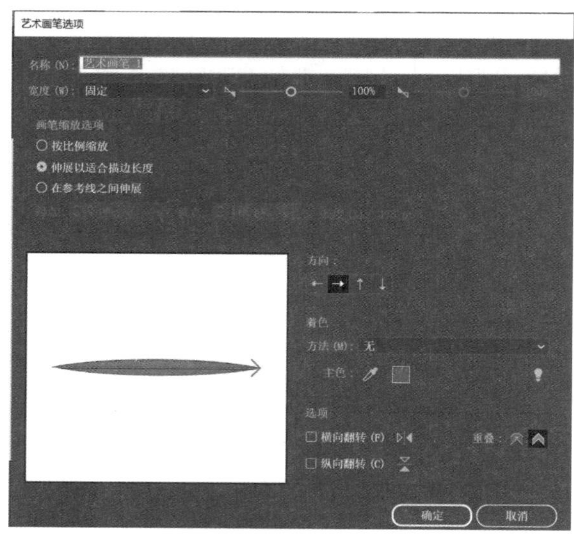

图 5-13

5.4 创建自定义画笔

虽然 Illustrator 提供了很多的预置画笔，但是有时候仍需要自定义一些画笔来满足设计需求。

5.4.1 创建书法画笔

单击“画笔”面板右上方的小三角，执行其中的“新建画笔”命令，在“选择新画笔类型”中选择“书法画笔”，单击“确定”按钮之后会出现图 5-13 所示的“书法画笔选项”面板，设置好相应参数（见图 5-14），单击“确定”按钮，即可得到新的书法画笔。

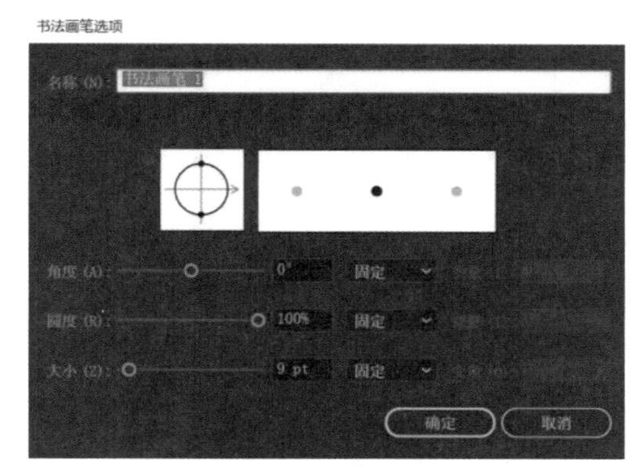

图 5-13

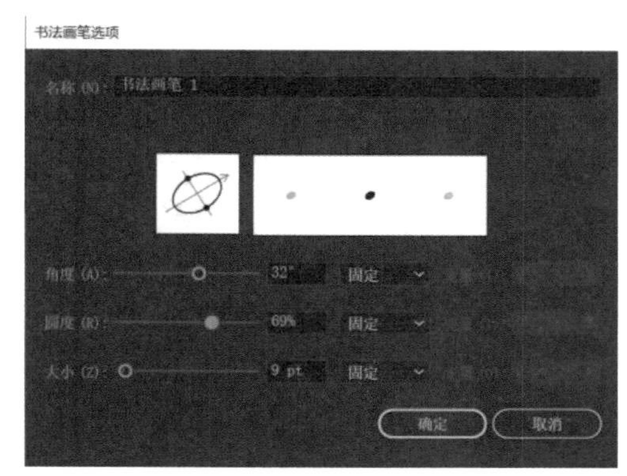

图 5-14

5.4.2 创建散点画笔和艺术画笔

创建散点画笔和艺术画笔之前必须先选择一个对象，在没有选择对象时，新建画笔的面板无法选择这两种类型的画笔，如图 5-15 所示。在选择一个对象后，执行“新建画笔”命令，单击“散点画笔”，弹出图 5-16 所示的“散点画笔选项”面板，在该面板中设置相应参数，单击“确定”按钮即可生成新的散点画笔。同理，在选择一个对象后，执行“新建画笔”命令，单击“艺术画笔”，弹出如图 5-17 所示的“艺术画笔选项”面板，在该面板中设置相关的参数，单击“确定”按钮即可生成新的艺术画笔，如图 5-18 所示。

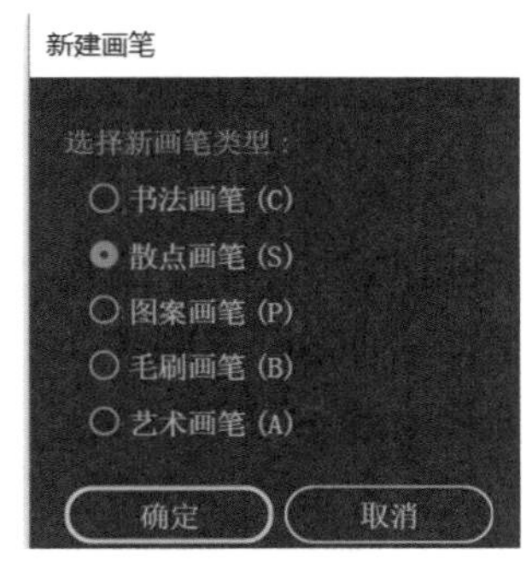

图 5-15

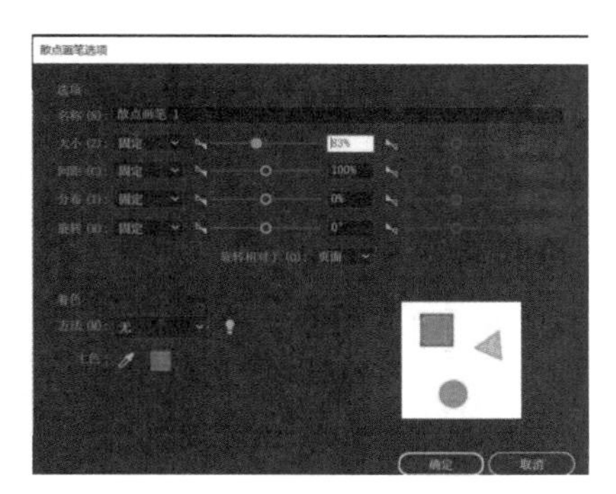

图 5-16

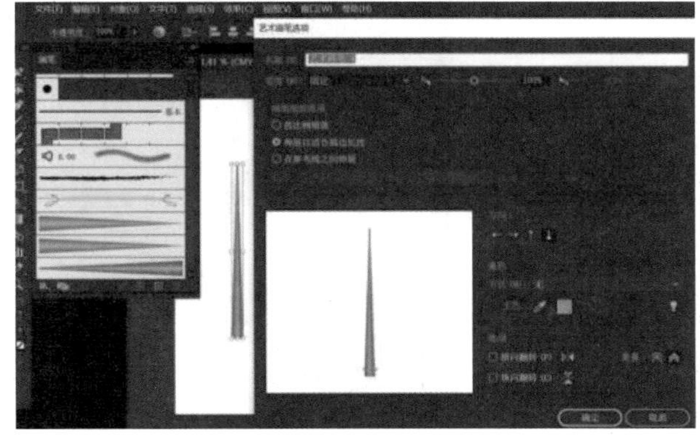

图 5-17

图 5-18

5.4.3 创建毛刷画笔

在图 5-19 所示的“新建画笔”面板中选择“毛刷画笔”，单击“确定”按钮之后，会出现图 5-20 所示的“毛刷画笔选项”面板，在该面板中设置好相应参数，单击“确定”按钮后，即可得到新的毛刷画笔。

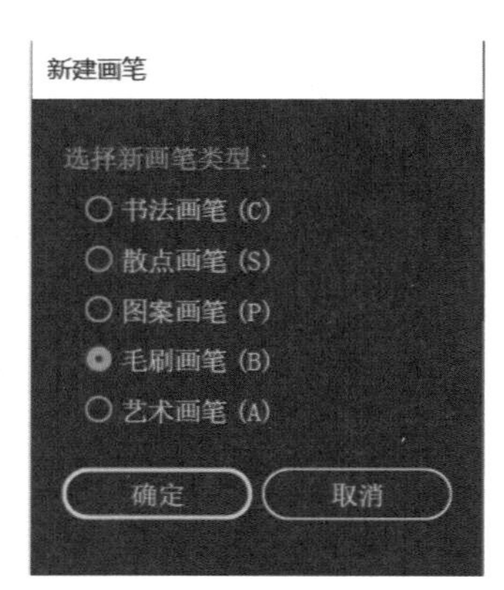

图 5-19

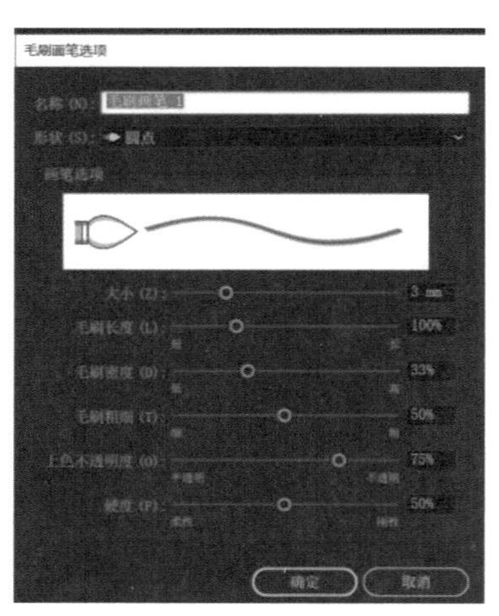

图 5-20

5.4.4 创建图案画笔

首先设计好图案画笔的起点图案、终点图案、路径图案和拐角图案，以下以铅笔图案画笔为例，把设计好的铅笔局部分别拖入“色板”画板中，会弹出如图 5-21 所示的“色板”面板，然后在“新建画笔”面板中选择“图案画笔”，如图 5-22 所示，单击“确定”按钮之后，会出现图 5-23 所示的“图案画笔选项”面板，在该面板中设置好相应参数，单击“确定”按钮，即可得到新的图案画笔，如图 5-24 所示。

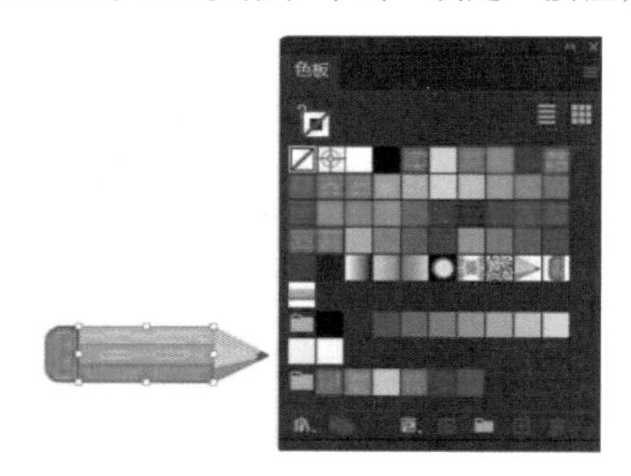

图 5-21

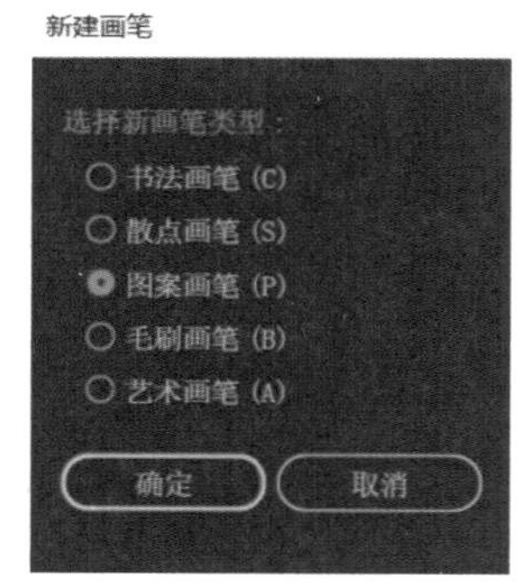

图 5-22

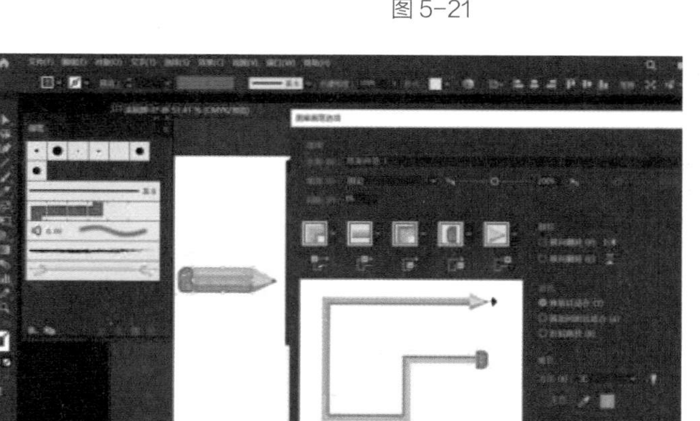

图 5-23

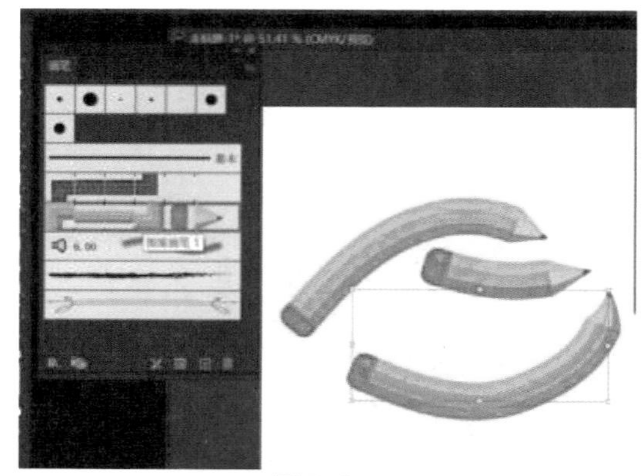

图 5-24

第 6 章　符号的使用和立体图标

本章主要讲解 Illustrator CC 2023 中符号的使用，以及如何运用符号制作立体图标。学习符号的使用，需要掌握符号工作组的功能和自定义符号及在 3D 命令中调用符号等。用户熟练掌握符号的使用可以提高工作效率。

符号工具组在 Illustrator 中使用得比较频繁，它最大的特点是可以方便、快捷地生成很多相似的图形实例，例如一片树林、一群游鱼、水中的气泡等。同时，用户还可以通过符号工具组来灵活、快速地调整和修饰符号图形的大小、距离、色彩、样式等。这不仅使得群体、簇类的物体不必通过“复制”命令一个一个地复制，还可以有效减小设计文件的大小。除此之外，还可以结合“3D 滤镜”命令，调用符号作为贴图来使用。

6.1 符号工具组的功能和使用

符号工具组包含 8 个工具，如图 6–1 所示。用户可以从中选择自己要使用的符号工具，也可以在按【Alt】键的同时单击“符号工具”按钮来切换。

符号工具组只影响用户正在编辑的符号或在符号面板里选择的符号，而这些符号工具均拥有一些相同的选项，如“直径”“强度”“符号组密度”等。双击工具栏里的“符号工具”按钮，就会弹出图 6–2 所示的“符号工具选项”面板。

“符号工具选项”面板的各项参数含义如下。

（1）直径：符号工具的画笔直径大小，大的画笔可以在使用符号工具时选择更多的符号。

（2）强度：符号变化的比率，也就是符号绘制时的强度，较高的数值将产生较快的改变。

（3）符号组密度：它可作用于整个符号集，并不仅仅只针对新加入的符号图形。

（4）显示画笔大小和强度：绘制符号图形时显示符号工具的大小和强度。

图 6–1

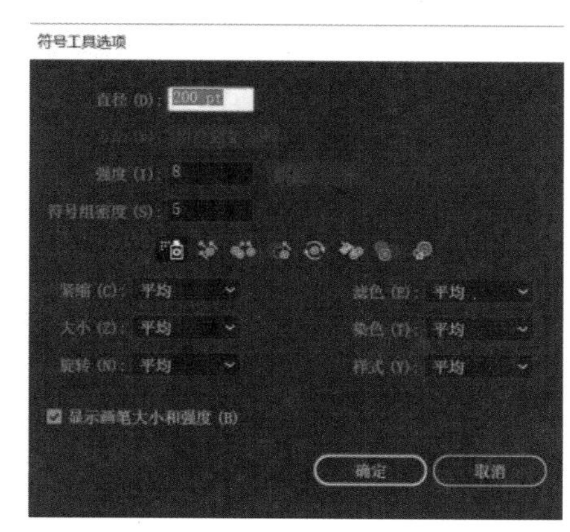

图 6–2

1. 符号喷枪工具

执行“窗口→符号”命令可打开图 6–3 所示的“符号”面板，在“符号”面板菜单中选择一个符号后即可进行喷绘，喷绘效果如图 6–4 所示。

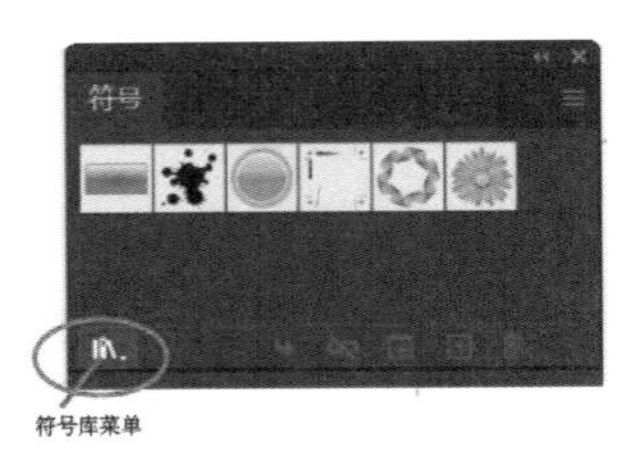

图 6-3

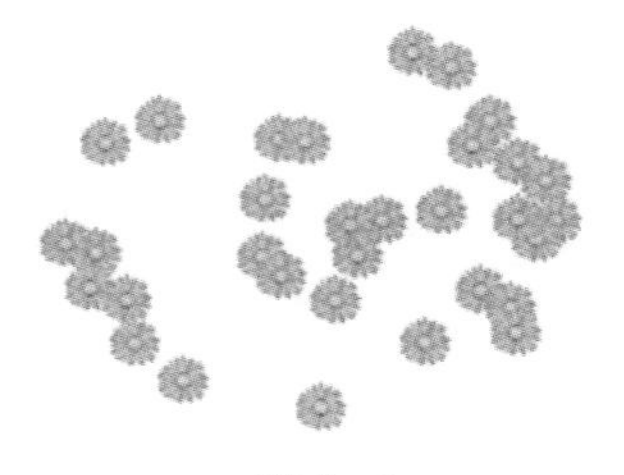
图 6-4

提示：如果用户想减少绘制的符号，可以在使用符号喷枪工具的同时按【Alt】键，此时喷枪类似一个吸管，能把经过的地方的符号吸回喷枪里，当然在使用时必须先选中一个存在的符号集。

2. 符号移位器工具

使用符号移位器工具可移动符号集合对象中每个符号的位置，使用方法是直接在符号集对象上按住鼠标左键拖动，如图 6-5 所示。

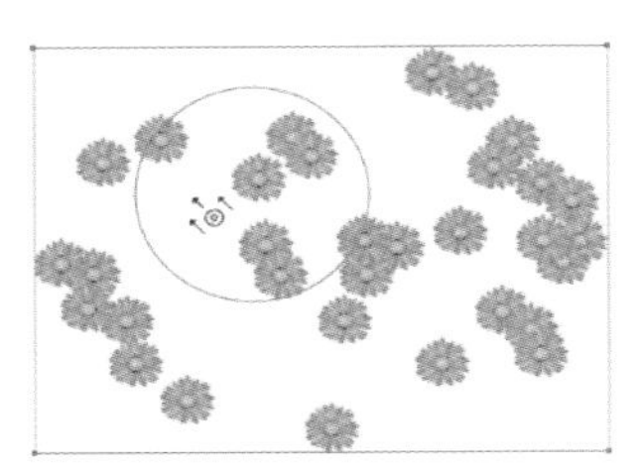
图 6-5

3. 符号紧缩器工具

使用符号紧缩器工具后，所有位于画笔范围内的符号图形将相互堆叠、聚集在一起。若想扩散这些符号图形，可按住【Alt】键不放，再使用这个工具。符号工具组中除了符号旋转器工具，其他工具都可以借助【Alt】这个辅助键来减弱相应符号工具的效果。

符号紧缩器工具及之后的其他符号工具选项面板中的“方法”下拉菜单中都有图 6-6 所示的三个选项。这三个选项的含义如下。

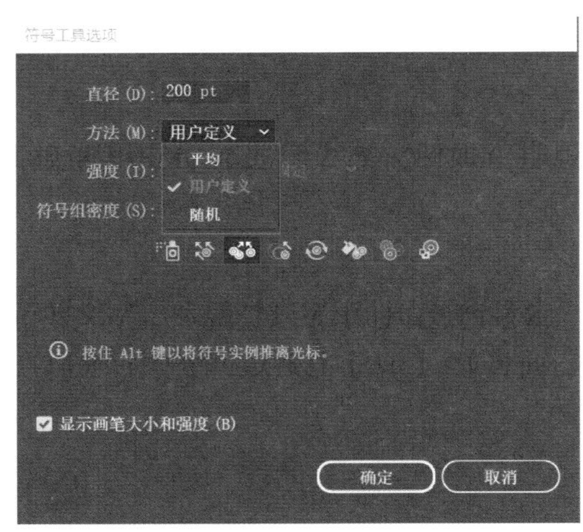

图 6-6

（1）用户定义：非常平滑、缓慢地作用于符号图形。

（2）平均：在画笔范围内逐渐地、明显地作用于符号图形。

（3）随机：在画笔范围内随机地改变符号图形。

4. 符号缩放器工具

使用“符号缩放器工具”前后的效果如图 6-7 所示。这个工具的选项配置共有两个复选项，它们一般都处于选中状态，如图 6-8 所示。这两个复选项的含义如下。

（1）等比缩放：在调整符号大小时，图形不受鼠标的移动方向影响而改变，宽高始终保持成比例变化。

（2）调整大小影响密度：勾选该选项时，系统将以画笔圆心为中心点调整符号的大小；未勾选该选项时，系统将以单个符号图形中心为中心点调整符号的大小。

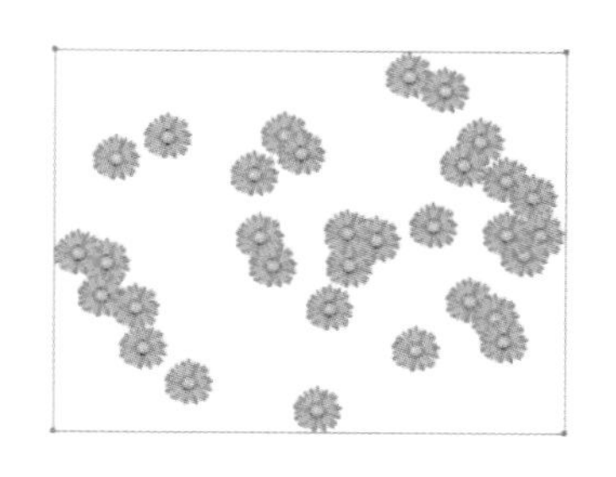

图 6-7

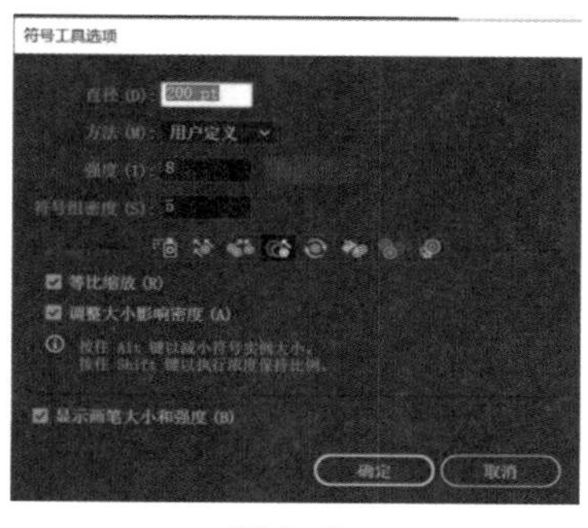

图 6-8

5. 符号旋转器工具

可以对选中的符号进行方向的旋转，使用符号旋转器工具前后的效果如图 6-9 所示。

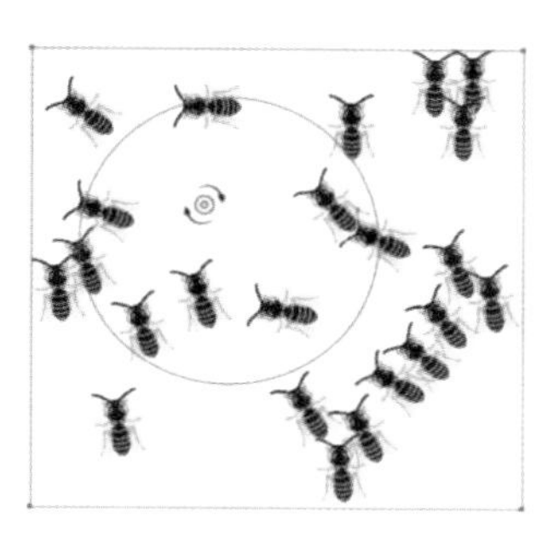

图 6-9

6. 符号着色器工具

使用符号着色器工具前后的效果如图 6-10 所示。符号着色器工具使用填充色来改变图形的色相，同时可以保持原始图形的明暗度不变。不论使用饱和度很高的色彩还是饱和度很低的色彩，其明暗度都只受到很小的影响。但符号着色器工具对只有黑白颜色的符号图形不起作用。

图 6-10

此外，在使用符号着色器工具后，文件大小会明显增加，系统性能也会显著降低，因此需要配置性能较高的计算机。

7. 符号滤色器工具

符号滤色器工具实际上改变的是符号的透明度，使用符号滤色器工具前后的效果如图 6-11 所示。

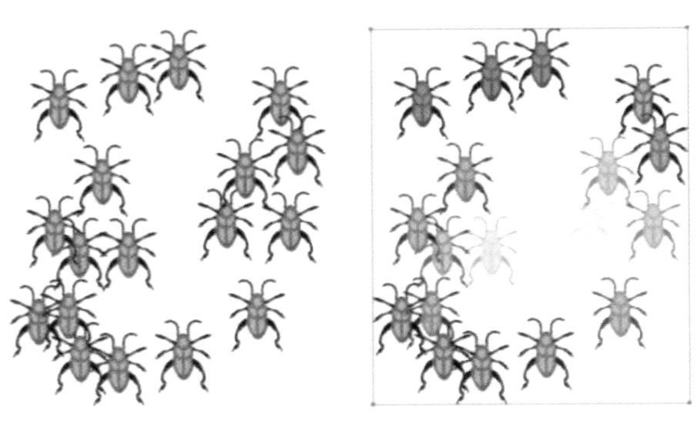

图 6-11

8. 符号样式器工具

符号样式器工具可将“图形样式”面板中选中的某种样式效果应用到符号上。使用符号样式器工具后的效果如图 6-12 所示。

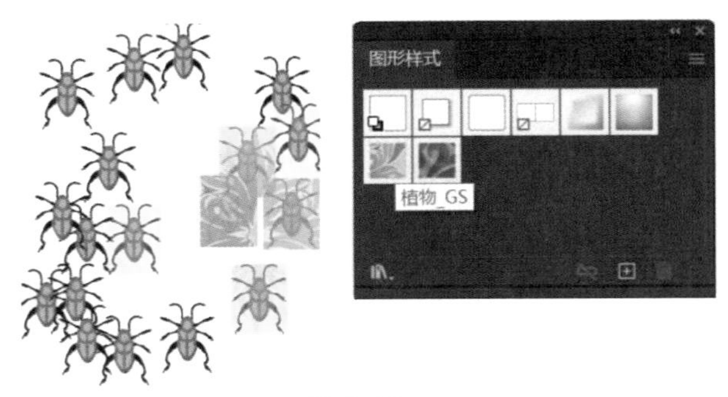

图 6-12

6.2 符号面板和符号库的使用

在介绍完符号的工具以后，接下来讲解另外两个与符号相关且比较重要的内容——“符号”面板和符号库。

“符号”面板中包含了符号的置入、新建、替换、断开链接、删除等功能，如图 6-13 所示。“符号”面板下方的按钮代表的含义如下。

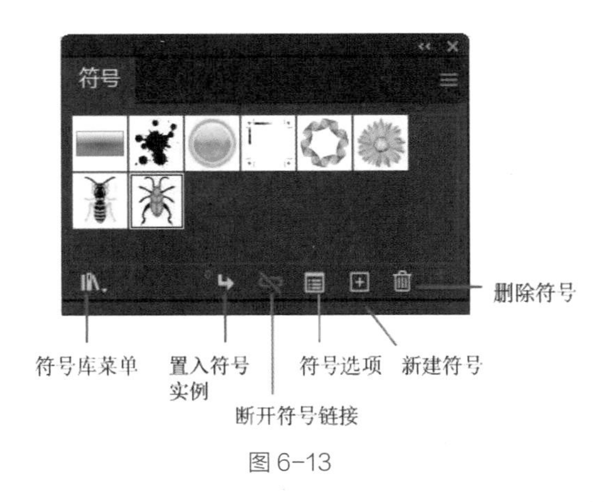

图 6-13

（1）符号库菜单按钮 ：单击它可导入 Illustrator CC 2023 提供的丰富的符号库，图 6-14 所示是导入的其中几个符号库。

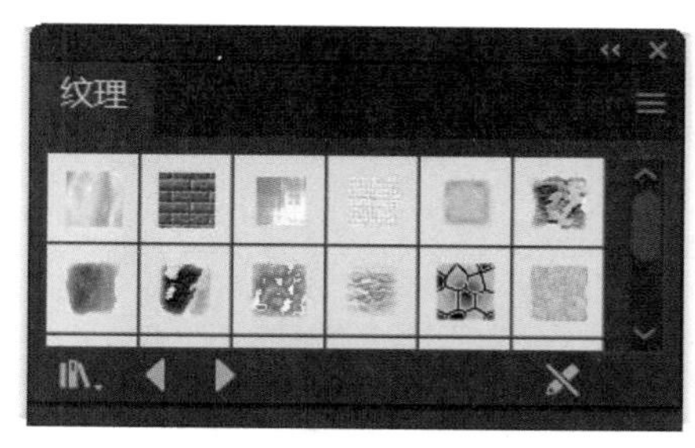

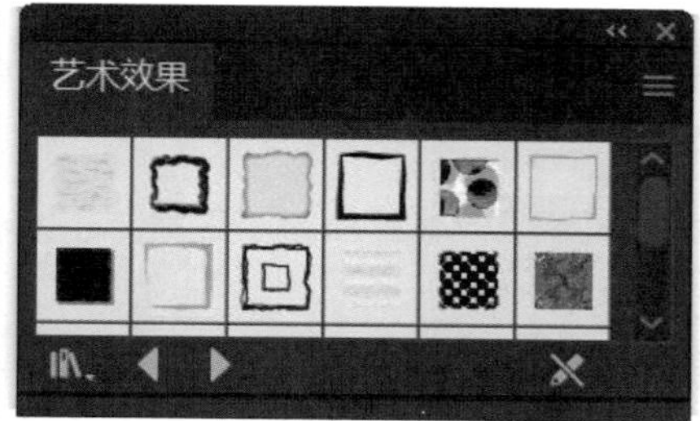

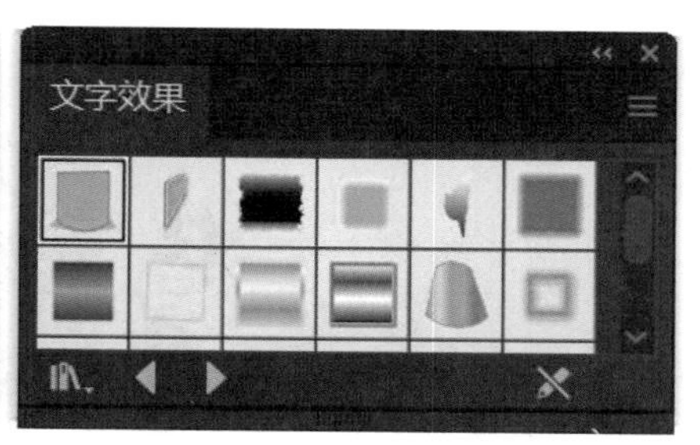

图 6-14

（2）置入符号实例按钮：当用户在“符号”面板选择一个符号后，单击“置入符号实例”按钮，就会在屏幕的工作区中央（而非用户设定的页面区域）绘制一个符号图形。要生成单个符号图形，也可以按住鼠标左键将相应的符号从面板中拖到工作区。

（3）断开符号链接按钮：中断工作区的单个符号图形或符号集与符号面板的联系。另外，“符号”面板的菜单中还有一个重定义符号命令，对中断后的符号图形重新编辑后，就可以使用这个命令重新定义符号了。

（4）符号选项按钮：修改符号的名称和类型。

（5）新建符号按钮：新建符号时使用。

（6）删除符号按钮：删除符号时使用。

6.3 自定义符号

可以先绘制一个图形或者导入一个位图，然后将其拖曳到“符号”面板中，会弹出图 6-15 所示的“符号选项”面板，将其命名为“五角星”，单击“确定”按钮即可完成新的自定义符号的创建。

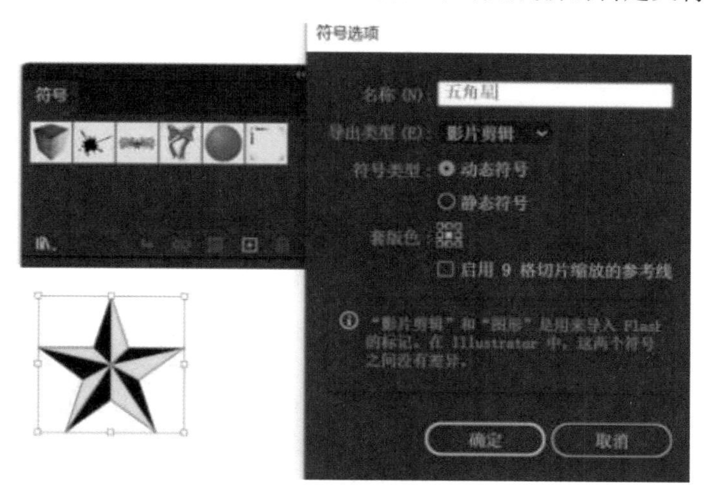

图 6-15

6.4 在 3D 命令中调用符号

首先打开一张“牡丹图”，将其拖曳到“符号选项”面板中定义为一个新的符号，如图 6-16 所示。打开一个已经使用“效果→ 3D 和材质→凸出和斜角”命令制作的文件，如图 6-17 所示。

图 6-16

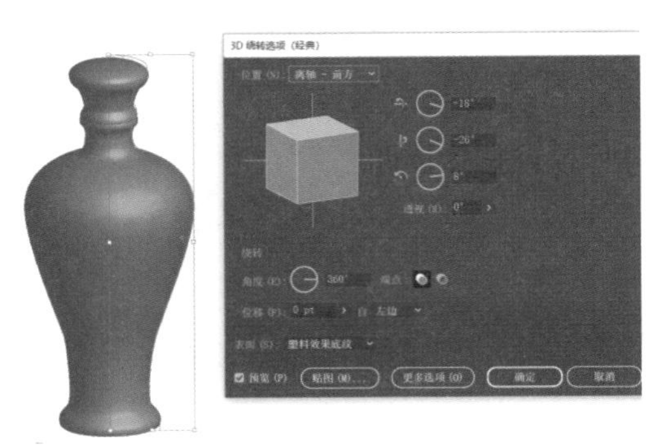

图 6-17

在“3D 绕转选项（经典）”面板中勾选“预览”选项，然后单击面板下方的“贴图”按钮，弹出图 6-18 所示的“贴图”面板。在其中首先单击“表面”右侧的翻页按钮，确认停在数字“5”的地方，然后在“符号”下拉菜单中选中最后的“新建符号”，如图 6-18 所示。

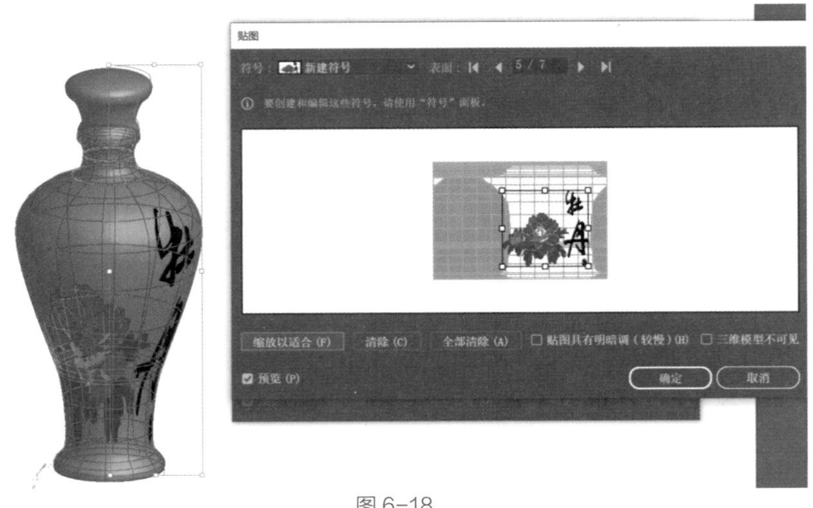

图 6-18

此时会发现之前创建的“牡丹花”符号进入“贴图”面板的预览区域，如图 6-19 所示。同时在 3D 图形中也出现了这组牡丹花图形，并且这组图形是紧贴三维图形的表面而生成的，达到透视的效果。

图 6-19

第7章 高级路径命令

本章主要讲解 Illustrator CC 2023 的高级操作——路径的高级操作和特殊编辑，其中包括路径工具组、混合工具组、封套工具组、剪切蒙版工具组、复合路径工具组等各项功能的操作与运用。通过实训案例，用户可以进一步理解各种高级功能在实际工作中的应用。

7.1 路径的高级操作

除在前面章节讲解的基本的路径操作以外，Illustrator CC 2023 还提供了很多极具特色的“路径”命令，如“平均”“简化”等，它们都位于“对象→路径”菜单下，如图 7–1 所示。

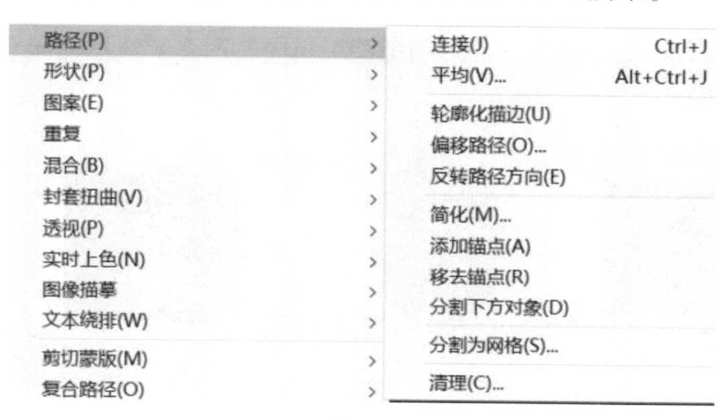

图 7–1

1. 连接

“连接”命令可以将被选中的锚点、分别处于两条开放路径末端的锚点合并为一个锚点。

使用钢笔工具绘制图 7–2 左侧所示的开放路径，它是一个酒杯形状的一半。然后点击工具箱中的“镜像工具”按钮，在酒杯形状的右侧按住【Alt】键并单击，打开图 7–2 右侧所示的“镜像”面板，在其中选择“垂直”选项，单击“复制”按钮，得到图 7–3 所示的效果。使用“直接选择工具”框选中断处的两个锚点，执行“连接”命令（快捷键为【Ctrl】+【J】），效果如图 7–4 所示。

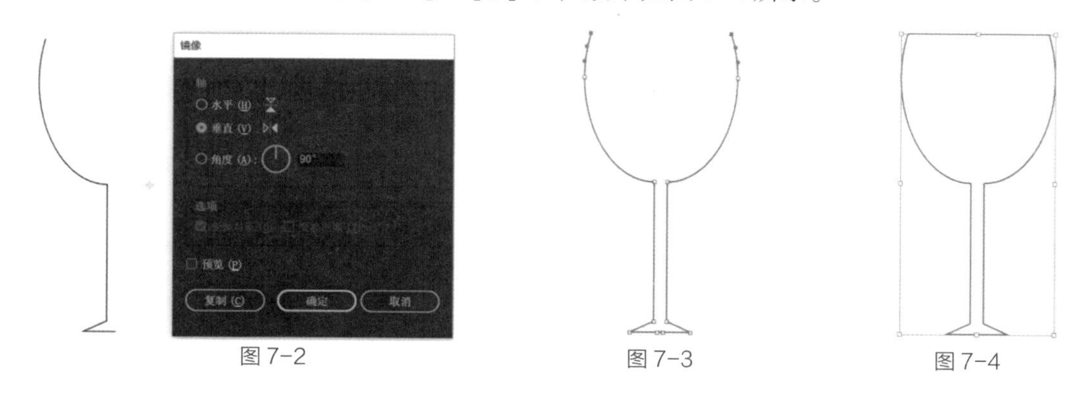

图 7–2　　图 7–3　　图 7–4

2. 平均

“平均”命令可以将所选择的两个或多个锚点移动到它们当前位置的中部。如果用户使用了该命令，系统会弹出图 7–5 所示的“平均”面板。

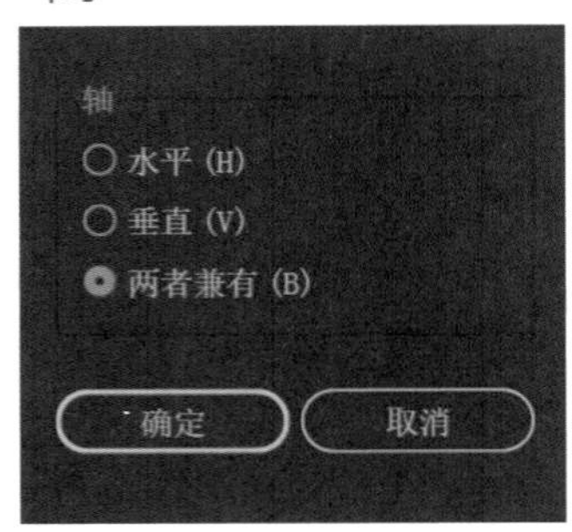

图 7–5

用户可以在“平均”面板中设置平均放置锚点的方向。该面板中各项参数的含义如下。

（1）水平：被选择的锚点在 y 轴方向上做平均化，最后锚点将被移至同一条水平线上。

（2）垂直：被选择的锚点在 x 轴方向上做平均化，最后锚点将被移至同一条垂直线上。

（3）两者兼有：被选择的锚点同时在 x 轴及 y 轴方向上做均化，最后锚点将被移至同一个点上。

为更加直观地理解“平均”命令概念，可使用椭圆工具绘制图 7–6 所示的闭合路径，然后执行“对象”菜单下的“路径”下的“平均”命令，上述 3 个选项对应的效果如图 7–7 和图 7–8 所示。

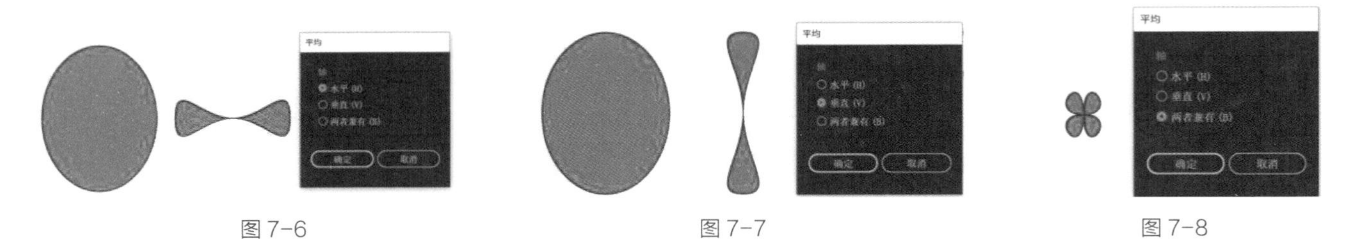

图 7–6　　图 7–7　　图 7–8

3. 轮廓化描边

“轮廓化描边”命令可以用来跟踪所选路径中所有画笔路径的外框，图 7–9 所示是所选路径与执行了“轮廓化描边”命令后的对比效果。

为更加直观地理解该命令，可以使用椭圆工具绘制一个圆，然后在“描边”面板中设置其“粗细”为“6pt”。对圆执行“轮廓化描边”命令，可以看到圆圈从一个路径对象转换成了填充对象，注意观察它的线框从原图形的中心转移到了图形的外围，如图 7–10 所示。

复制四个相同圆形，并且分别修改它们的颜色，如图 7–11 所示。使用直接选择工具同时框选它们，执行“路径查找器”面板里的“分割”命令，图形相重合的地方就被分割开来，效果如图 7–12 所示。

使用编组选择工具，单击页面空白的区域，取消其选择状态，然后单击选中图 7–13 所示的被分割出来的一小块图形，并使用吸管工具在蓝色圆环上单击，得到双环相扣的效果，以此类推，最终效果如图 7–14 所示。

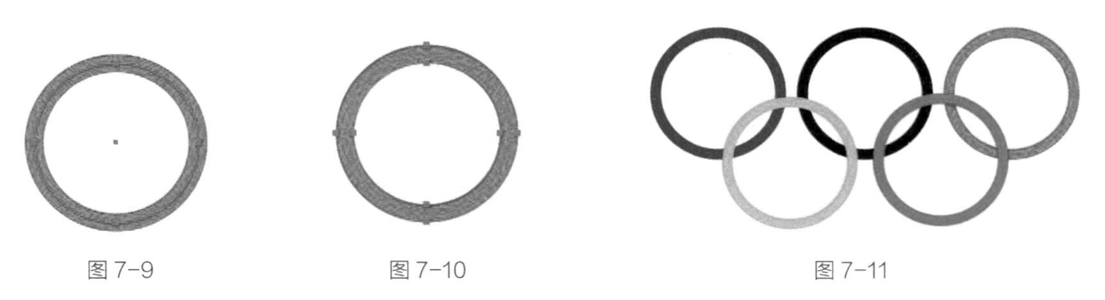

图 7–9　　图 7–10　　图 7–11

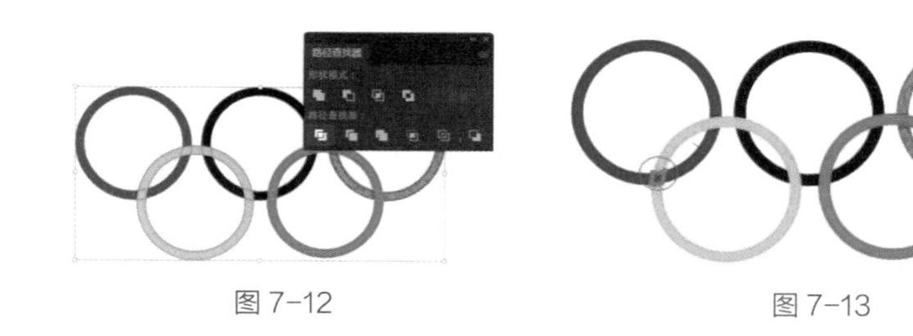

图 7-12　　图 7-13

图 7-14

4. 偏移路径

“偏移路径”命令可以得到一条基于原路径向内或向外偏移一定距离的嵌套路径。用户在选择了一条或多条路径的情况下执行该命令，系统会弹出图 7-15 所示的“偏移路径”面板。该面板中的各项参数含义如下。

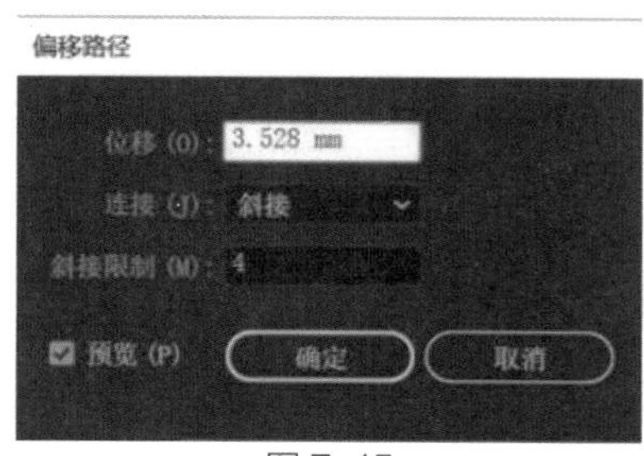

图 7-15

（1）位移：在该数值框中可以输入路径的偏移量。

（2）连接：在该选项下拉列表中有三种路径连接选项，分别是斜角、圆角和斜接。

图 7-16、图 7-17、图 7-18 所示是将一个五角星图形按照不同的连接方式偏移 3 次后得到的效果。

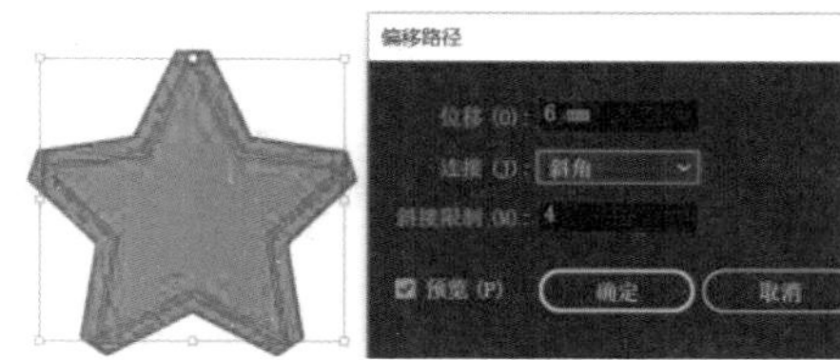

图 7-16

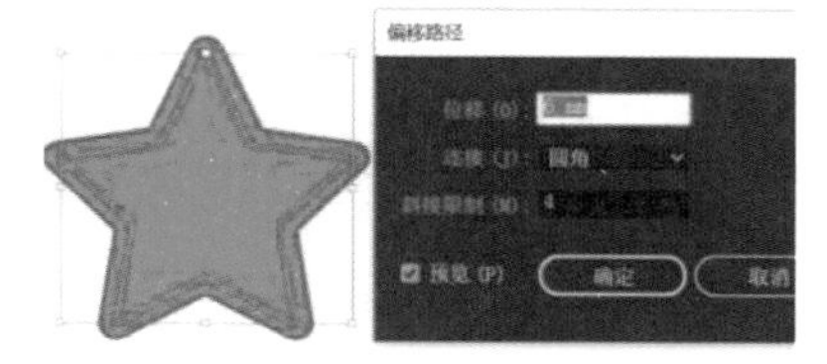

图 7-17

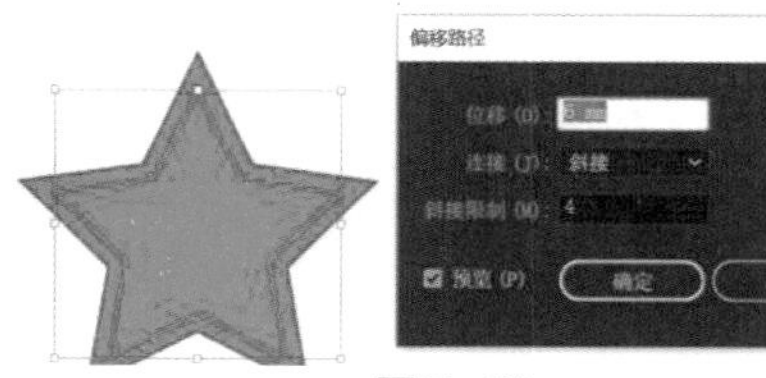

图 7-18

5. 简化

如果设计图中存在很多的路径，那么系统运行的速度和路径的可调整性及控制性就会受到影响，尤其在进行描图操作时，这种情况的发生频率会更高。

在选中图形后执行“简化”命令，将弹出图 7-19 所示的“简化”面板。该面板中各项参数含义如下。

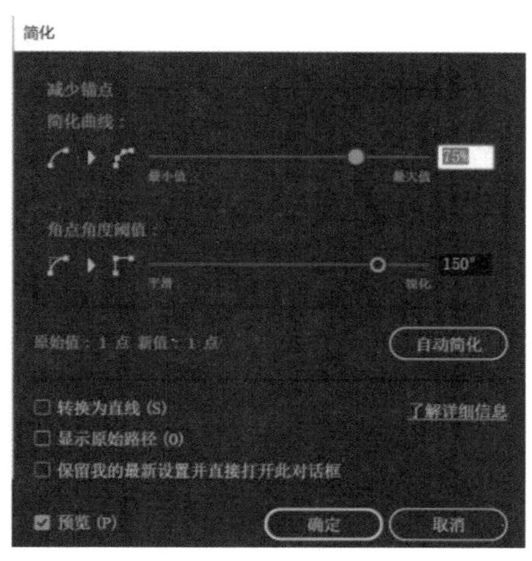

图 7-19

（1）简化曲线：用来确定简化后的图形与原图形的相近程度，该选项的数值越大，精简后的图形包含的锚点越多，与原图越相似，数值范围为 0 ～ 100% 之间。

（2）角点角度阈值：用来确定拐角的平滑程度。如果两个锚点之间的拐角度数小于设定的角度阈值，这里将不会发生变化，反之就将被删除。

（3）转换为直线：勾选该项可以使生成的图形忽略所有的曲线部位，显示为直线。

（4）显示原始路径：勾选该项可以在操作中以红色来显示图形的所有锚点，从而产生对比效果。

“简化”命令使用前后的效果如图 7-20 所示。

图 7-20

6. 添加和移去锚点

“添加锚点”和“移去锚点”命令可以增加或去除所选路径上的锚点，添加锚点的时候是在原有的两个锚点正中间的位置进行添加。图 7-21 所示是对基本图形执行“添加锚点”命令后的效果。

使用直接选择工具选择 1 个或几个锚点之后，执行“移去锚点”命令，则可以删掉选择的锚点。这个操作可以用“删除锚点工具”代替，如图 7-22 所示。

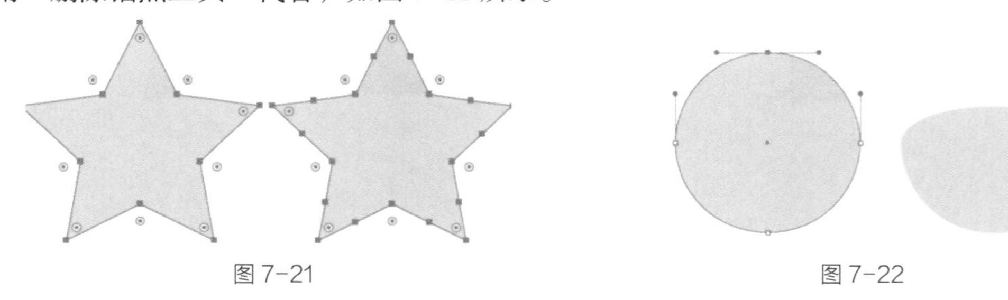

图 7-21　　图 7-22

7. 分割下方对象

“分割下方对象”命令可以将一个选定的对象用对象切割器或模板来对其进行切割。

为更加直观地理解它，可使用椭圆工具和钢笔工具创建图 7-23 所示的两个对象，注意它们的位置有重叠。使用移动工具选中上方的图形，然后执行“分割下方对象”命令，如图 7-24 所示。使用移动工具可单独移动它们，可以看到它们被分割为多个对象，如图 7-25 所示。

图 7-23

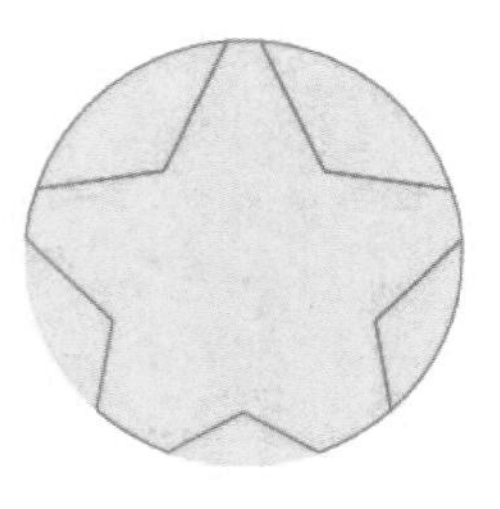

图 7-24

图 7-25

7.2 混合工具和命令

在 Illustrator CC 2023 中可通过“混合工具”与“混合→建立”命令创建混合的对象。

混合工具可以在两个或多个选定对象之间创建一系列中间对象。混合工具最简单的用途就是在两个对象之间平均创建和分布形状，也可以在两个开放路径之间进行混合操作，用于在对象之间创建平滑过渡，或者结合颜色和对象的混合，在特定对象形状中创建颜色过渡，如图 7–26 所示。

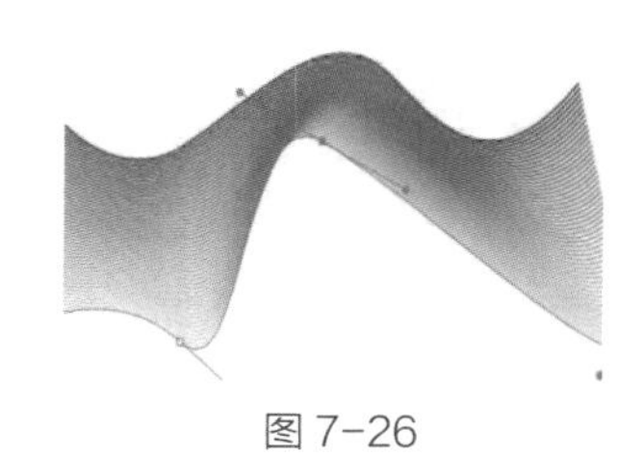

图 7–26

创建两个如图 7–27 所示的路径，注意它们的颜色和粗细都不一样，然后全部选中，执行“对象→混合→建立”命令，即可得到如图 7–28 所示混合的效果。

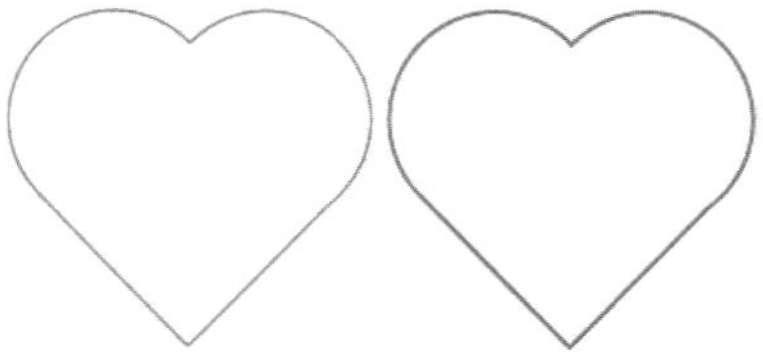

图 7–27

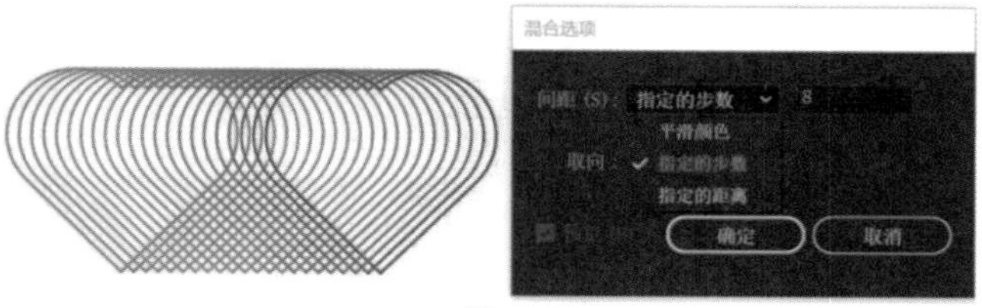

图 7–28

使用混合工具依次单击两个对象，也可创建混合对象。另外，在使用混合工具进行单击的时候，分别选择不同的路径的开始点和结束点单击，所创建的混合对象的效果是不一样的，如图 7–29 所示。

在几个对象之间创建混合之后形成的对象被看成一个对象。使用编组选择工具移动其中一个原始对象或编辑了原始对象的锚点，则混合效果会随之变化，如图 7–30 所示。

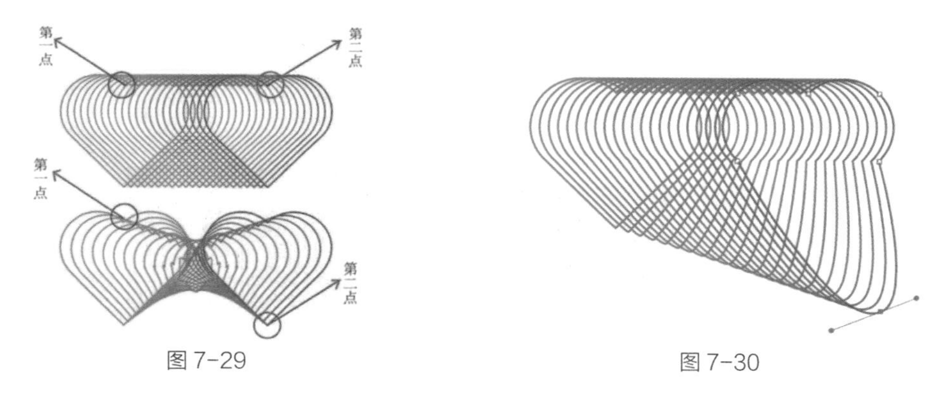

图 7–29　　图 7–30

默认情况下，对象的混合步数是 254 步，可以在选中混合对象的情况下，双击工具箱中的“混合工具”，弹出图 7–31 所示的“混合选项”面板。在其中“间距”选项的下拉菜单中选择“指定的步数”，修改其数值，即可改变混合步数。图 7–32 所示是修改混合步数为 8 步的结果。

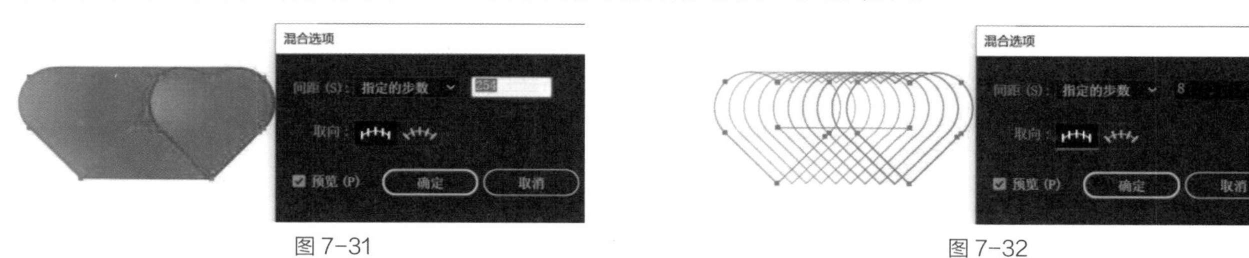

图 7–31　　图 7–32

“混合选项”面板其他参数的含义如下。

（1）指定的步数：用来控制在混合开始与混合结束之间的步数。较小的步数会呈现清晰的分布，而较大的步数则会产生一种朦胧的感觉。

（2）指定的距离：用来控制混合步数之间的距离。“指定的距离”是指从一个对象边缘到下一个对象相对应边缘之间的距离，例如，从一个对象的最右边到下一个对象的最右边。

（3）平滑颜色：允许 Illustrator 在混合过程中自动地计算两个原始对象之间的理想步数，从而获得一种最为平滑的颜色过渡效果。如果对象使用的是不同颜色的填色或描边，则计算出的步数将是为实现平滑颜色过渡而取的最佳步数。如果对象包含相同的颜色，或包含渐变、图案，则步数将根据两个对象定界框边缘之间的最长距离计算得出。

混合选项里还提供了“替换混合轴”效果命令。绘制树叶造型，分别填充两种不同的颜色，使用混合工具分别在两个图形上单击一下，就建立起混合效果了，默认情况下都是直线混合，如图 7–33 所示，如果想要改变混合轴，可以绘制一条路径作为替换的混合轴，然后框选两个图形，执行“对象→混合→替换混合轴”命令，就得到如图 7–34 所示的效果。

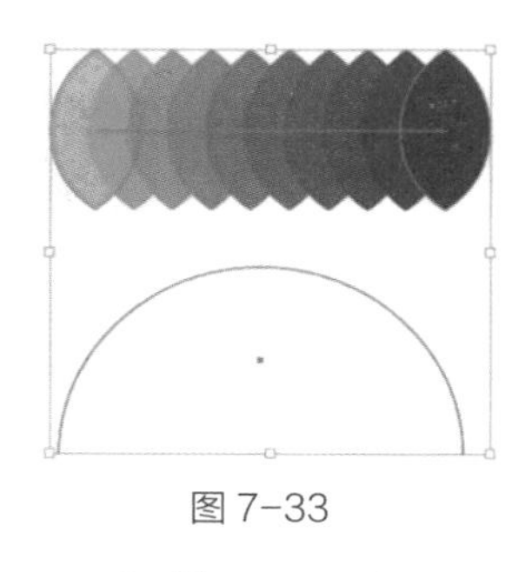

图 7–33

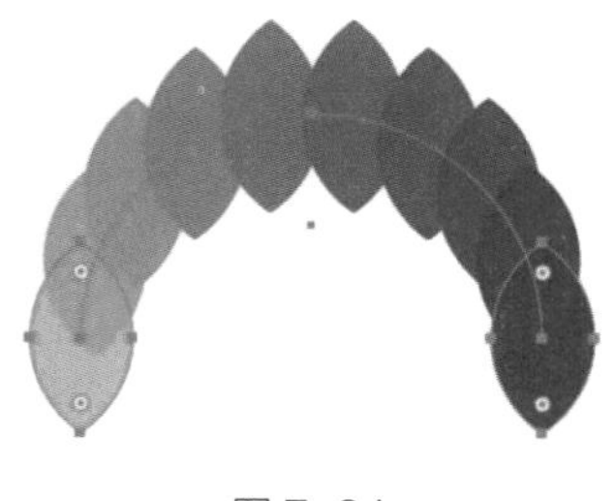

图 7–34

“混合选项”面板里还提供了“对齐页面”和“对齐路径”两个选项，“对齐页面”是混合出来的对象都垂直对齐于页面，如图 7–35 所示，而对齐路径是混合对象都垂直对齐到路径，如图 7–36 所示。

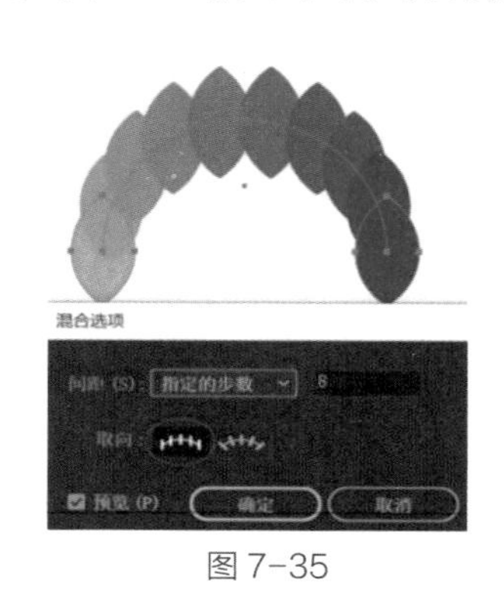

图 7–35

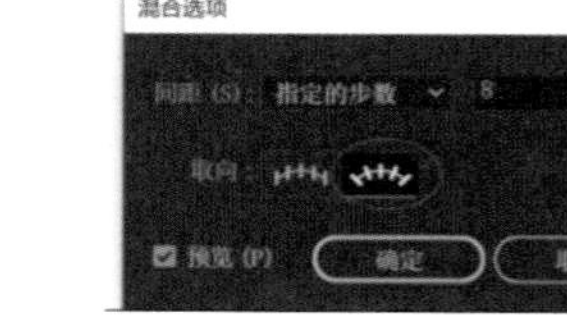

图 7–36

混合面板里还提供了“反向混合轴”选项，此选项可以使路径方向发生反转，即图形起点和结束点互换，如图 7–37 所示。而“反向堆叠”选项则可以使图层的排列顺序发生颠倒，如图 7–38 所示。

反向混合轴

图 7–37

反向堆叠

图 7–38

可以看到混合对象被扩展为一个群组的对象，单击鼠标右键，执行菜单中的“取消编组”命令，随后可以使用移动工具随意移动打散后的路径对象，对打散后的路径对象进行自由的后期编辑，如图 7–39 所示。

此外，原始对象之间混合得到的新对象不会具有其自身的锚点。可以通过扩展混合，将混合分割为不同的对象。选择混合对象，执行“对象→混合→扩展”命令，如图 7–40 所示。

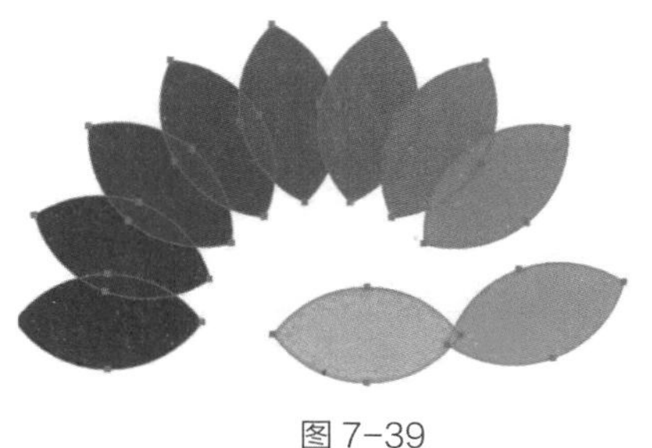

图 7-39

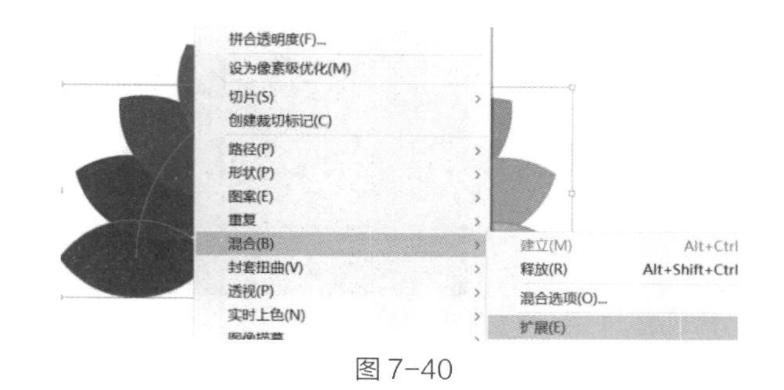

图 7-40

7.3 封套的应用

封套工具可以提升用户的创造力，让用户随心所欲地扭曲文字或图像。用户可以通过编辑封套轻松地得到更精确的效果或是修改内容。下面来学习如何建立一个封套，并将其应用到一个对象上，以及熟练操作封套形状和编辑封套内的对象。

1. 用变形建立封套

对操作对象执行“封套扭曲”命令，即可使被操作对象按照封套的形状进行变形。应用“封套扭曲”的具体操作步骤如下。

（1）输入图 7-41 所示的文字。

ILLUSTRATOR

图 7-41

（2）执行“对象→封套扭曲→用变形建立”命令，弹出“变形选项”面板，如图 7-42 所示。该面板中各项参数的含义如下。

样式：在该选项下拉列表中预置了 15 种封套的变换样式。

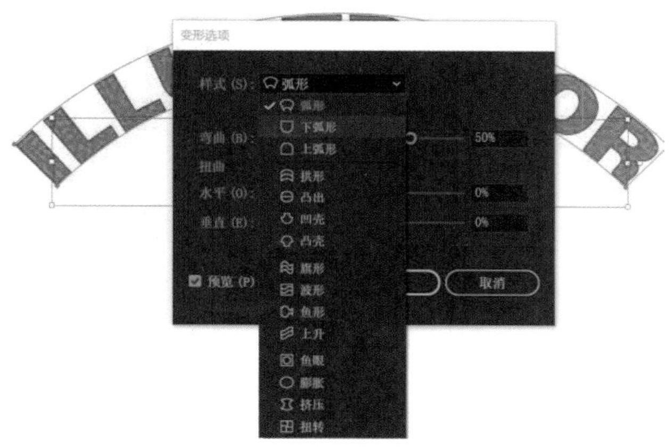

图 7-42

弯曲：可以控制变形的程度，其数值越大，对象被扭曲的程度越大。

扭曲：控制变形的方向，由水平和垂直两个方向的数值来控制。

（3）选中文字，执行“样式”选项下拉菜单中的“旗形”选项，单击“确定”按钮，得到的效果如图 7-43 所示。封套的扭曲变形是一种控制性非常强的操作，不仅是因为每一种内置的封套形状都带有很多的调节参数，也是因为每一个应用了封套的对象都有覆盖的封套网格。使用直接选择工具可自由地拖动封套网格点的位置，也就可以灵活自由地调节封套效果了，如图 7-44 所示。

图 7-43

图 7-44

2. 用网格建立封套

操作封套网格的具体步骤如下。

选中要变形的对象，执行“对象→封套扭曲→用网格建立”命令，效果如图 7-45 所示。使用直接选择工具选择网格中的锚点进行变形调节，效果如图 7-46 所示。

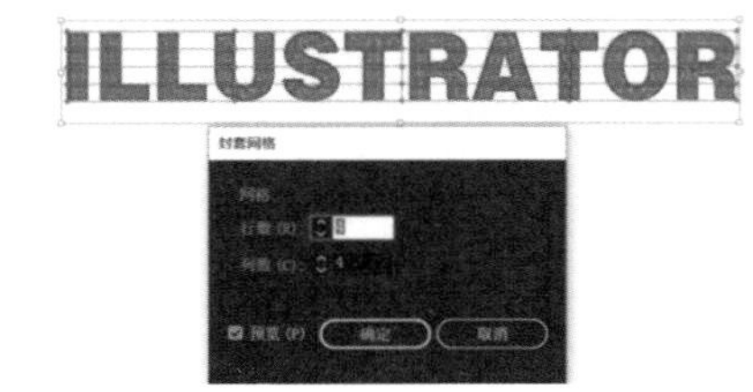
图 7-45

图 7-46

3. 用顶层对象建立封套

将一个对象建立为另外一个对象的封套，可以通过下面的步骤来实现。

首先打开一个“心”形图案，如图 7-47 所示。然后输入一段文字。选择“心”形图案，按住【Ctrl】+【Shift】+【]】组合键，即可将其置于顶层，如图 7-48 所示。

同时选中“心”和文字，执行“对象→封套扭曲→用顶层对象建立”命令，即可得到图 7-49 所示的文字进入到“心”形图案内的效果。

图 7-47

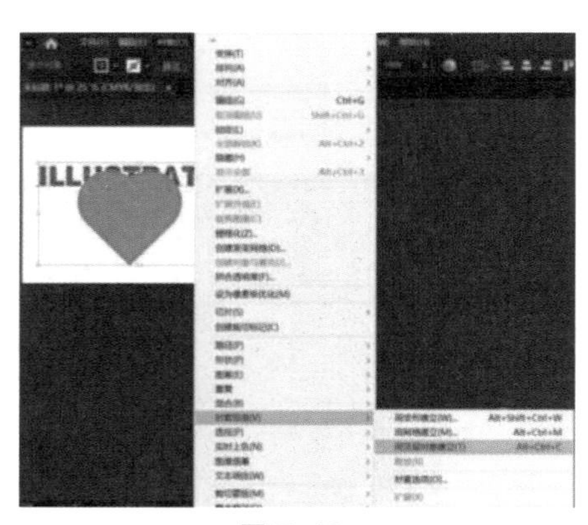
图 7-48

图 7-49

4. 封套的释放

封套扭曲除了具备灵活化、多样化的优点，还拥有可以随时恢复的优点。在任何时候，用户都可以将添加封套的对象恢复到添加封套之前的效果。只要在选中对象后，执行“对象→封套扭曲→释放”命令就可以将对象复原，如图 7-50 所示。

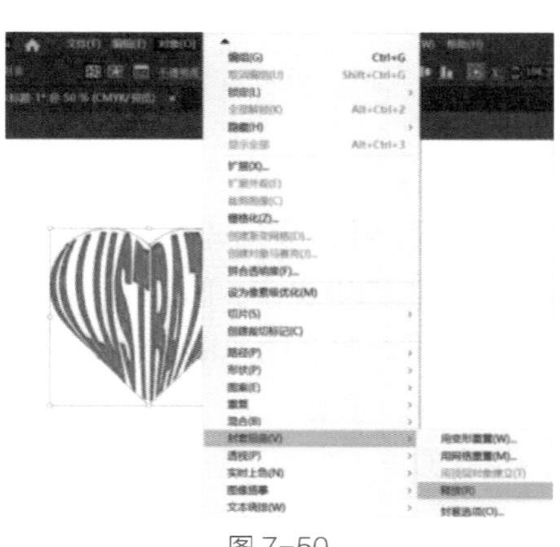
图 7-50

7.4 剪切蒙版

首先讲解一下蒙版的概念，蒙版像装裱用的画框一样，其中画框就像 Illustrator 中的蒙版，而精美的艺术品则是被遮挡的元素。

应用剪切蒙版的具体操作步骤如下。

新建一个文件，输入文字，然后导入一张照片，如图 7–51 所示。选中文字，单击鼠标右键，然后选择“创建轮廓”，然后执行“对象→复合路径→建立”命令，同时选中位图和文字的路径，按住【Ctrl】+【7】组合键即可执行“建立剪切蒙版”命令，如图 7–52 所示。就可以得到图形放入文字内部的效果，如图 7–53 所示。

图 7–51

图 7–52

图 7–53

7.5 复合路径

复合路径主要用来制作镂空效果。选择图 7–54 所示的几个路径对象，执行“对象→复合路径→建立”命令，即可得到几个路径对象重叠部分镂空的效果，如图 7–55 所示。

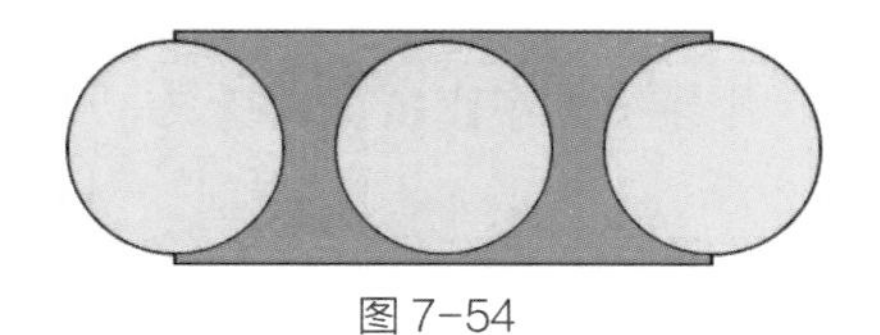

图 7–54

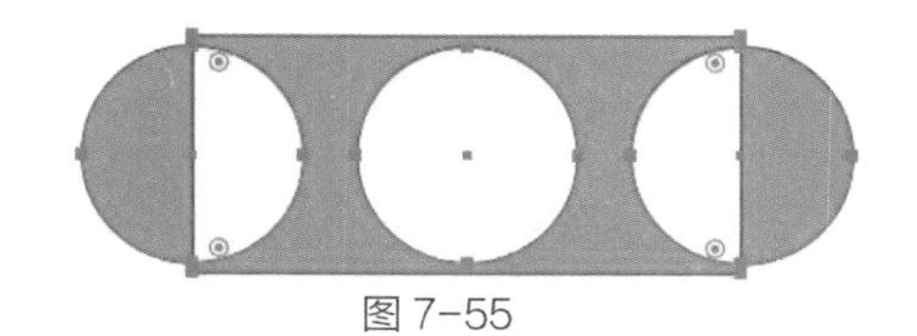

图 7–55

第 8 章 文字的处理

本章主要讲解 Illustrator CC 2023 中文字的处理，主要包括文字工具的使用、字符面板的各项功能、段落面板的各项功能、导入文本等。

Illustrator 中与文字相关的功能也是不容忽视的。因为文字美观与否会直接影响作品的整体效果，因此对文字要足够重视。

8.1 文字工具

Illustrator 中有横排和直排两大类共 7 个文字工具。通常将横排称为西式排法（系统默认为横排），直排称为中式排法。其中，每一类排法又包含普通文字工具、路径文字工具和区域文字工具，如图 8-1 所示。

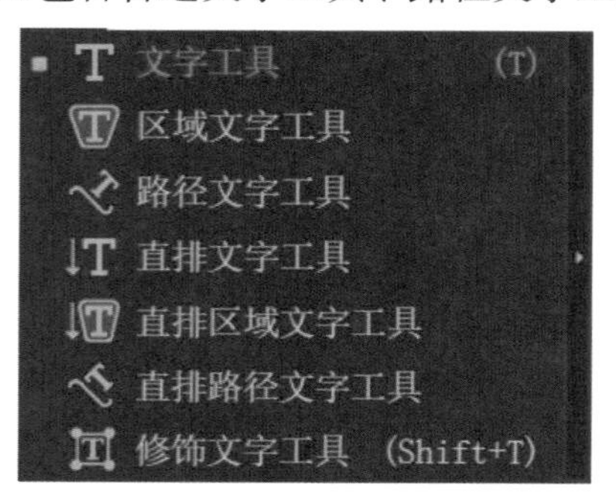

图 8-1

1. 普通文字工具的使用

选择工具箱中文字工具组内的“文字工具”或“直排文字工具”，即可在页面上的任意位置单击，然后输入文本。图 8-2 和图 8-3 分别是横排文字和直排文字的效果。

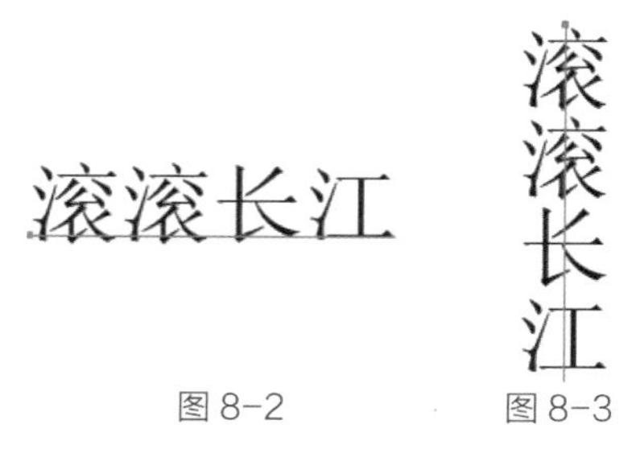

图 8-2　　图 8-3

提示：使用单击创建的文字为点文字状态，这种状态适用于作品中文字比较少的情况。

2. 输入段落文字

当需要输入大段落文字的时候（也就是文字很多的情况下），最好在输入文本时，用鼠标光标拖出一个段落文本输入区域，如图 8-4 所示。可以通过拖动段落文本框的控制手柄改变文本框的大小，文本框内文字的大小与文本框大小无关，拖动时改变的仅仅是每行的字数，这也是段落文本框的特点，如图 8-5 所示。如果是点文字状态，拖动控制手柄之后会改变文字的大小和比例，如图 8-6 所示。

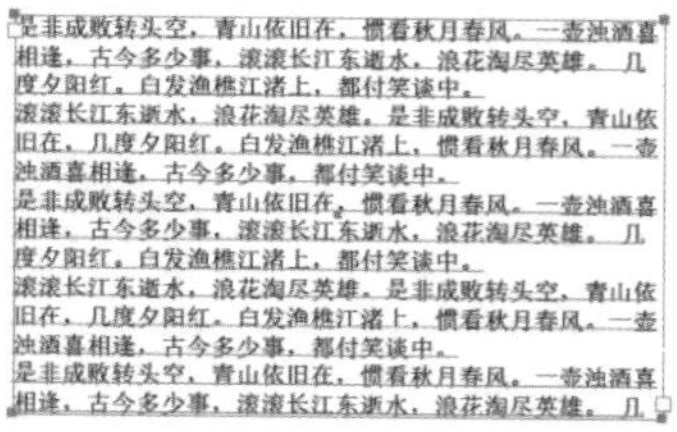

是非成败转头空，青山依旧在，惯看秋月春风。一壶浊酒喜
相逢，古今多少事，滚滚长江东逝水，浪花淘尽英雄。几
度夕阳红。白发渔樵江渚上，都付笑谈中。
滚滚长江东逝水，浪花淘尽英雄。是非成败转头空，青山依
旧在，几度夕阳红。白发渔樵江渚上，惯看秋月春风。一壶
浊酒喜相逢，古今多少事，都付笑谈中。
是非成败转头空，青山依旧在，惯看秋月春风。一壶浊酒喜
相逢，古今多少事，滚滚长江东逝水，浪花淘尽英雄。几
度夕阳红。白发渔樵江渚上，都付笑谈中。
滚滚长江东逝水，浪花淘尽英雄。是非成败转头空，青山依
旧在，几度夕阳红。白发渔樵江渚上，惯看秋月春风。一壶
浊酒喜相逢，古今多少事，都付笑谈中。
是非成败转头空，青山依旧在，惯看秋月春风。一壶浊酒喜
相逢，古今多少事，滚滚长江东逝水，浪花淘尽英雄。几

图 8-4

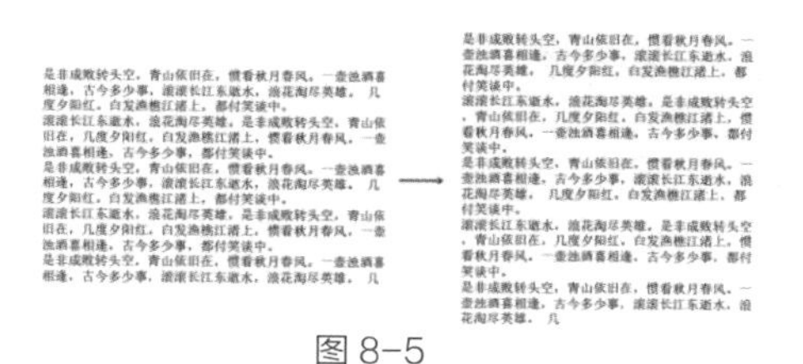

图 8-5

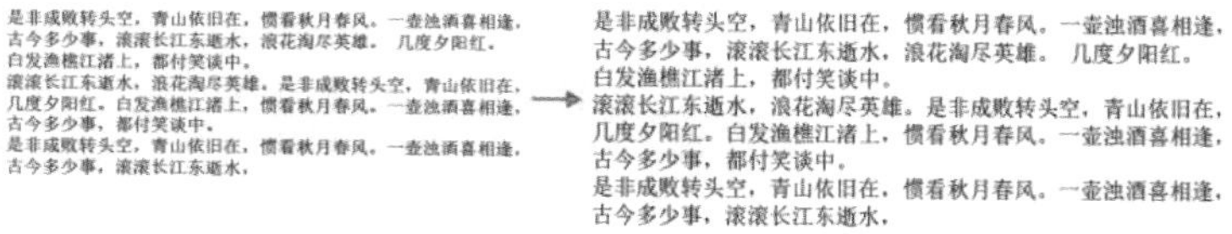

是非成败转头空，青山依旧在，惯看秋月春风。一壶浊酒喜相逢，
古今多少事，滚滚长江东逝水，浪花淘尽英雄。几度夕阳红。
白发渔樵江渚上，都付笑谈中。
滚滚长江东逝水，浪花淘尽英雄。是非成败转头空，青山依旧在，
几度夕阳红。白发渔樵江渚上，惯看秋月春风。一壶浊酒喜相逢，
古今多少事，都付笑谈中。
是非成败转头空，青山依旧在，惯看秋月春风。一壶浊酒喜相逢，
古今多少事，滚滚长江东逝水，

图 8-6

3. 区域文字工具

工具箱中文字工具组内的“区域文字工具”和“直排区域文字工具”都可以将文字放在一个确定路径的内部，以创作多种多样的文字效果，如图 8-7 和图 8-8 所示。

是
非成
败转头
空，青山
依旧在，惯看
秋月春风。一壶浊酒喜相逢，古今多少事，
滚滚长江东逝水，浪花淘尽英雄。几
度夕阳红。白发渔樵江渚上，都
付笑谈中。
滚滚长江东逝水，浪花
淘尽英雄。是非成败转
头空，青山依旧在，几度
夕阳红。白　发渔樵江渚
上，惯　看秋月
春　风

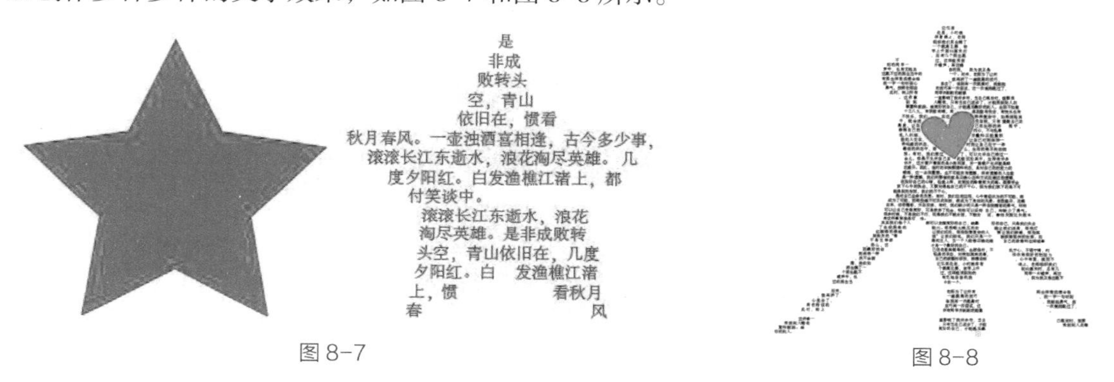

图 8-7

图 8-8

4. 路径文字工具

工具箱中文字工具组内的“路径文字工具”和“直排路径文字工具”可以将文字沿路径排列，以形成多种多样的文字效果。

首先，导入一张位图，使用“钢笔工具”绘制图 8-9 所示的路径。然后，使用“路径文字工具”在路径上单击，将其转换为文字输入状态的路径，输入相应文字，得到效果如图 8-10 所示。使用同样的方法再画一条路径，输入文字，如图 8-11 所示，可以使用“编组选择工具”调整文字在路径上的位置，如图 8-12 所示。

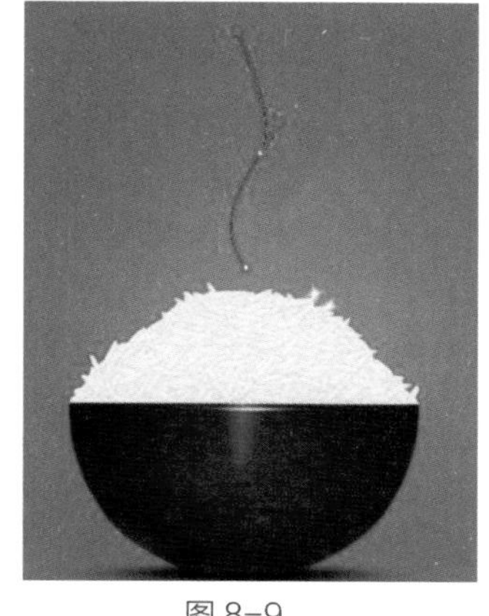

图 8-9

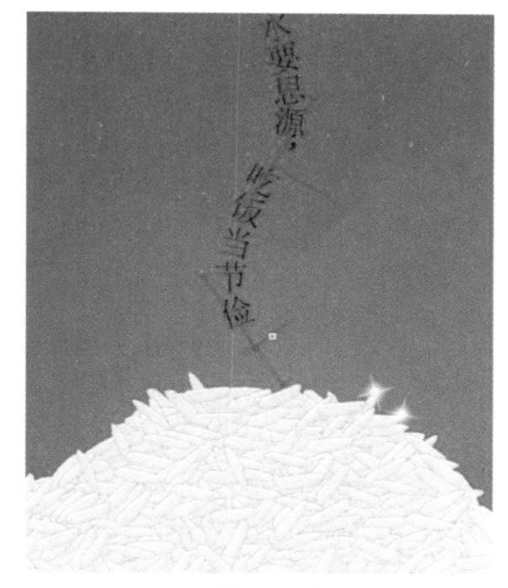

图 8-10

图 8–11

图 8–12

8.2 字符面板

在 Illustrator 中，对文字和段落的属性控制主要集中在“字符”和“段落”面板上以及“文字”菜单中。按住【Ctrl】+【T】组合键，即可打开“字符”面板，其各项参数如图 8–13 所示。

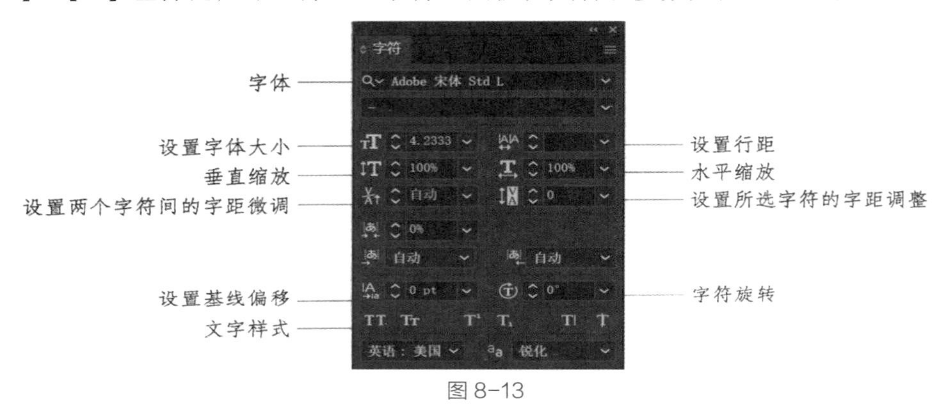

图 8–13

1. 字体与大小的设定

输入文字后，在“字符”面板的相应位置进行更改，例如在排版的时候文字的大小一般控制在 9 ～ 12pt。

2. 字距的设定

设定字距应选中需要更改间距的文字，然后对其字距的值进行设定，输入值为正数时，间距加大；输入值为负数时，间距缩小，如图 8–14 所示。也可以按住【Alt】+【方向键】组合键调整字距和行距。

滚滚长江东逝水

滚 滚 长 江 东 逝 水

滚滚长江东逝水

图 8–14

8.3 段落面板

“段落”面板可针对段落属性进行调整。在文字排版时，段落是指两个回车符之间的文字的集合。在输入文字的过程中，按【Enter】键就等于开始了一个新的段落。在 Illustrator 中，对段落的控制包括文字的对齐方式、文字缩进设定、标点挤压、连字设定等一系列内容。“段落”面板如图 8-15 所示。

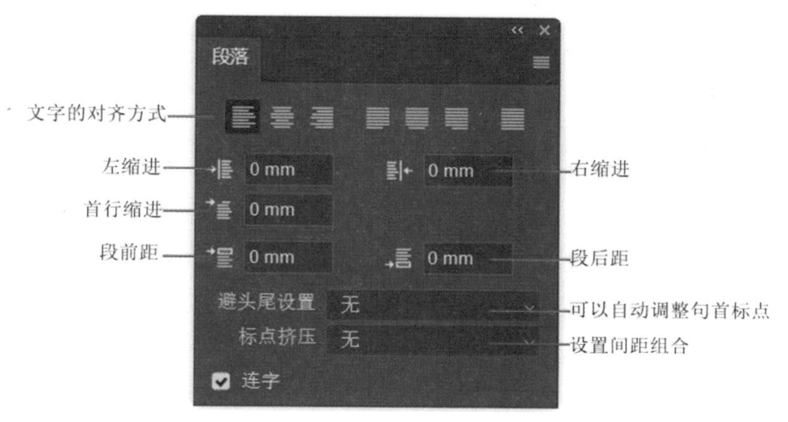

图 8-15

1. 文字的对齐方式

在 Illustrator 中共有 7 种段落对齐格式，分别为“左对齐”“右对齐”“居中对齐”“两端对齐，末行左对齐”“两端对齐，末行居中对齐”“两端对齐，末行右对齐”和“全部两端对齐”。“左对齐”效果如图 8-16 所示，“居中对齐”效果如图 8-17 所示，“右对齐”效果如图 8-18 所示，“两端对齐，末行左对齐”“两端对齐，末行居中对齐”“两端对齐，末行右对齐”和“全部两端对齐”的效果如图 8-19 ～ 8-22 所示。

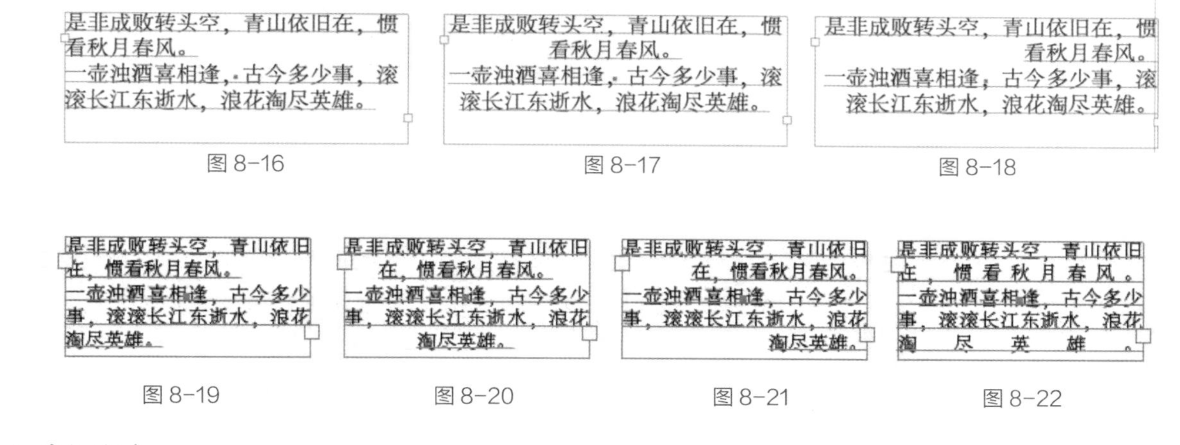

图 8-16　　图 8-17　　图 8-18

图 8-19　　图 8-20　　图 8-21　　图 8-22

2. 首行缩进

首行缩进指每个段落的第一行文字向右缩进的效果，通常用于中文的排版。因为我国的书写习惯是首行空两格，所以一般情况下首行缩进的数值都是字体大小的两倍。图 8-23 所示的文字字号大小为 6mm，首行缩进的数值便为 12mm。

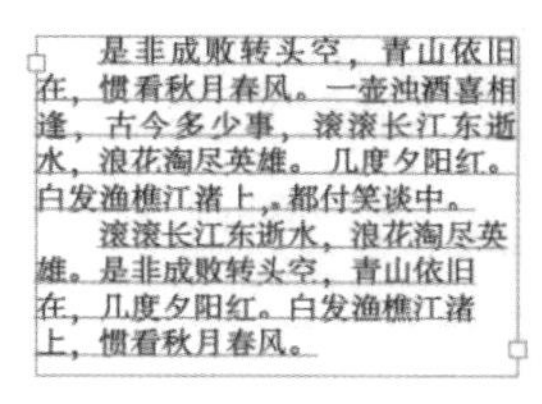

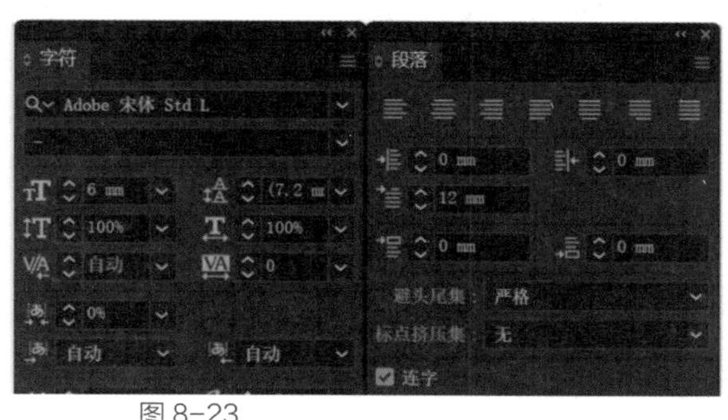

图 8-23

3. 左、右缩进

左、右缩进指将整段文字向左或右侧进行缩排，如图 8-24 所示，该设置是为了使整段文字的左端一齐向右缩进，与文本框左侧保持一段距离。缩进值也可以设为负值，如图 8-25 所示。

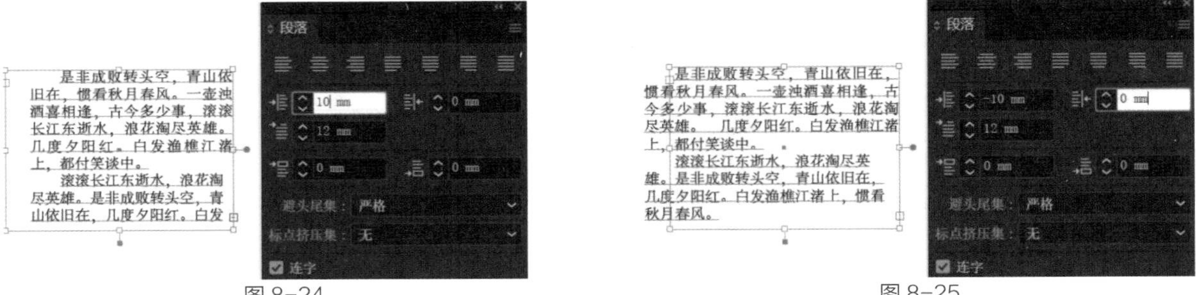

是非成败转头空，青山依旧在，惯看秋月春风。一壶浊酒喜相逢，古今多少事，滚滚长江东逝水，浪花淘尽英雄。几度夕阳红。白发渔樵江渚上，都付笑谈中。
滚滚长江东逝水，浪花淘尽英雄。是非成败转头空，青山依旧在，几度夕阳红。白发
段落
10 mm
0 mm
12 mm
0 mm
0 mm
避头尾集：严格
标点挤压集：无
连字

图 8-24

是非成败转头空，青山依旧在，惯看秋月春风。一壶浊酒喜相逢，古今多少事，滚滚长江东逝水，浪花淘尽英雄。几度夕阳红。白发渔樵江渚上，都付笑谈中。
滚滚长江东逝水，浪花淘尽英雄。是非成败转头空，青山依旧在，几度夕阳红。白发渔樵江渚上，惯看秋月春风。
段落
-10 mm
0 mm
12 mm
0 mm
0 mm
避头尾集：严格
标点挤压集：无
连字

图 8-25

4. 段间距

段间距指段与段之间的距离，可以在“段前距”和“段后距”选项中进行设置。图 8-26 所示为将“段间距”设置为 10mm 的效果。

是非成败转头空，青山依旧在，惯看秋月春风。一壶浊酒喜相逢，古今多少事，滚滚长江东逝水，浪花淘尽英雄。几度夕阳红。白发渔樵江渚上，都付笑谈中。
滚滚长江东逝水，浪花淘尽英雄。是非成败转头空，青山依旧在，几度夕阳红。白发渔樵江渚上，惯看秋月春风。
段落
0 mm
0 mm
12 mm
10 mm
0 mm
避头尾集：严格
标点挤压集：无
连字

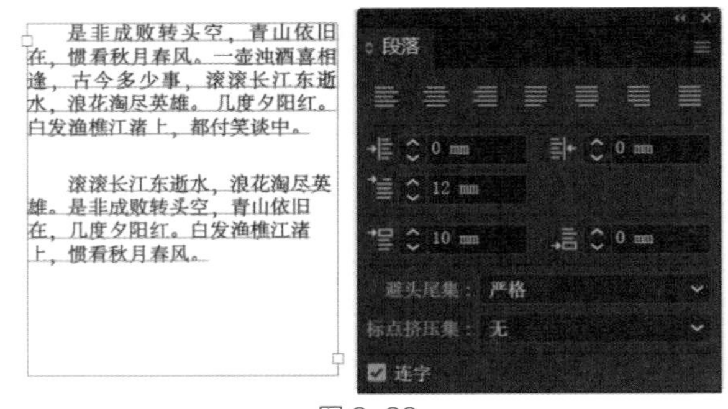

图 8-26

8.4 导入文本

Illustrator 不仅可以手动输入文字，在需要导入文本时，Illustrator 还支持导入 docx 和 txt 格式的文本文件。

新建一个文件，然后执行“文件→置入”命令，在计算机中选择需要置入的文本文件单击“确定”按钮会弹出图 8-27 所示的“Microsoft Word 选项”或“文本导入选项”面板，在其中选择合适的字符集（一般为 GB2312），单击“确定”按钮即可导入文本。导入的文本会自动进入到 Illustrator 文件中，并自动生成段落文本框，如图 8-28 所示。

Microsoft Word 选项
包含
目录文本 (T)
脚注 / 尾注 (F)
索引文本 (I)
移去文本格式 (R)
确定
取消

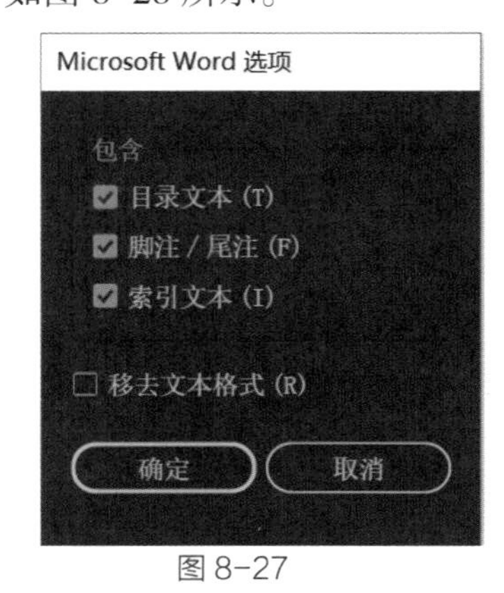

图 8-27

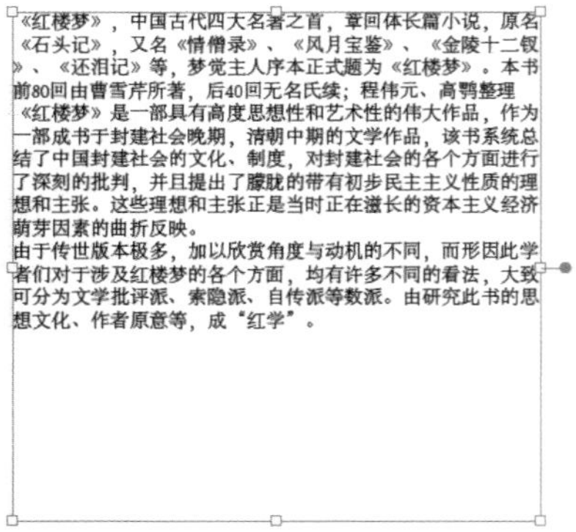

《红楼梦》，中国古代四大名著之首，章回体长篇小说，原名《石头记》，又名《情僧录》、《风月宝鉴》、《金陵十二钗》、《还泪记》等，梦觉主人序本正式题为《红楼梦》。本书前80回由曹雪芹所著，后40回无名氏续；程伟元、高鹗整理
《红楼梦》是一部具有高度思想性和艺术性的伟大作品，作为一部成书于封建社会晚期，清朝中期的文学作品，该书系统总结了中国封建社会的文化、制度，对封建社会的各个方面进行了深刻的批判，并且提出了朦胧的带有初步民主主义性质的理想和主张。这些理想和主张正是当时正在滋长的资本主义经济萌芽因素的曲折反映。
由于传世版本极多，加以欣赏角度与动机的不同，而形因此学者们对于涉及红楼梦的各个方面，均有许多不同的看法，大致可分为文学批评派、索隐派、自传派等数派。由研究此书的思想文化、作者原意等，成“红学”。

图 8-28

第 9 章　神奇的滤镜

本章主要讲解 Illustrator CC 2023 中各种滤镜的使用。这些滤镜主要位于"效果"菜单下，包括"3D 和材质""变形""扭曲和变换""风格化"等滤镜。本章通过对具体功能和实际操作的讲解，帮助用户在实际工作中更好地运用各种滤镜。

在 Illustrator 的低版本中有两类滤镜，分别存在于"滤镜"和"效果"菜单中，它们的作用是分别针对矢量图和位图进行特殊效果的处理。

在 Illustrator CC 2023 中，这两个滤镜被合成到了一个菜单中，即"效果"菜单下，如图 9-1 所示。

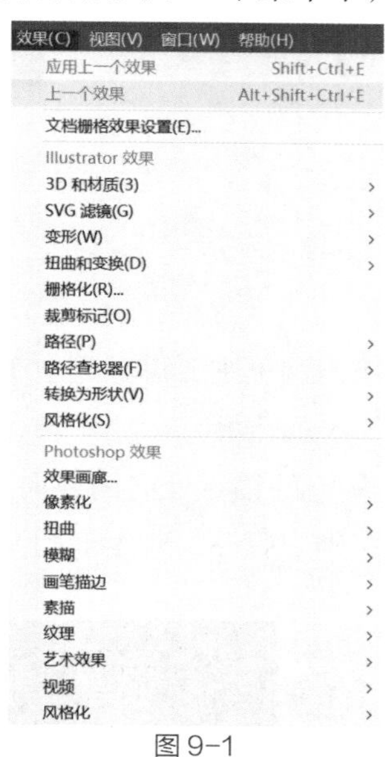

图 9-1

本章将重点讲解"效果"菜单下的命令。

9.1　3D 和材质

3D 和材质中集中了 6 个三维滤镜如图 9-2 所示。选中已经绘制好的"月饼"平面图案进行编组，执行"效果→ 3D 和材质→膨胀效果"，详细参数调整如图 9-3 所示，用户可以根据需要进行详细参数的设置。

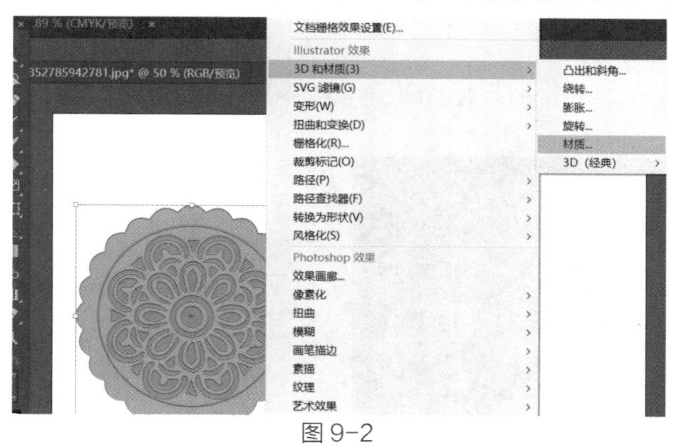

图 9-2

图 9-3

9.2 变形

执行“效果”菜单下的“变形选项”中的系列命令，如图 9–4 所示。可对选中的对象进行各种样式的变形，如图 9–5 所示。

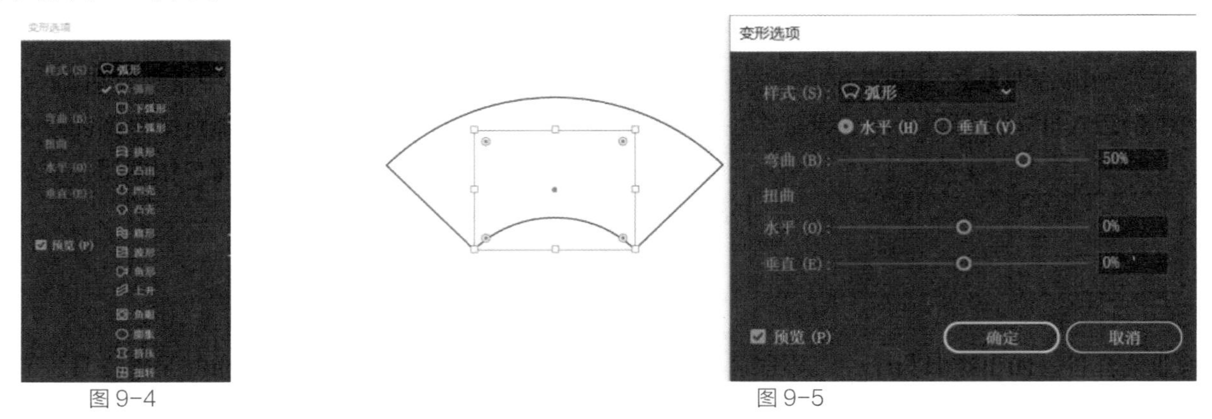

图 9–4　　图 9–5

9.3 扭曲和变换

“扭曲和变换”选项中集中了 7 个滤镜，这里主要讲解其中 3 个重要滤镜。

1. 收缩和膨胀

“收缩和膨胀”滤镜可以使操作对象从它的锚点处向内或向外发生扭曲变形，在“收缩和膨胀”面板中，输入正百分比则为膨胀，输入负百分比则为收缩，效果如图 9–6 和图 9–7 所示。

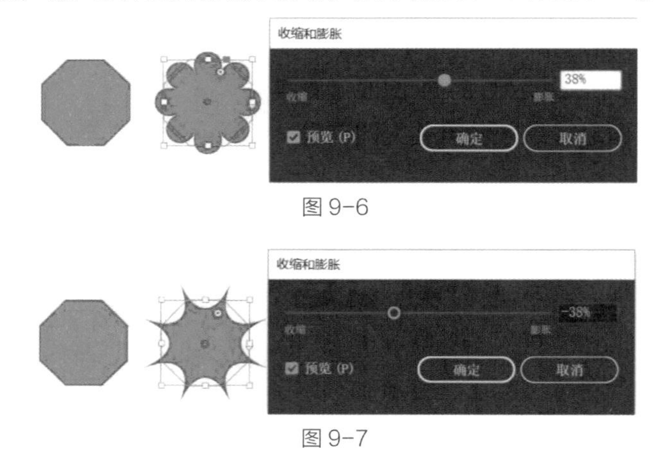

图 9–6

图 9–7

2. 波纹效果

该滤镜可以使操作对象产生锯齿的效果，图 9–8 和图 9–9 分别是使用平滑和尖锐的波纹效果。

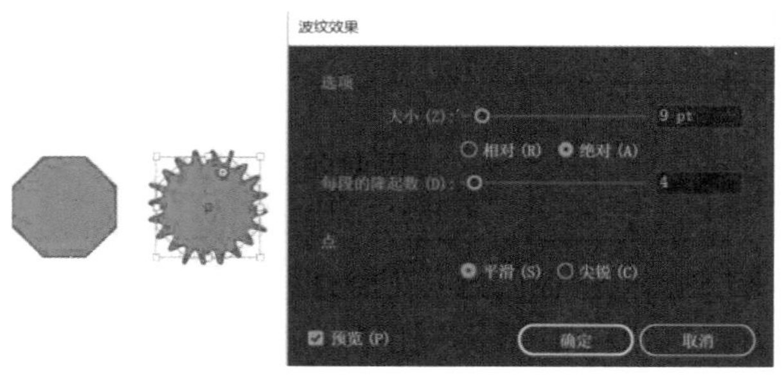

图 9–8

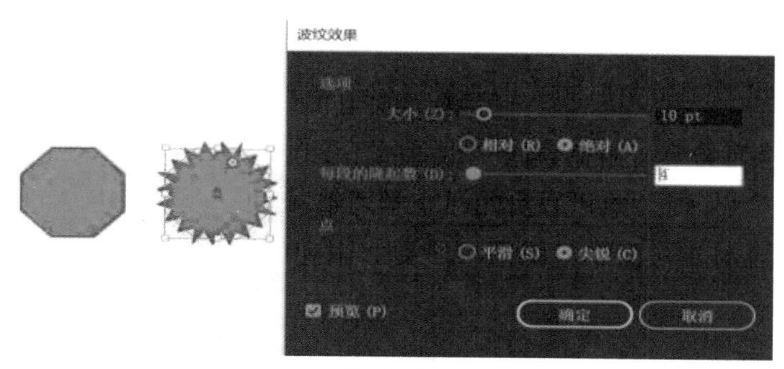

图 9-9

3. 粗糙化

该滤镜可以在操作对象的边缘上制造出粗糙效果，如图 9-10 所示。

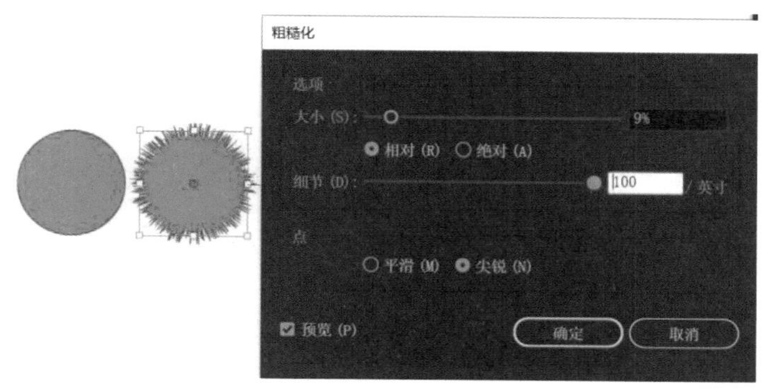

图 9-10

9.4 风格化

“效果”菜单下的“风格化”选项中的系列命令如图 9-11 所示。

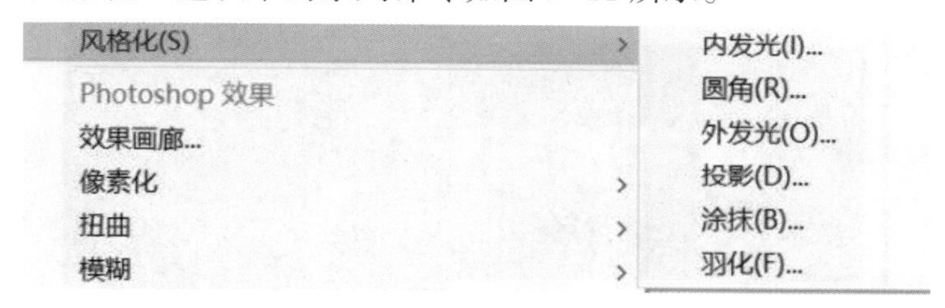

图 9-11

1. 内发光和外发光

这两个命令和 Photoshop 中的滤镜类似，效果也非常接近，图 9-12 和图 9-13 分别是使用内发光和外发光后的效果。

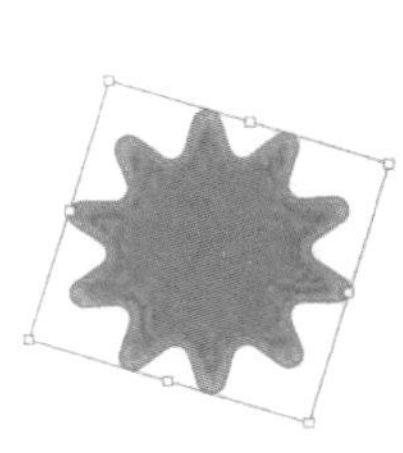

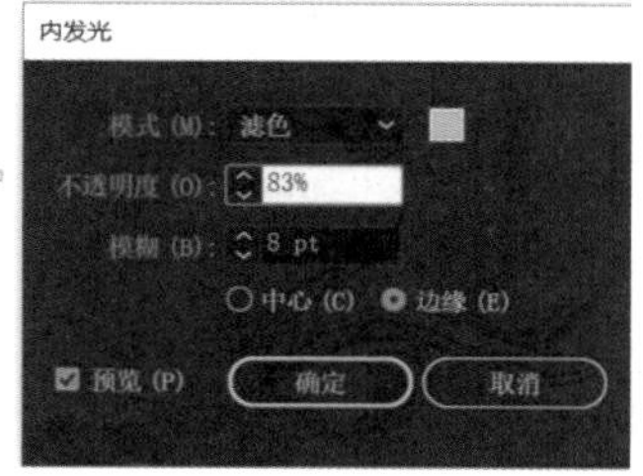

图 9-12

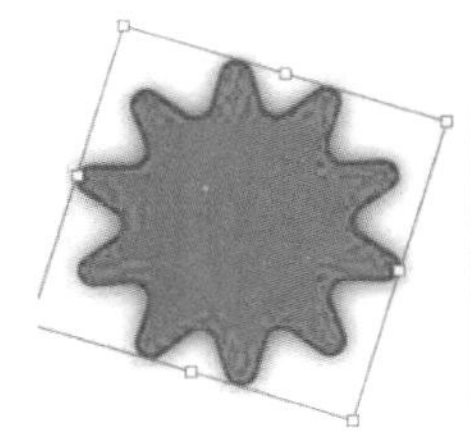

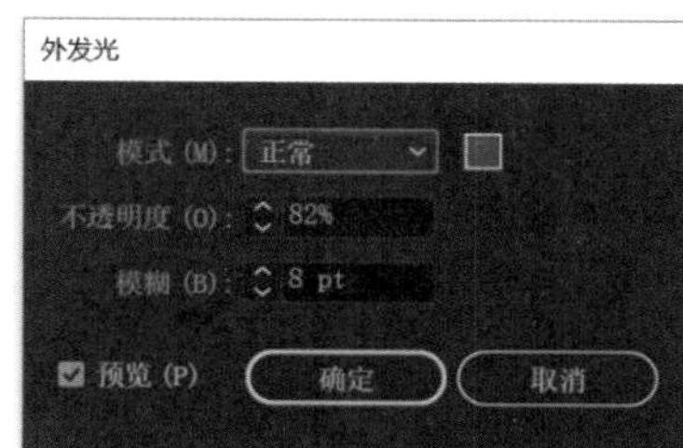

图 9-13

2. 圆角

当需要快速得到一个圆角图形时，可以使用此滤镜。图 9–14 所示左边的图形便可以采用圆角滤镜来制作。

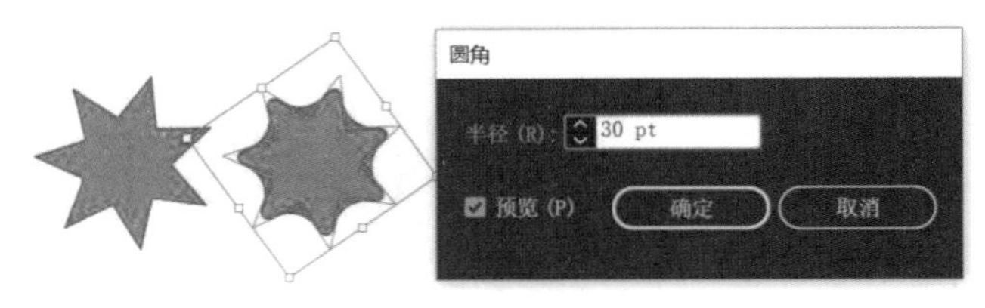

图 9–14

3. 投影

“投影”滤镜可以为选定的矢量对象创建阴影效果，其面板如图 9–15 所示。

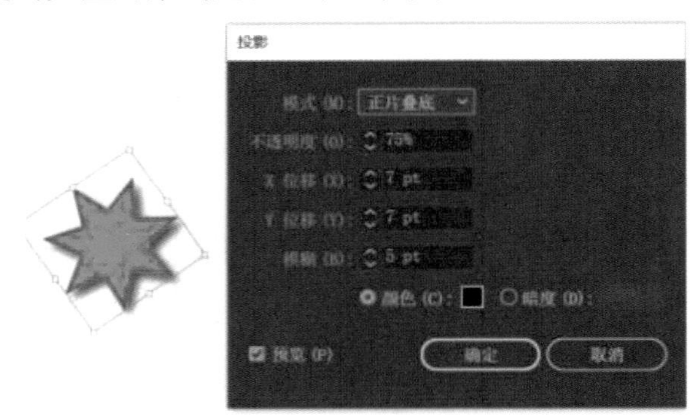

图 9–15

4. 涂抹

“涂抹”滤镜可以设置涂抹的笔触效果，其面板如图 9–16 所示。

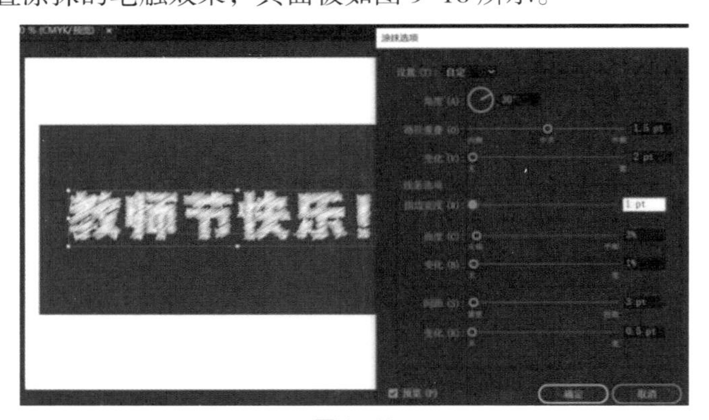

图 9–16

5. 羽化

“羽化”滤镜可以使图像得到模糊的边缘效果，其面板如图 9–17 所示。

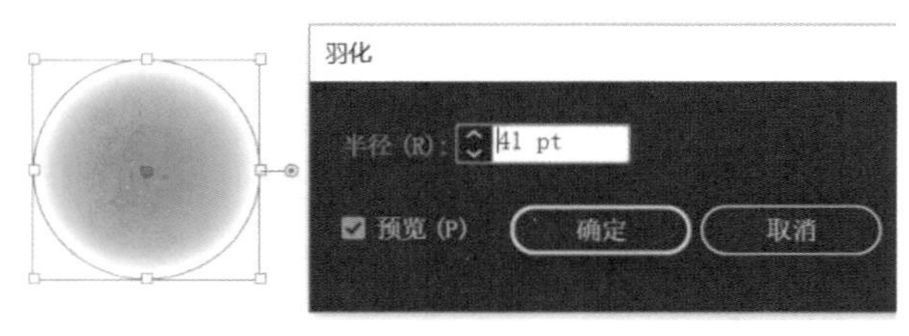

图 9–17

第 10 章 插图设计

商业插画主要包括出版物插图、卡通吉祥物、影视与游戏美术设计和广告插画 4 种形式。当下插画已经遍布于平面和电子媒体、商业场馆、商品包装、影视演艺海报、企业广告、T 恤、日记本、贺卡等领域。本章实战案例将向用户详细讲解“卡通少女”和“风景”矢量插画的绘制过程。

10.1 插画简介

插画，也被称为插图。纵观插画发展的历史，其应用范围在不断扩大。特别是在信息高度发达的今天，人们的日常生活中充满了各式各样的商业信息，插画设计已成为现实社会一种不可替代的艺术形式，如图 10–1 所示。

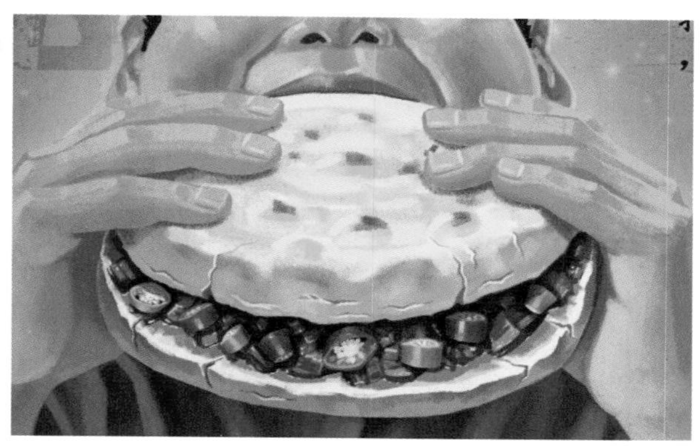

图 10–1

10.2 任务一：几何人物图形绘制

学习目标

1. 能够运用“矩形工具”“圆形工具”“多边形工具”“星形工具”“直接选择工具”等设计出理想图形。

2. 掌握图形设计的形式美法则和形式美法则的创造性应用。

任务描述

主要运用视觉基础元素点、线、面的关系以及正方形、三角形、圆形、菱形等几何形体组合成复杂视觉图形，一方面训练学生对于形式美法则的掌握与创造性的应用；另一方面训练学生对软件工具的使用，使学生把所学知识串联起来，塑造形象，传递情感。

设计要求

1. 使用简洁明了的几何图形，提高视觉传达的效果。
2. 几何图形设计内容要完整，构思巧妙，有创新性。
3. 通过巧妙运用形式美法则，营造出美观和统一的设计风格。

任务准备

1. 硬件要求

一台足够运行 Illustrator 软件的电脑。

2. 实操要求

参考效果图如图 10–2 所示。

图 10–2

任务实施

步骤 1：观察案例，分析案例中用到的基本工具和操作（“矩形工具”“圆角矩形工具”“椭圆工具”“多边形工具”“直线段工具”“路径查找器”面板、颜色填充、剪切蒙版建立）

步骤 2：打开 Illustrator 软件，点击“文件”菜单，点击“新建”按钮或是按【Ctrl】+【N】组合键，配置文件为“打印”，大小设置为自定（210mm×210mm），方向设置为“横向”，单位设置为“毫米”，如图 10–3 所示。

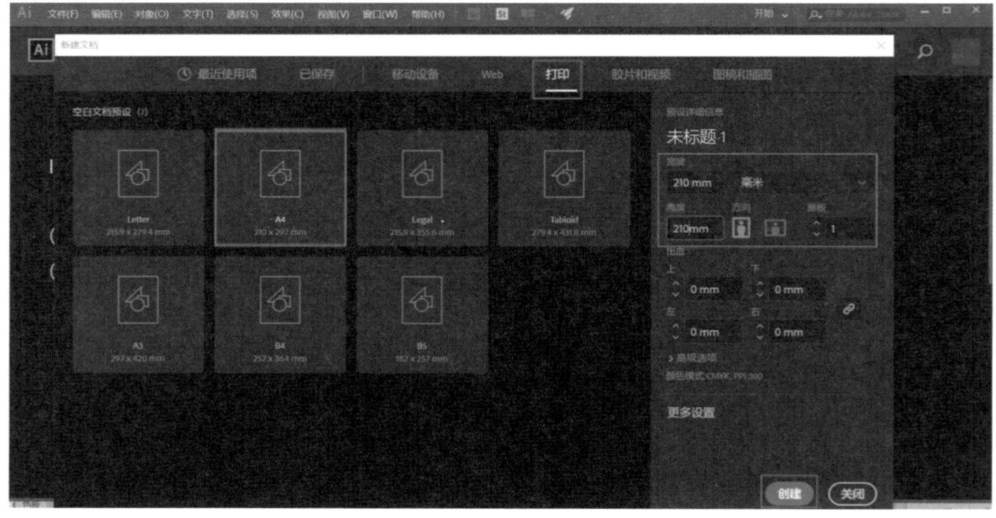

图 10–3

步骤 3：选择“椭圆工具”，在画板任一位置单击，弹出“椭圆”面板，设计椭圆的宽度、高度值均为 18mm，即正圆，如图 10-4 所示。

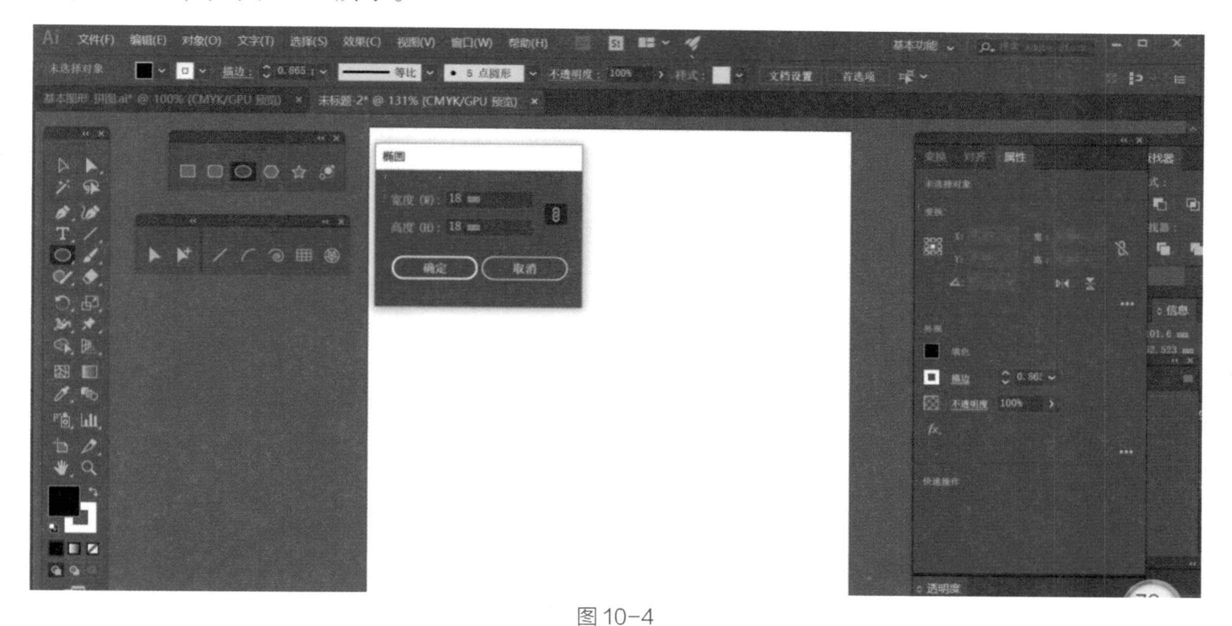

图 10-4

步骤 4：选中圆形，在控制栏里将填充颜色改为黑色，也可以打开左下角的拾色器，进行颜色的选择与更改，可以按住【Shift】+【X】组合键切换填充颜色和描边色，也可以通过快捷键【D】切换前、后背景色为黑色和白色。如图 10-5 所示。

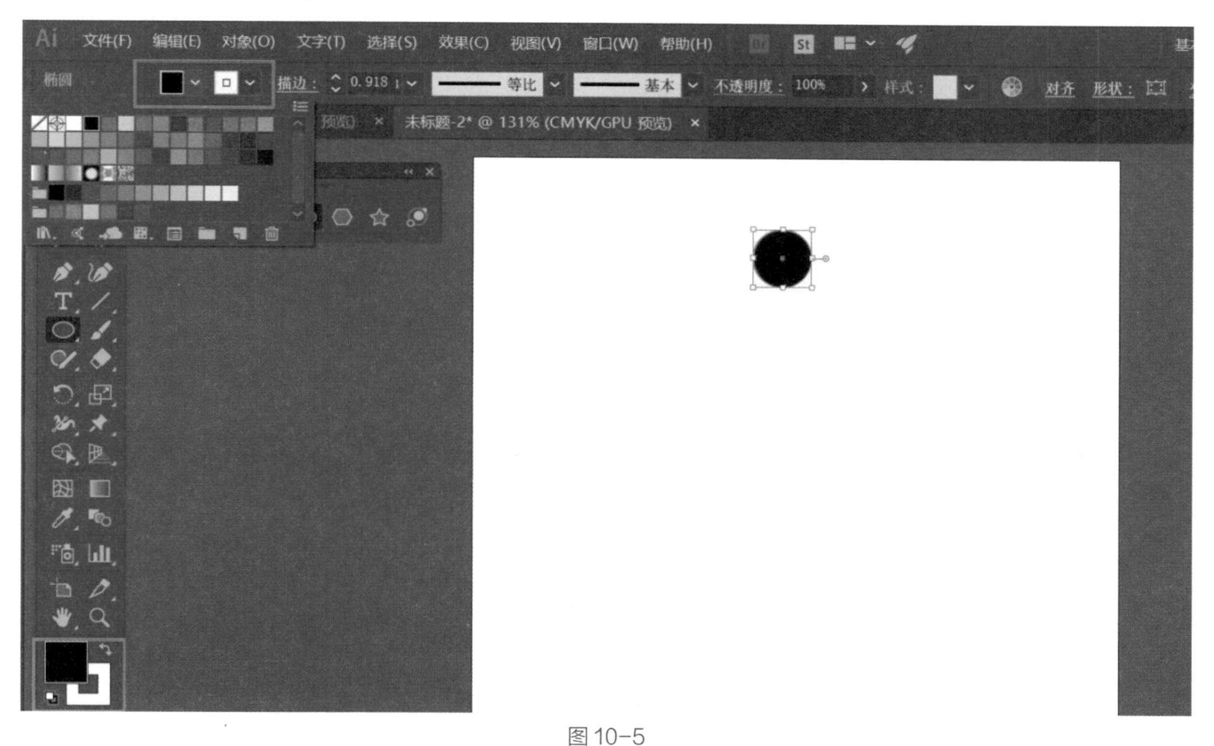

图 10-5

步骤 5：选择“多边形工具”，在画板按住鼠标左键拖曳，到合适大小松手即绘制好了多边形。想增加多边形的边数，在按住鼠标左键的同时，按住【↑】键，同理，要减少多边形的边数，在按住鼠标左键的同时，按住【↓】键。在创建具体尺寸的多边形时，需要在页面单击一下，调出“多边形”面板，以设置具体参数。如图 10-6 所示。

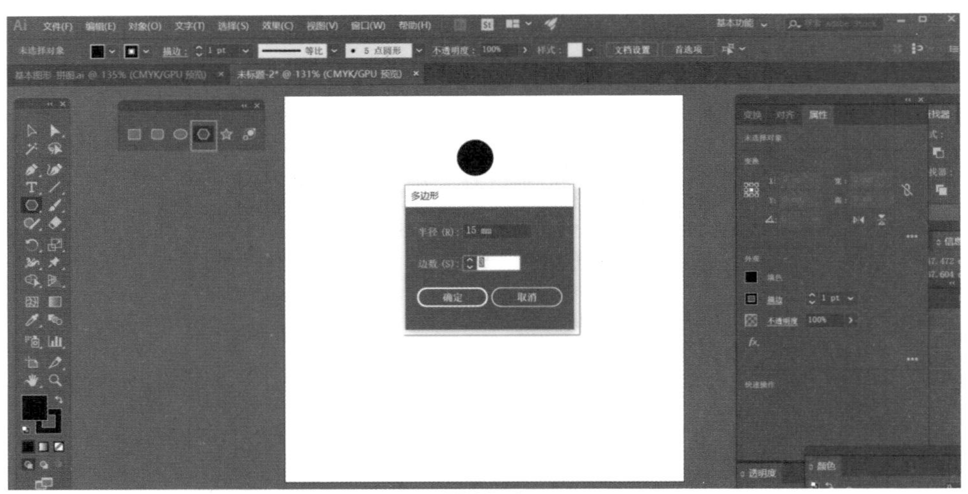

图 10-6

步骤 6：三角形绘制好以后，可以把鼠标放在图形的八个控制点上，当鼠标变成“直线式双向箭头”时可进行拖动和大小的缩放，也可以放在四个角点外侧，当鼠标变为“旋转箭头”时可对图形进行任意角度的旋转。如图 10–7 所示。

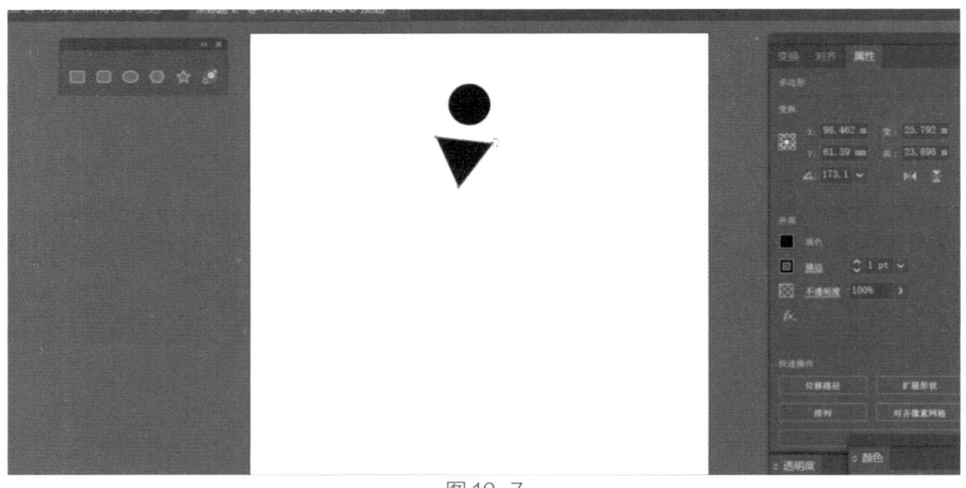

图 10-7

步骤 7：绘制其他三角形，选择“直接选择工具”，选择三角形的上面两个锚点进行移动，得到如图 10–8 所示效果。

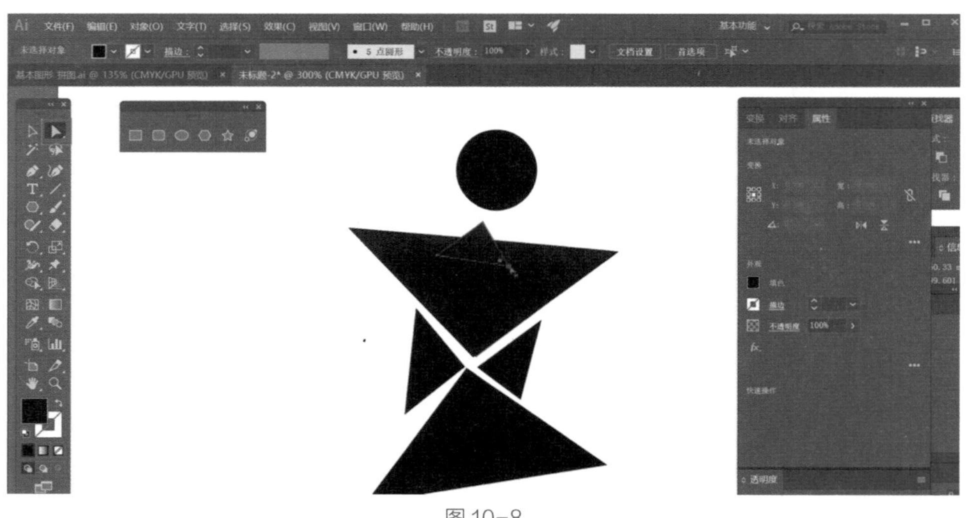

图 10-8

步骤 8：绘制大小适宜的长方形，并进行旋转，即可绘制出少女腿部，如图 10-9 所示。

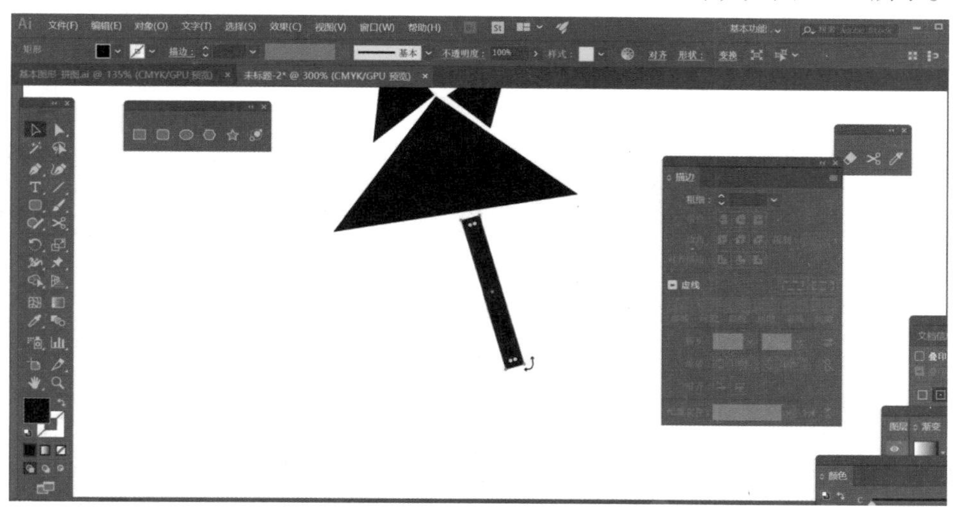

图 10-9

步骤 9：以同样方法继续绘制关节处的正方形和小腿，以及胳膊和手提包，如图 10-10 所示。

图 10-10

步骤 10：利用星形工具绘制太阳，设置“半径 1”为 13mm，“半径 2”为 6mm，“角点数”为 24，如图 10-11 所示。

图 10-11

步骤 11：使用圆角矩形和圆形工具绘制云朵，并打开路径查找器，对圆角矩形和圆形进行联集，并对云朵图形进行复制。

步骤 12：使用多边形工具绘制纽扣，设置多边形“半径”为 4mm，“边数”为 6，并对纽扣进行复制、排列，如图 10–12 所示。

图 10–12

10.3 任务二：风景图标扁平化设计

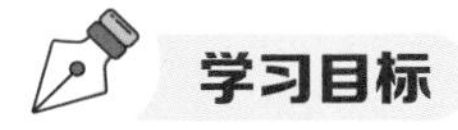

学习目标

1. 能够运用“矩形工具”“圆形工具”“多边形工具”“直接选择工具”“编组选择工具”“路径查找器”面板等设计出理想图形。

2. 掌握扁平化图形设计的方法和技巧。

任务描述

扁平化图标元素通常是由矩形、圆形、圆角矩形、三角形等基本形状组合设计而成。本案例能把软件中基本形状工具、选择工具组、“路径查找器”面板进行练习和实战操作，通过一个完整的图形设计，强化对软件中工具使用的熟练度，同时掌握扁平化图标的特点和绘制技巧。

设计要求

1. 在风景图扁平化设计时，要放弃一切装饰效果，诸如阴影、透视、纹理、渐变等，能呈现 3D 效果的元素一概不用。所有的元素的边界都要干净利落，没有任何羽化、渐变或者阴影效果。

2. 几何图形或不规则的矢量图形保留物体原有的辨识度形态，搭配大块面的色块，用简约的图形去让主体形态更加抽象或更简约化。

任务准备

图 10-13

1. 硬件要求

一台足够运行 Illustrator 软件的电脑。

2. 实操要求

参考效果图如图 10-13 所示。

任务实施

步骤 1：观察案例，分析案例中用到的基本工具和操作（“矩形工具”“圆角矩形工具”“椭圆工具”“多边形工具”“直线段工具”“路径查找器”面板、颜色填充、剪切蒙版建立）

步骤 2：新建画板，配置文件为“打印”，大小设置为“A4”，方向设置为“横向”，单位设置为“毫米”。如图 10-14 所示。

图 10-14

步骤 3：选择“矩形工具”，点击画板调出矩形选项框，设置矩形宽度和高度分别为 270mm 和 210mm，填充颜色为 #99D0F2。同理，创建一个宽度和高度分别为 26mm 和 297mm，填充颜色为 #603D29 的矩形，创建另一个宽度和高度分别为 21mm 和 297mm，填充颜色为 #E08C11 的矩形。如图 10-15 所示。

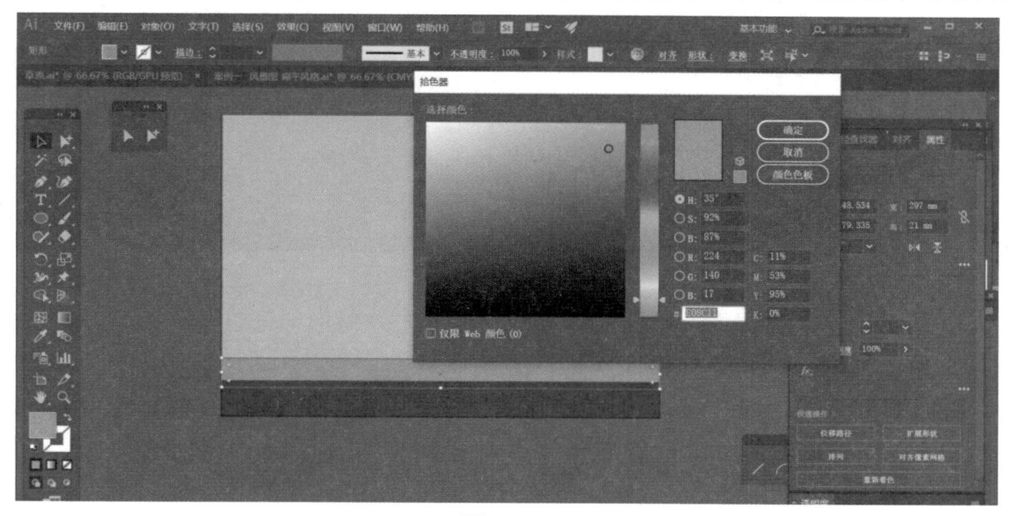

图 10-15

步骤 4：创建第一个宽度和高度分别为 129mm 和 140mm 的椭圆，填充颜色设置为 #B15321；创建第二个椭圆，宽度和高度分别为 112mm 和 114mm，填充颜色设置为 #AA5123。选择这两个椭圆，并点击鼠标右键，选择排列顺序置于背景之前，矩形之后。如图 10-16 所示。

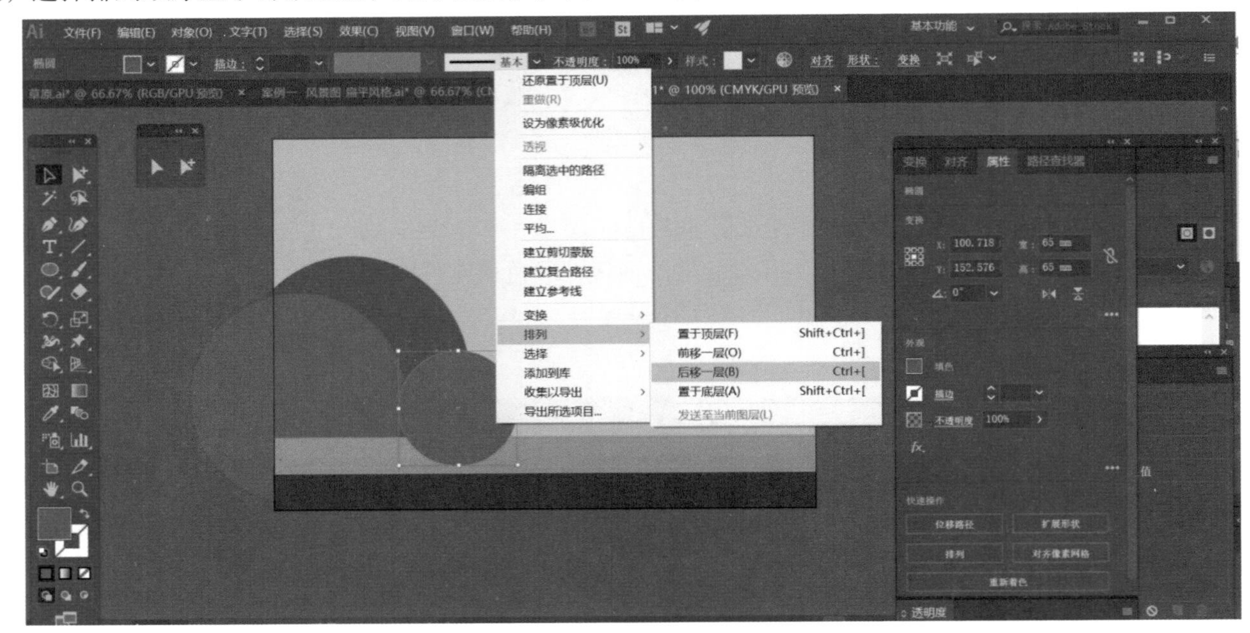

图 10-16

步骤 5：点击“选择工具”或按快捷键【V】进行位置的调整。选择“多边形工具”，绘制三角形。如图 10-17 所示。

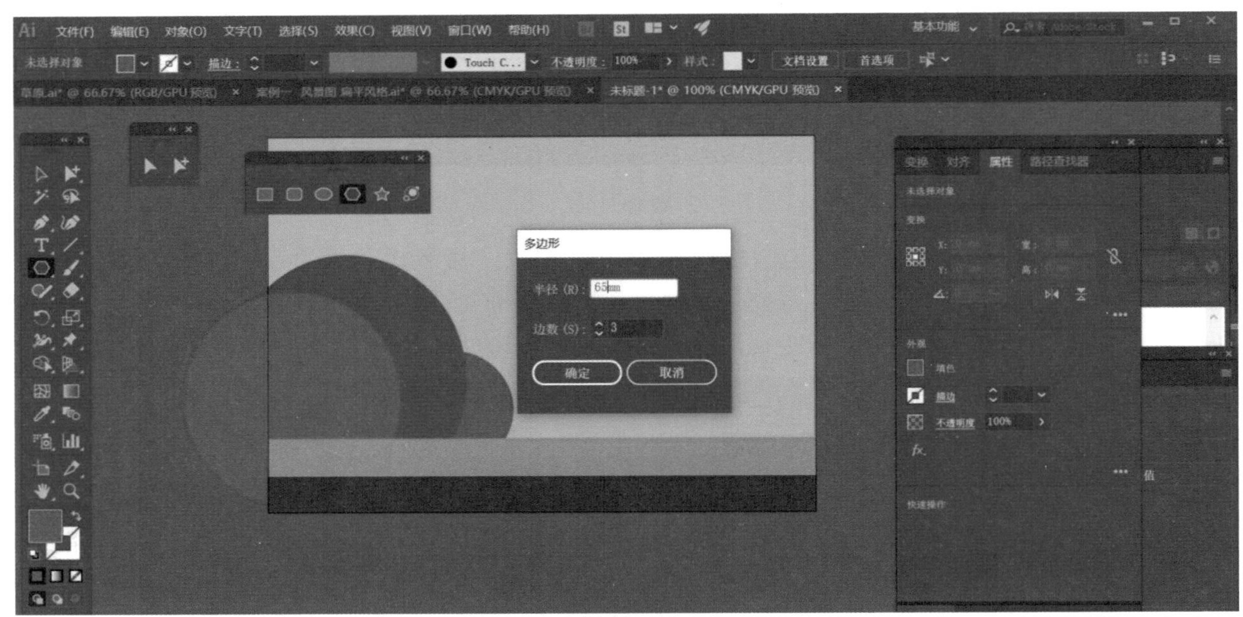

图 10-17

步骤 6：点击“直接选择工具”或按快捷键【A】，再单击三角形，可以看到三角形上的 3 个角上都有一个空心白色的小方块，用鼠标单独选择其中一个点，或者框选其中的点（空心白色小方块变成实心的小方块），不要松开鼠标，拖动这个点到想要的地方，可以看到三角形的角变成了圆角，最后松开鼠标。绘制好圆角三角形以后，单击右键改变排列顺序置于背景前一层。使用同样的方法绘制第二个三角形，并修改为圆角。如图 10-18 所示。

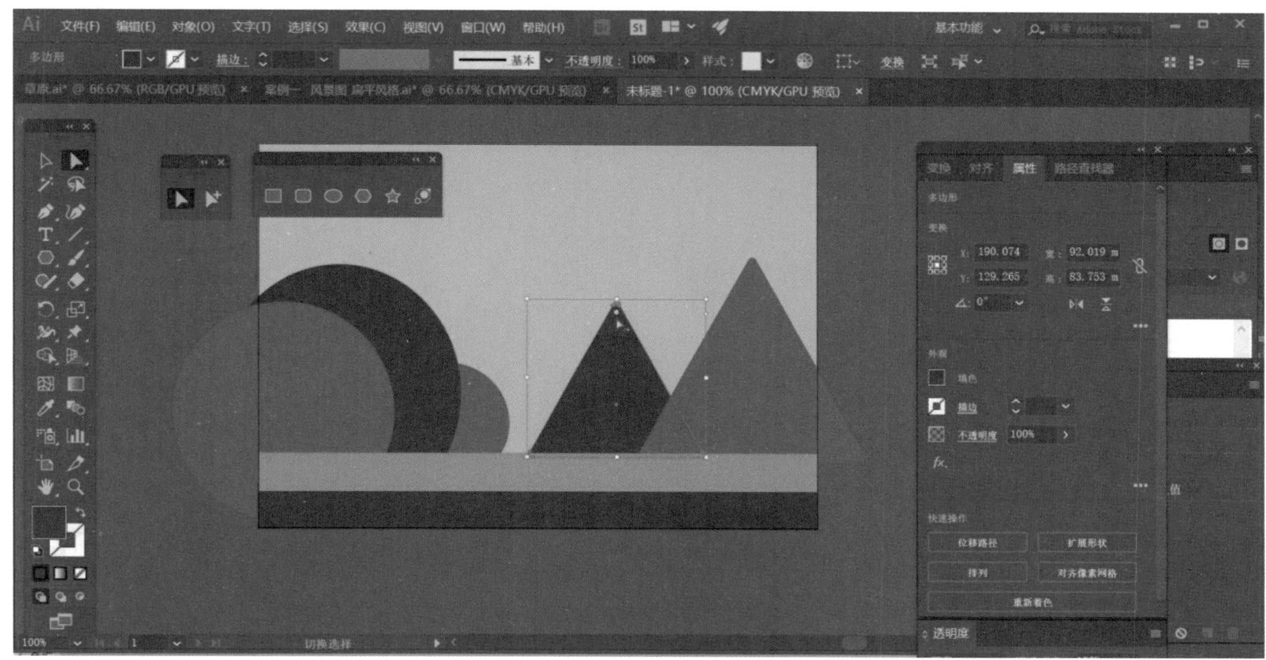

图 10–18

步骤 7：绘制太阳效果，选择“椭圆工具”，按住【Shift】键画正圆，填充颜色值为 #E6003D，然后按【Ctrl】+【C】组合键复制，按【Ctrl】+【B】组合键粘贴在后面，然后按【Shift】+【Alt】组合键等比例缩放，打开窗口菜单下面的色板库选择 PANTONE+CMYK Uncoated，按明度等级填充颜色。如此依次复制粘贴两次，并等比例缩放，分别填充颜色。如图 10–19 所示。

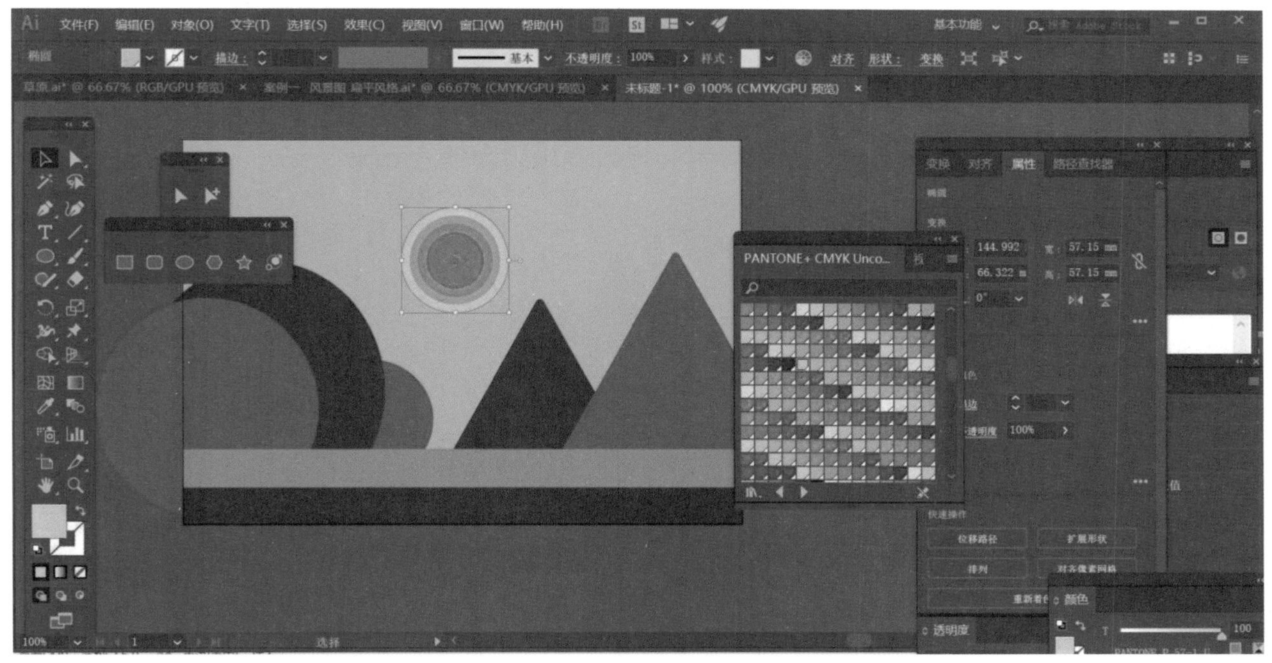

图 10–19

步骤 8：使用椭圆工具绘制 5 个圆，排列好位置，在下面添加一长方形，然后全选，打开“路径查找器”面板，选择“联集”命令，5 个圆即连接为一整体。如图 10–20 所示。

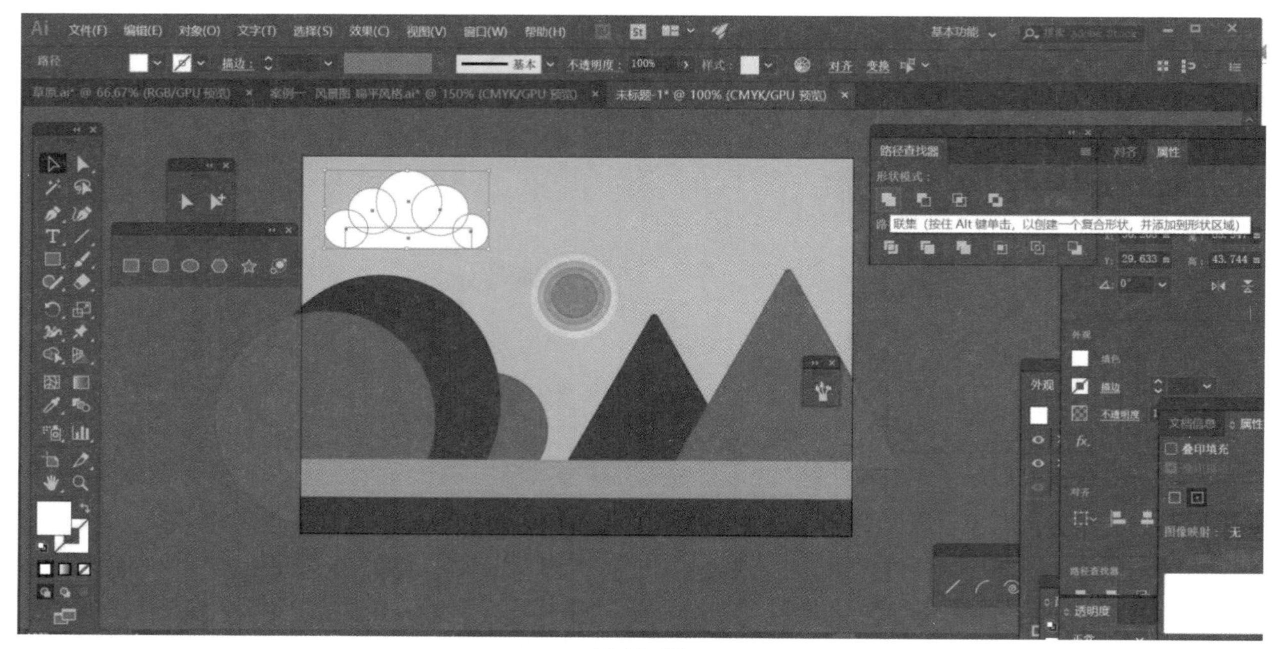

图 10-20

步骤 9：按住【Alt】键，当鼠标变成双层箭头时拖动鼠标，复制出其他三朵白云，分别选中各个云朵图形，把鼠标放在图形的一个锚点上，当箭头变为双向箭头时，按住【Shift】键开始拖动，调节云朵至合适大小。接着利用椭圆工具开始绘制树木效果。如图 10-21 所示。

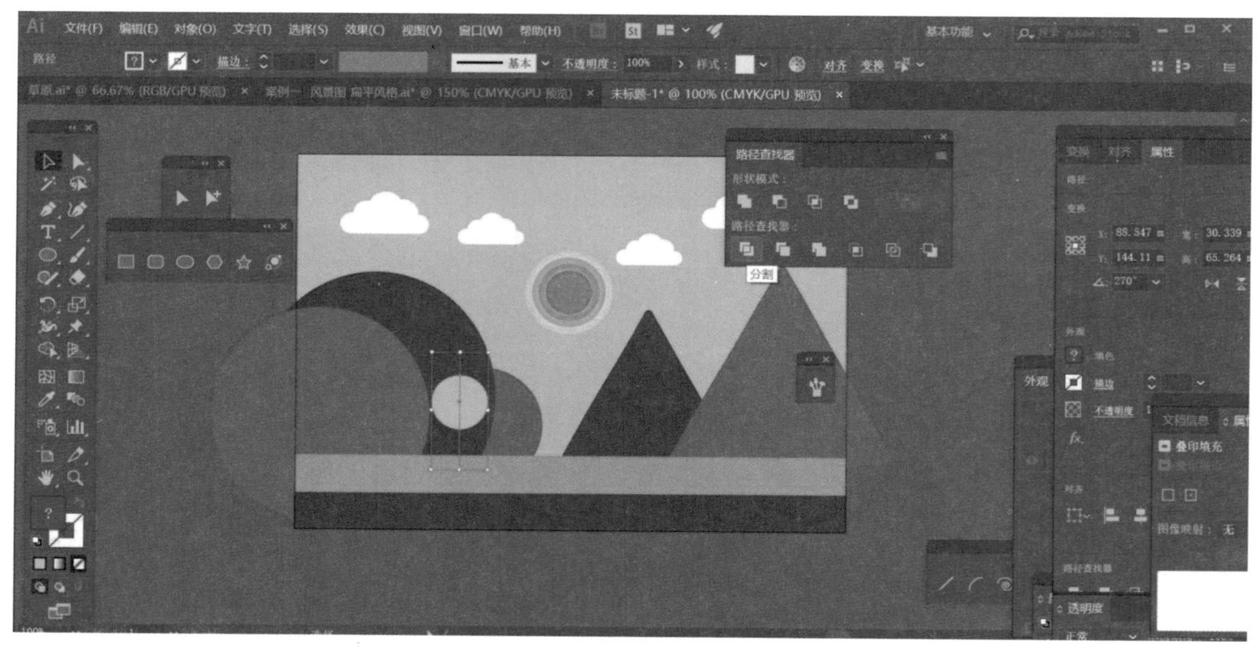

图 10-21

步骤 10：首先绘制好一个圆形，然后选择“直线段工具”，垂直画一条直线，框选两个图形，打开控制栏的“对齐”面板，选择“垂直居中”的对齐方式，之后打开“路径查找器”面板，用直线将圆形分割为两个图形，分别填充颜色 #E8C82B 和 #EBA922。使用圆角矩形工具画树干，在绘制过程中通过方向键调整圆度为最大值，然后在黄色圆形上绘制小圆点。使用选择工具选中圆形，然后按住【Shift】键单击树木的其他部分进行加选，树木全部部分被选中以后，单击鼠标右键选择“编组”（或按住【Ctrl】+【G】组合键），对树木进行编组。如图 10-22 所示。

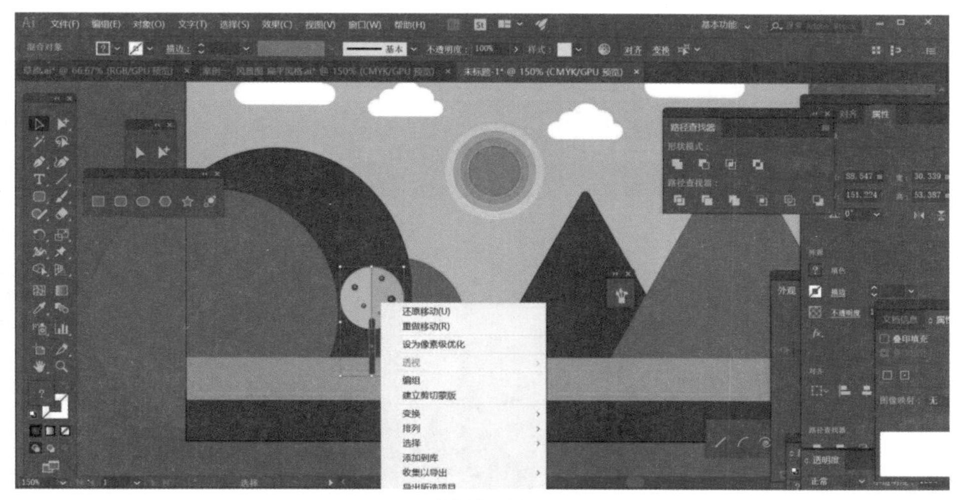

图 10–22

步骤 11：编组以后，进行两次复制，分别进行大小的调整，之后使用编组选择工具分别选中各个部分进行颜色的填充。如图 10–23 所示。

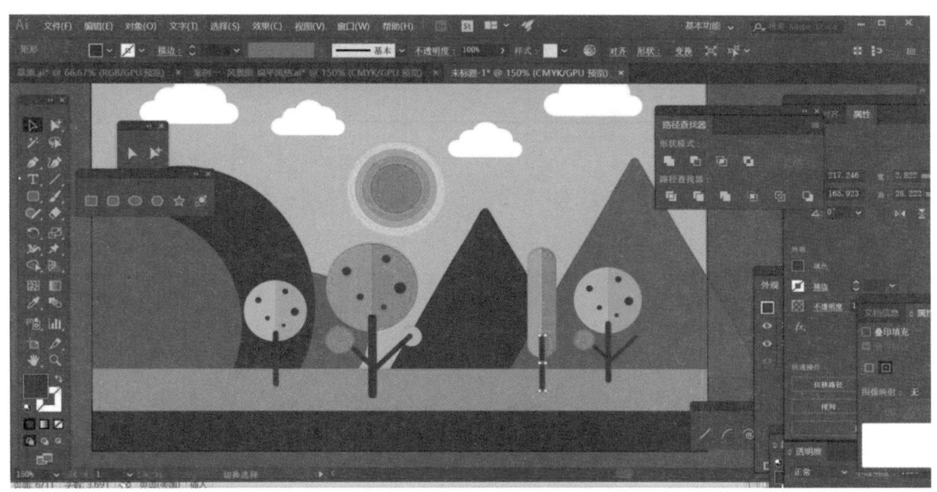

图 10–23

步骤 12：选择“椭圆工具”绘制椭圆形状，利用直接选择工具，选中椭圆上象限点，再选择“锚点工具”对控制手柄进行调整，得到如图 10–24 效果。

图 10–24

步骤 13：使用矩形工具绘制树干，使用椭圆工具绘制树冠上的圆点，复制圆点并进行大小调整，可选中整棵树并进行编组，再进行整体复制。如图 10–25 所示。

图 10–25

步骤 14：对页面所有内容进行编组，绘制与页面高度相同直径大小的正圆，同时选中编组对象和圆形，单击右键创建剪切蒙版，如图 10–26 所示。

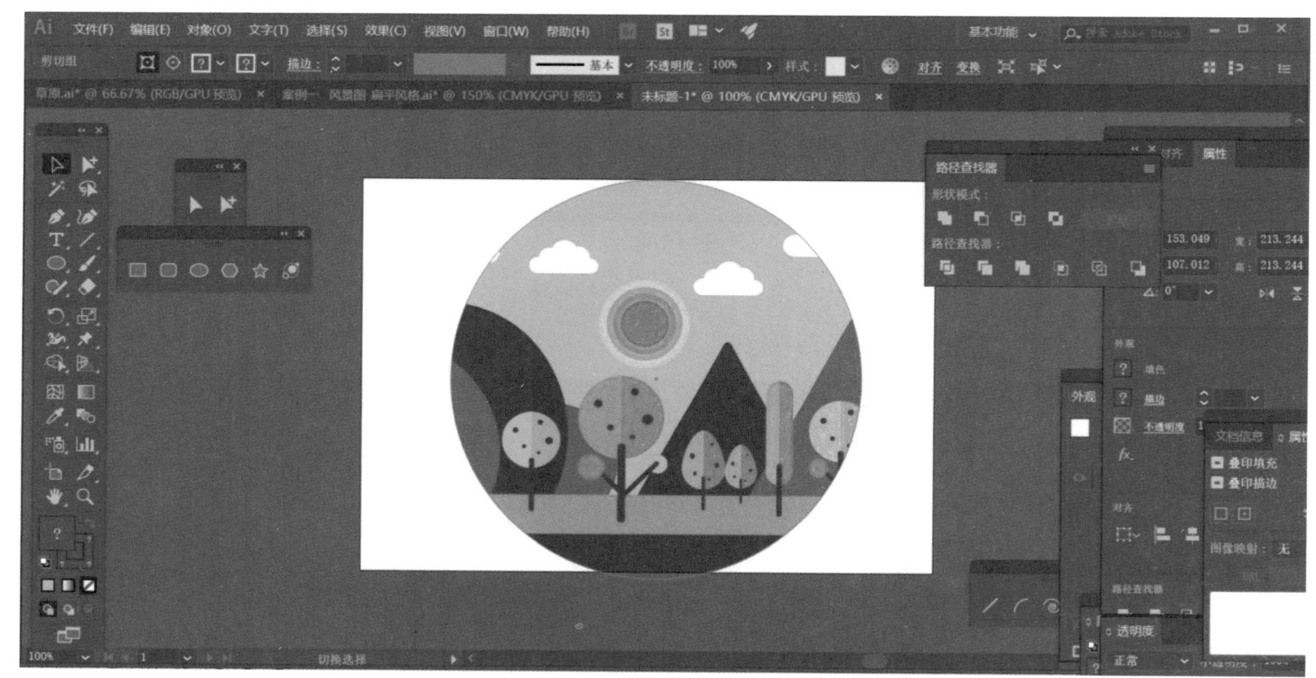

图 10–26

步骤 15：绘制圆角矩形作为背景图，填充颜色为 #595758，同时选中背景图和编组对象，选择“水平居中对齐”和“垂直居中对齐”。如图 10–27 所示。

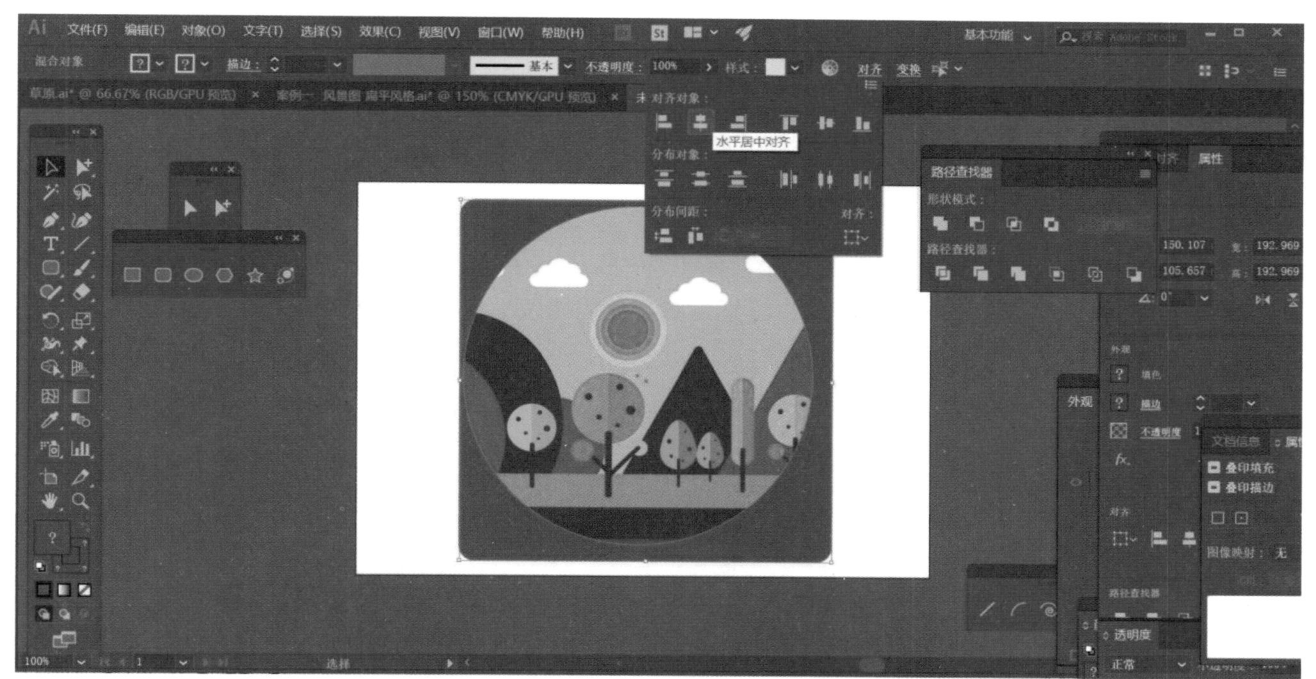

图 10-27

步骤 16：对绘制的图形进行保存，保存类型为“Adobe Illustrator（*.AI）”。如图 10-28 所示。

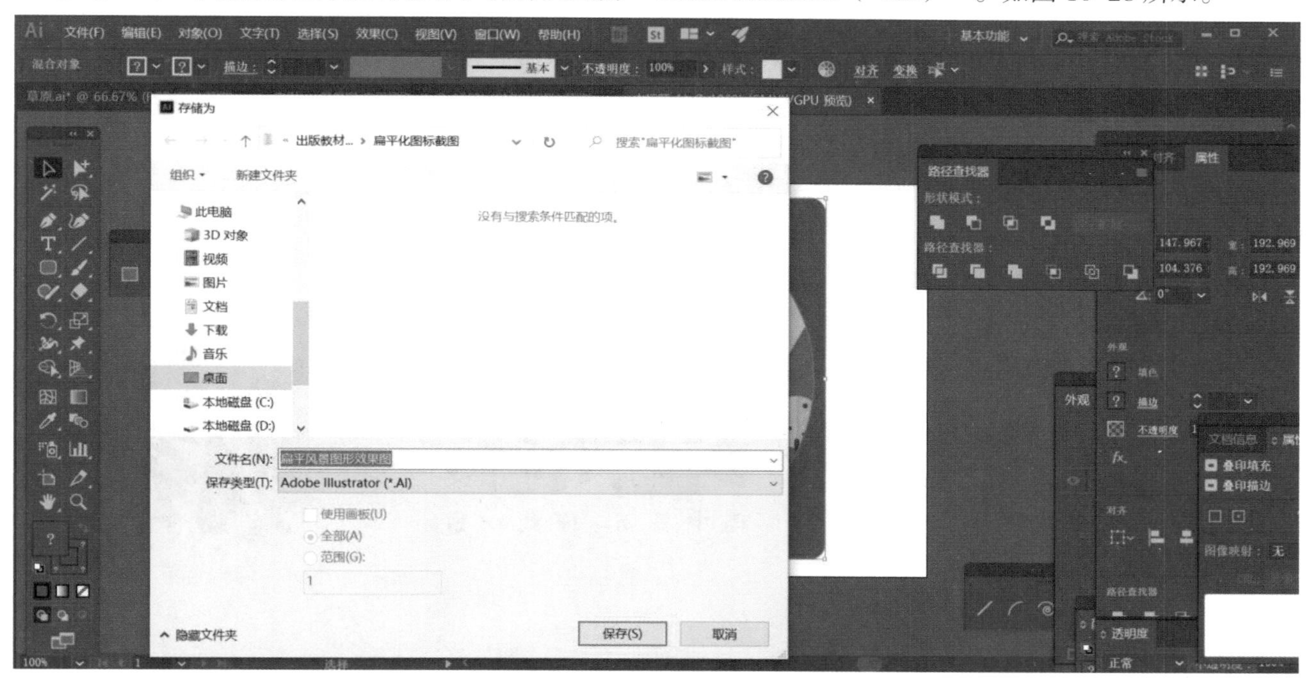

图 10-28

第11章 标志设计

在 VI 视觉要素中，标志是核心要素。企业标志一般是企业的名称、图案记号或两者相结合的一种设计。本章的实战案例结合标志设计的特点，详细讲解“闫德雄医学整形”标志设计和“北方巴佬牛肉酱”标志设计，帮助用户掌握标志设计的要点。

11.1 标志简介

标志具有象征功能和识别功能，是企业形象、特征和文化的缩影。一个设计杰出的、符合企业理念的标志将会增加企业的权威感。在社会大众的心目中，标志就是一个企业或企业品牌的代表。

就标志构成而言，标志可分为图形标志、文字标志和复合标志三种。图形标志是以富于想象或相联系的事物来象征企业的经营理念和经营内容，借用比喻或暗示的方法创造出富于联想、包含寓意的艺术形象。如德国一家人寿保险公司的标志为用手小心呵护烛火的图案，取意人到晚年似“风烛残年”，暗示生活保障十分必要，该标志将保险的优点表现为富有情意的黑白对比，简单明了。图形标志的设计还可用明显的感性形象来直接反映标志的内涵。例如美国霍顿・米夫林出版商通过几本书组合构成其企业标志，直接说明了其经营内容。

文字型标志是以含有象征意义的文字造型为基点，对其进行变形或抽象地改造，使之图案化。常见的字母标志多为企业名称的缩写。例如，麦当劳黄色的“M”形标志醒目而独特，如图 11–1 所示。汉字标志则多是充分发挥书法给人的意象美及组织结构美，利用美术字，篆、隶、楷等字体，根据字体结构进行加工变形，但要注意字形的可辨性，并力求清晰、美观，如图 11–2 所示。

复合标志指综合运用文字和图案设计的标志，具有图文并茂的效果，如图 11–3 所示。

图 11–1

图 11–2

图 11–3

11.2 任务一：“闫德雄医学整形”标志设计

学习目标

1. 钢笔工具的使用、“路径查找器”面板等的使用。
2. 软件的综合应用能力。
3. 标志设计方法和要点。

任务描述

1. 标志设计要充分体现“闫德雄医学整形”的内涵和特色。

2. 设计应注重艺术表现形式，主题突出，构图简约稳重、创意新颖、富含寓意、内容积极、辨识度高、易于传播，具有视觉感染力和冲击力，展现闫德雄医学整形的良好形象。

3. 设计在表现形式和技术手段上，标志的应用性要强，适用于平面、立体再创作，可在网站、文件、宣传用品和媒体宣传等各场合和载体上使用。

设计要求

标志要简洁、大方、美观、富有创意，图案可以由天鹅、凤凰、花朵的图案演变，可以包含字母，但一定不能有十字架，设计的成品最好是圆形。成品要提供创意说明。可以收集素材，进行大胆构思，最终呈现出富有特点、能表现出行业属性的整形医院标志。

任务准备

1. 硬件要求

一台足够运行 Illustrator 软件的电脑。

2. 实操要求

参考效果图如图 11-4 所示。

图 11-4

任务实施

步骤 1：收集素材，根据企业定位和属性，确定大致设计风格。如图 11-5 所示。

步骤 2：通过头脑风暴法，进行创意想象。

步骤 3：扫描手稿图后置入到 Illustrator 的画板中，使用钢笔工具绘制天鹅的主体造型。如图 11-6 所示。

图 11-5

图 11-6

步骤 4：使用钢笔工具绘制皇冠主体，然后使用椭圆工具绘制三个正圆，打开“路径查找器”面板，单击“联集”命令，使其连接为一个整体，然后创建正圆，设置其轮廓宽度为 2mm。如图 11-7 所示。

图 11-7

步骤 5：将所有绘制好的图形移至适宜位置，对比手稿图，进行局部的微调。输入文字“闫德雄医学整形”，字体设置为“黑体”，字号设置为“14mm”。输入“YAN DEXIONG MEDICAL PLASTIC SURGERY”，字号设置为“5mm”，行距设置为 56pt，即完成标志的整体绘制。如图 11-8 所示。

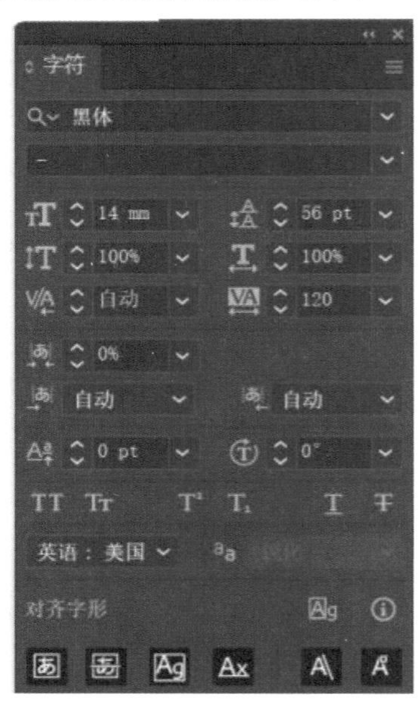

图 11-8

11.3 任务二：“北方佬”牛肉酱标志设计

学习目标

1. 能够熟练使用钢笔工具、渐变工具、文字工具等。
2. 掌握标志设计方法和技巧。
3. 软件的综合应用能力。

任务描述

好的标志设计能够给受众留下深刻影响，起到良好的宣传效果。设计标志之前，首先要了解“北方佬”

企业简介和客户要求，无论是以图形还是文字为主体创意设计的标志，都需要表现出行业属性和特点，能在众多同类标志中脱颖而出，给受众留下深刻影响。

设计要求

1. 标志设计主题突出草原、内蒙古、牧民、牛羊等特色。
2. 标志要体现年轻、活跃，有动感又不失稳重，能彰显天然草原孕育优质食材的品牌特点。
3. 设计要求主题突出、寓意深刻，突出创意元素新颖，符合食品行业，醒目易识别。
4. 作品风格、形式不限，但必须原创。

任务准备

1. 硬件要求

一台足够运行 Illustrator 软件的电脑。

2. 实操要求

参考效果图如图 11-9 所示。

图 11-9

任务实施

步骤 1：根据企业定位，确定标志大致构思，以北方佬字体设计为主，结合奋起的牛和蒙文的结构特点，形成图文结合的标志。通过字体变形为一健壮的黄牛，体现食材的安全健康，个别笔画结合蒙文特点，体现地域特色，蓝天白云又表现了大草原的天然美景，基本思路确定好以后，进行草图的绘制。如图 11-10 所示。

图 11-10

步骤 2：草图绘制好以后，确定所有横笔的宽度、竖笔的宽度和起落笔结构，这样可以保持所有笔画的统一性，使标志的整体性更强。如图 11–11 所示。

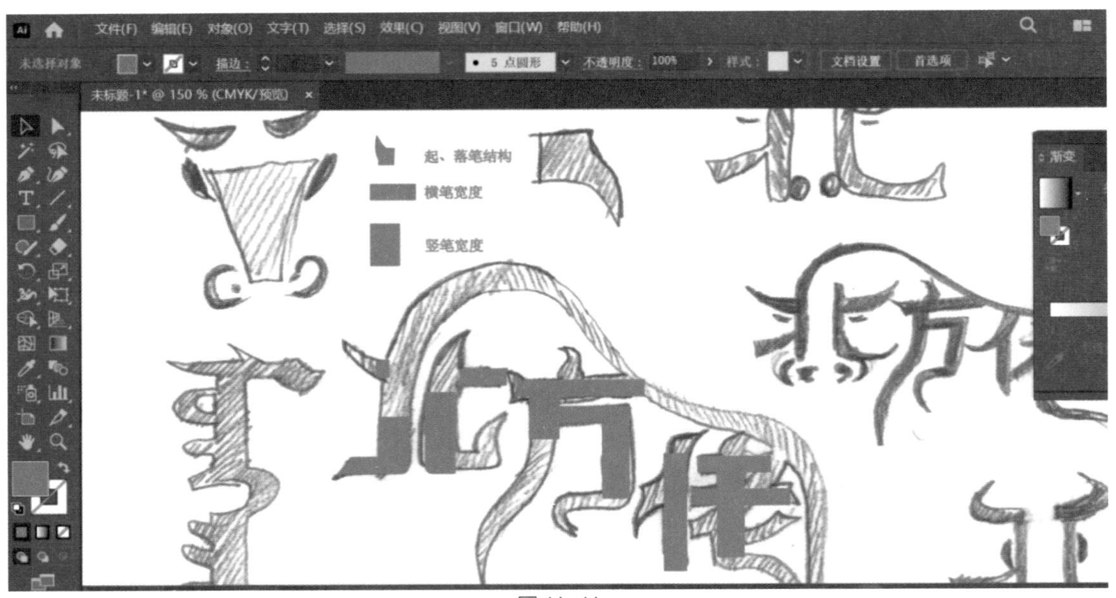

图 11–11

步骤 3：在基本笔画上，使用钢笔工具进行转折笔画的勾勒和圆角的设计。将文字的基本笔画先排列出来。如图 11–12 所示。

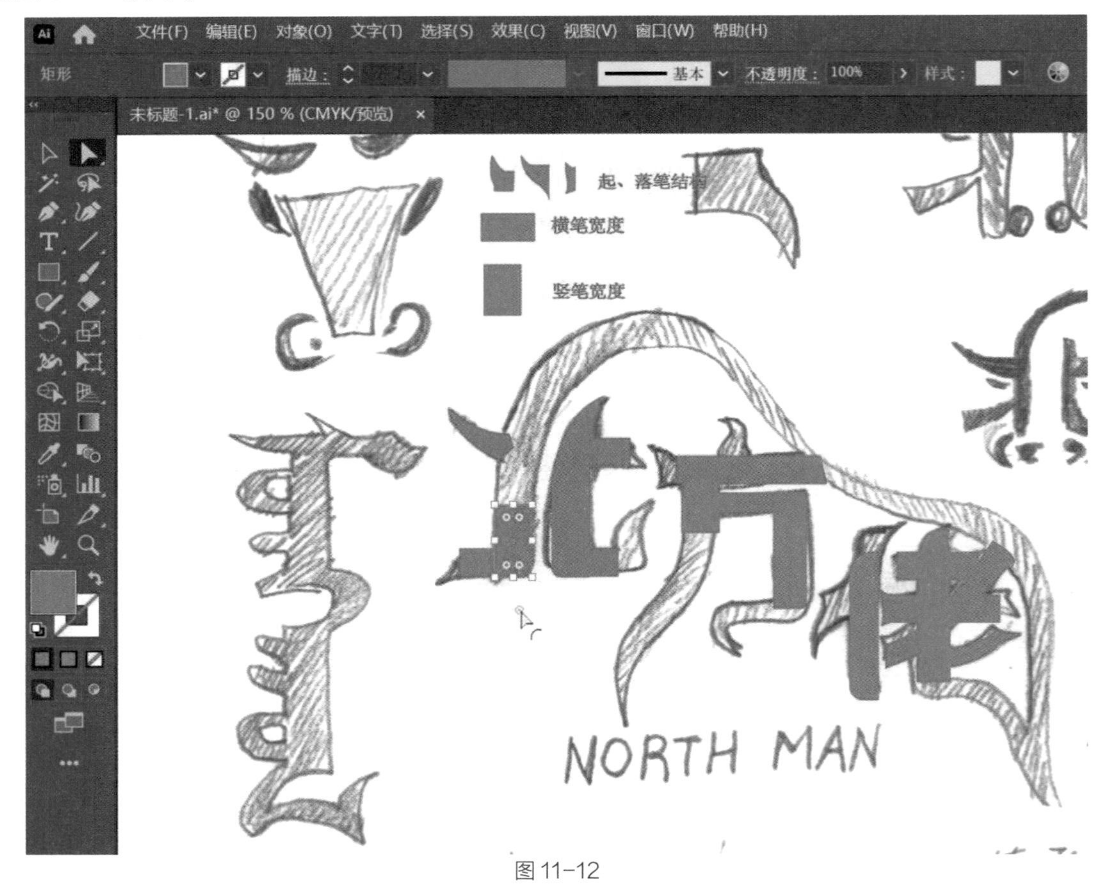

图 11–12

步骤 4：使用钢笔工具将牛的背部绘制出来，同时将整改文字串联起来。如图 11–13 所示。

图 11–13

步骤 5：使用钢笔工具将文字的边、角、点勾勒出来。如图 11–14 所示。

图 11–14

步骤 6：将标志所有部分绘制出来，进行局部的微调后，打开“路径查找器”面板，点击“联集”按钮，使所有图形联集为一个整体。如图 11–15 所示。

图 11–15

步骤 7：标志整体绘制好以后，进行渐变颜色的填充，设置第一个颜色 CMYK 的值为 76%、30%、11%、0%，另一个颜色 CMYK 的值为 77%、18%、96%、0%，选择渐变工具调整渐变方向为“– 90° ”。如图 11–6 所示。

图 11–16

步骤 8：删除草图底图，进行整体的调整。如图 11–17 所示。

图 11–17

步骤 9：完成标志提案设计。如图 11–18 所示。

标志释义

以北方佬字体设计为主，结合奋起的牛与蒙文的形态，形成图文结合的标志。这类标志识别性强，准确、易记、无歧义，十分适合中小公司的品牌线路。品牌定位为内蒙古风干牛肉酱，故选择牛为主体图形，颜色以中绿为主色，以天蓝为辅助色，表现内蒙古大草原天蓝草绿的特点，整体又显得严谨、稳重。

图 11-18

第12章 海报设计

海报是视觉传达的表现形式之一，海报版面的构成可以在第一时间吸引人们的目光，这就要求设计者要将图片、文字、色彩、空间等要素完整结合，以恰当的形式向人们展示宣传信息。

海报这一名称，最早起源于上海。如今，海报一词的范围已不仅仅是职业性戏剧演出的专用张贴物了，同广告一样，它具有向群众介绍某一物体、事件的特性，所以其也是一种广告形式。海报是极为常见的一种招贴形式，其语言要简明扼要，形式要新颖美观。

12.1 任务一：清廉文化海报设计

学习目标

1. 能够运用“钢笔工具”“渐变工具”“美工刀”“路径查找器”面板设计出廉政文化海报。
2. 掌握公益海报设计的方法和技巧。

任务描述

为深入学习贯彻党的二十大精神，进一步营造风清气正的校园文化氛围，引导师生筑牢清正廉洁思想根基。海报要以笔为言、以纸为媒、以美为体、以廉为魂，描绘自己心中的廉政文化，更要集思想性、教育性、艺术性于一体，既有“看头”又有“说头”，引人深思，展现了新时代大学生对廉政文化的理解与拥护。

设计要求

1. 用户需结合电脑软件中钢笔工具、画笔工具、美工刀工具、渐变填充等内容结合自身思想、工作学习、生活实际等，设计与廉洁相关作品，弘扬廉洁教风、廉洁学风和廉洁家风，讲述自身对廉洁文化的认识，吐露真情实感。
2. 海报构思新颖、版式美观，颜色搭配要和谐，主题突出。

任务准备

1. 硬件要求

一台足够运行 Illustrator 软件的电脑。

2. 实操要求

素材和参考效果图分别如图 12-1 和图 12-2 所示。

图 12-1

图 12-2

步骤 1：选择工具箱中的“钢笔工具”，贴着荷叶效果图的边界进行路径创建，在使用钢笔工具时，用户要熟练使用【Ctrl】键和【Alt】键，若想要对已绘制好的图形锚点进行移动可以按下【Ctrl】键进行调整，而想要调整控制手柄则需要按下【Alt】键调整，绘制好图 12-3 所示路线。

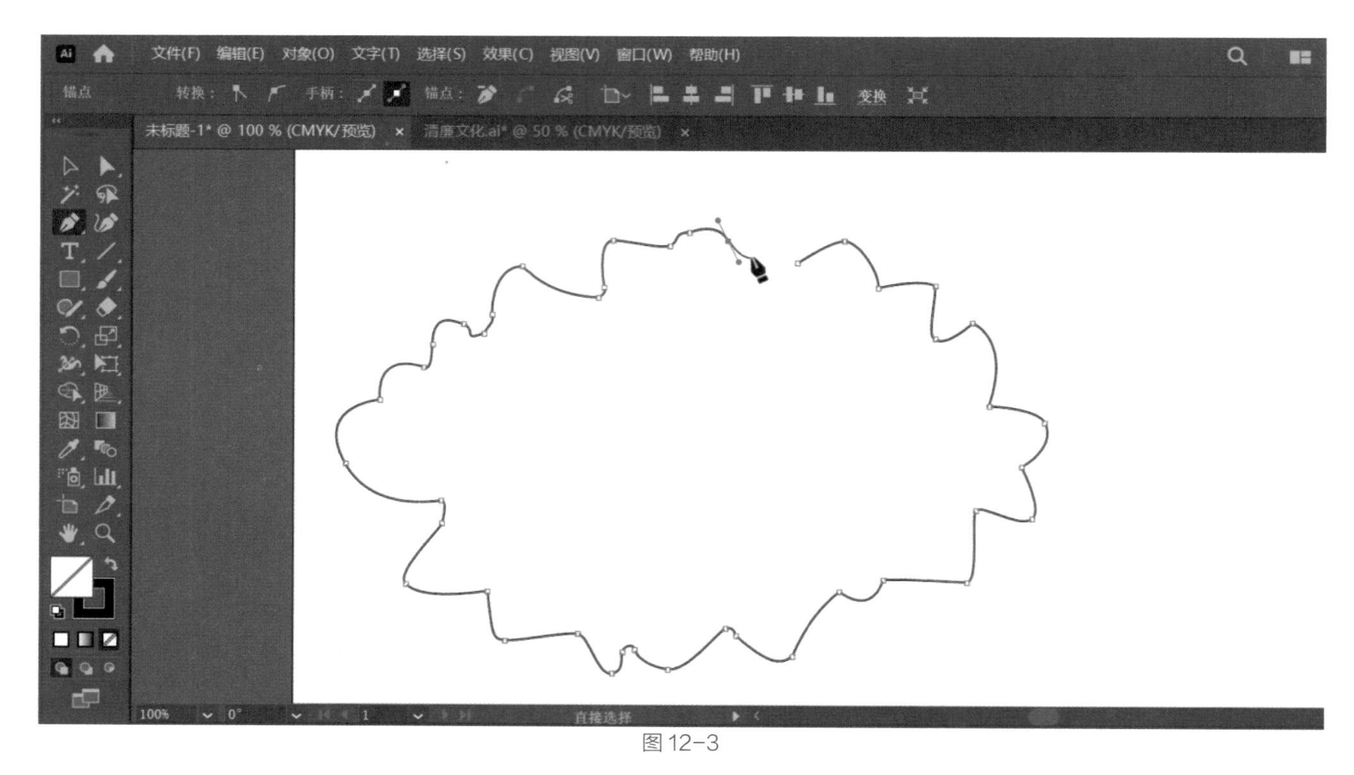

图 12-3

步骤 2：路径闭合以后，选择“美工刀”工具，对荷叶进行分割。“美工刀”工具比较自由，不能切开精准的线条，所以用户在使用一次“美工刀”不满意后，可以撤销，重新再刻。如图 12-4 所示。

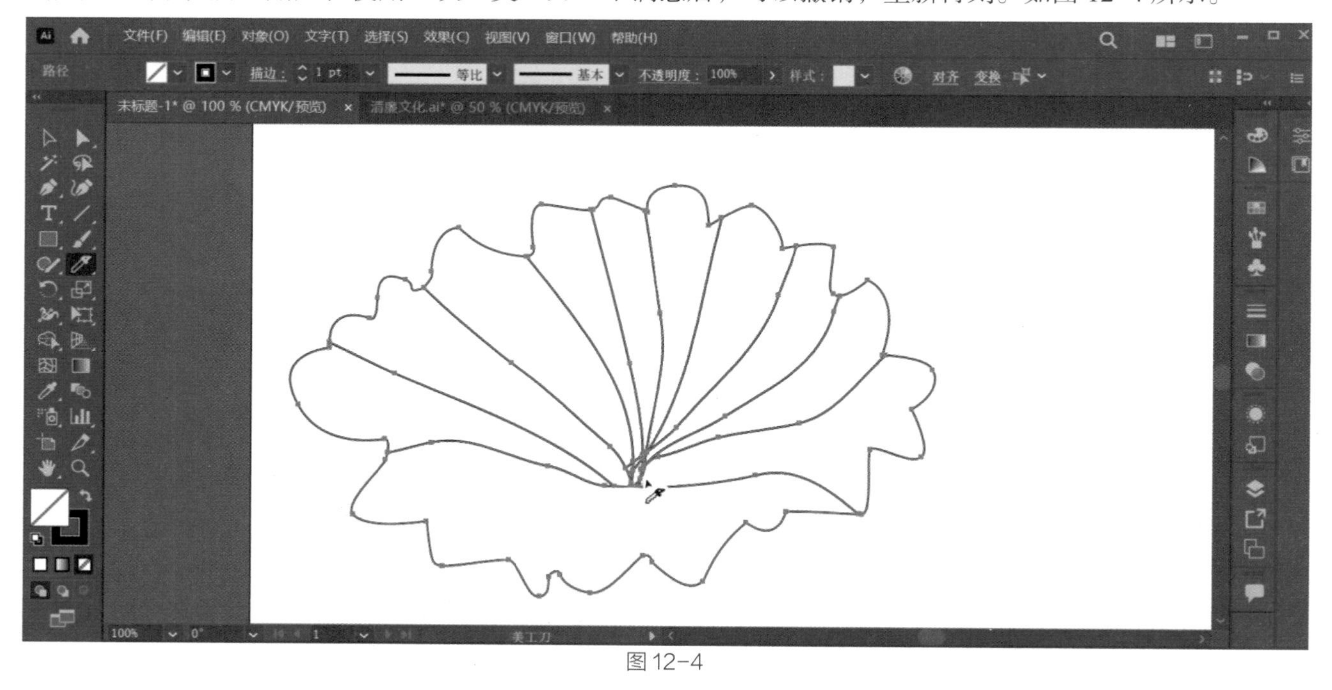

图 12-4

步骤 3：将荷叶所有部分切割好以后，选择“渐变工具”进行渐变颜色的填充，浅绿色 CMYK 值为 52%、7%、99%、0%，深绿色 CMYK 值为 89%、49%、100%、13%，选择“渐变工具”进行方向的调整，使荷叶表面有转折感，然后绘制圆形，进行渐变颜色的填充，设置渐变样式为“径向”。绘制叶颈，将叶颈调整到荷叶后面即可。如图 12-5 所示。

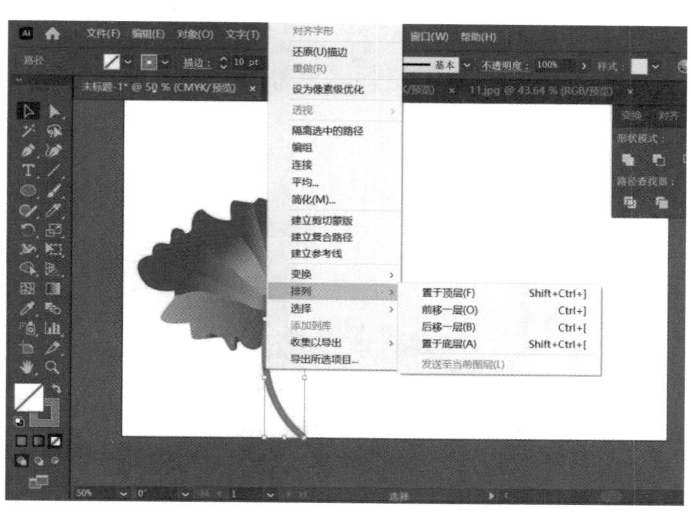

图 12-5

步骤 4：框选荷叶所有部分，进行编组，并镜像复制一个副本，调整大小。如图 12-6 所示。

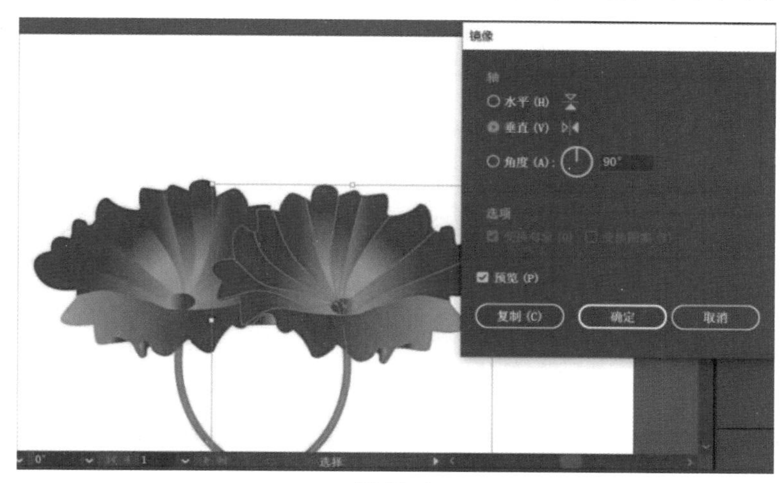

图 12-6

步骤 5：执行“效果→风格化→投影”命令，对“投影”面板的相应参数值进行设置，如图 12-7 所示。

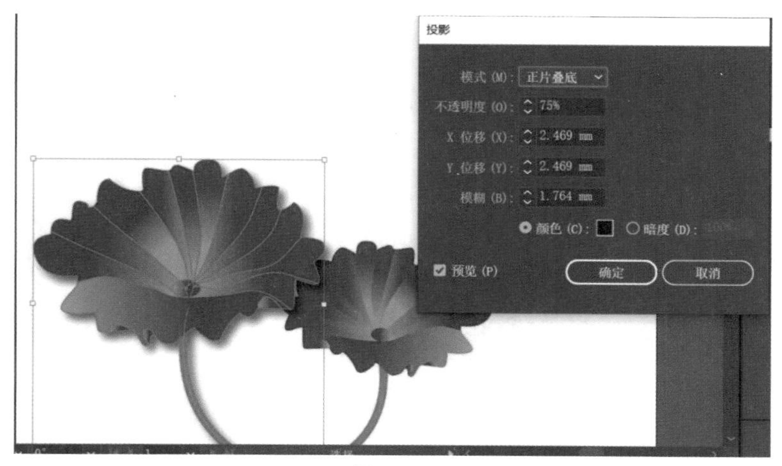

图 12-7

步骤 6：选择“钢笔工具”绘制荷花，填充渐变颜色，荷花的第一个颜色 CMYK 值为 7%、51%、21%、0%；另一个颜色 CMYK 值为 8%、95%、5%、0%，选择渐变类型为“线性渐变”，调整渐变方向至合适为止。如图 12-8 所示。

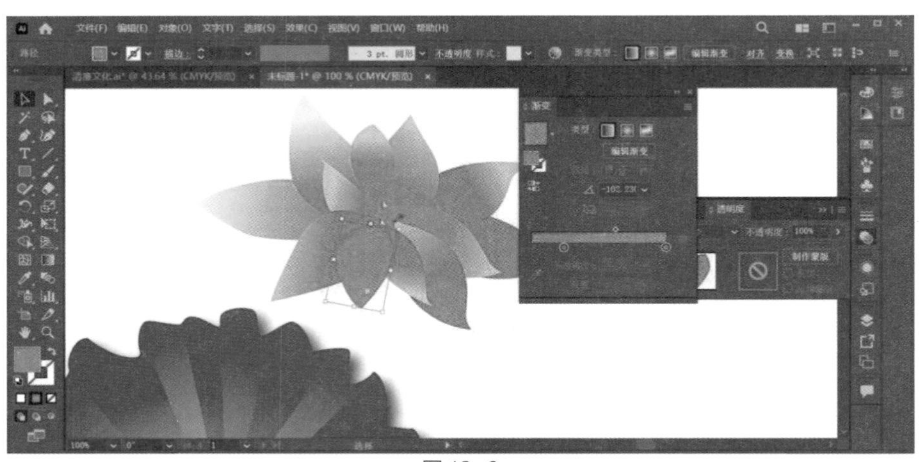

图 12-8

步骤 7：选择“画笔工具”，调整颜色为白色，在花瓣上进行自由拖动，绘制高光效果，在控制栏“变量宽度配置文件”选项里选择“宽度配置文件 1”。如图 12-9 所示。

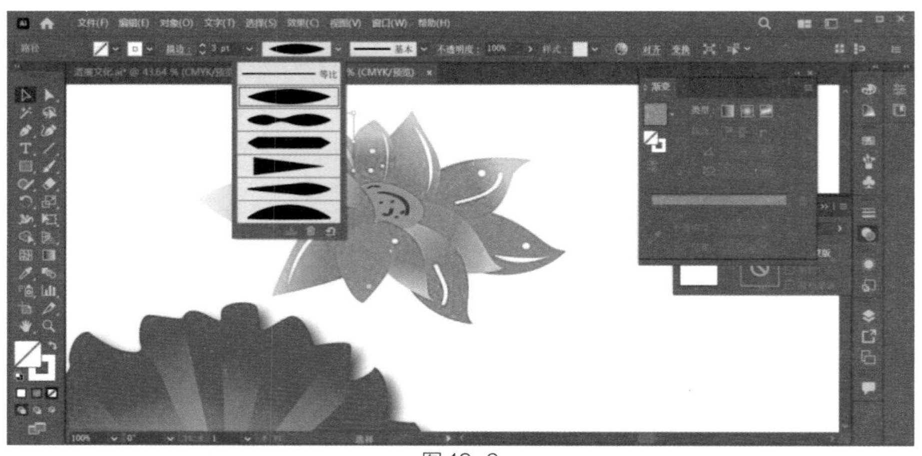

图 12-9

步骤 8：选择“矩形工具”绘制矩形，描边粗细为 1pt，选择“美工刀”工具将矩形切断，得到如图 12-10 效果。

图 12-10

步骤 9：输入文字“廉政”，选择字体为“腾祥铁山楷书简”，字号为“86pt”。输入文字“文化”，选择字体为“新蒂文征明简繁”，字号为“80pt”，输入剩下四段小文字。如图 12-11 所示。

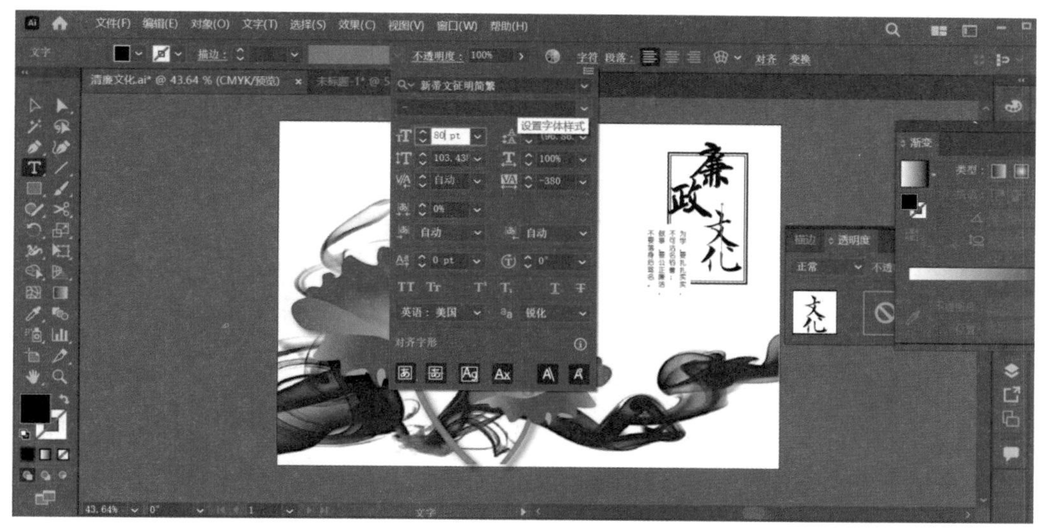

图 12-11

步骤 10：置入“水墨背景”位图，将位图置于底层，调整大小即可。如图 12-12 所示。

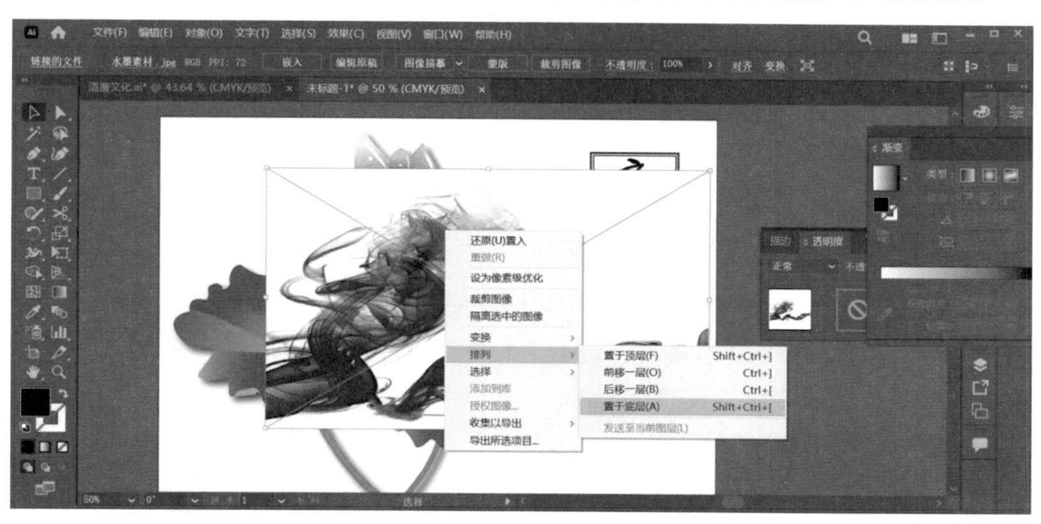

图 12-12

步骤 11：对局部位置和大小进行调整，得到最后效果图。如图 12-13 所示。

图 12-13

12.2 任务二：低碳环保绿色出行海报设计

学习目标

1. 主要学习“直线段工具”“弧形工具”“螺旋线工具”“矩形网格工具”“极坐标网格工具”的使用。

2.“路径查找器”面板中图形的布尔运算；“文字”工具组的使用；“描边”面板的使用；“美工刀”工具的使用。

3. 学习海报的创意、构图和排版。

任务描述

作品应突出主题，围绕“低碳环保、绿色出行”开始创作，展现文明交通的美好瞬间，响应低碳绿色的出行方式，作品要有视觉冲击力、视角新颖、辨识度高，可在不同环境、场所应用。

设计要求

1. 海报设计要贴近党政机关等公共机构领域，要富有创意、制作精良、构思巧妙、语言通俗质朴、形式多样，采用群众喜闻乐见的方式进行，用“小故事”阐述“大道理”，用“小切口”展现“大主题”。

2. 探索运用现代科技手段，为作品注入现代气息和时尚元素，可选取实景纪实、抽象表达、概念设计，提高作品的表现力和传播力。作品内容健康、具有正能量、有较好的传播力，作品不得违反中华人民共和国的相关法律法规。

任务准备

1. 硬件要求

一台足够运行 Illustrator 软件的电脑。

2. 实操要求

参考效果图如图 12-14 所示。

图 12-14

实施步骤

步骤 1：执行“文件→新建”（快捷键【Ctrl】+【N】）命令，出现“新建文档”面板，配置文件设置为“打印”，大小设置为“A4”，方向设置为“纵向”。

步骤 2：选择“矩形工具”，单击画板，调出“矩形”面板，设置高度和宽度分别为“210mm”和“297mm”。如图 12–15 所示。

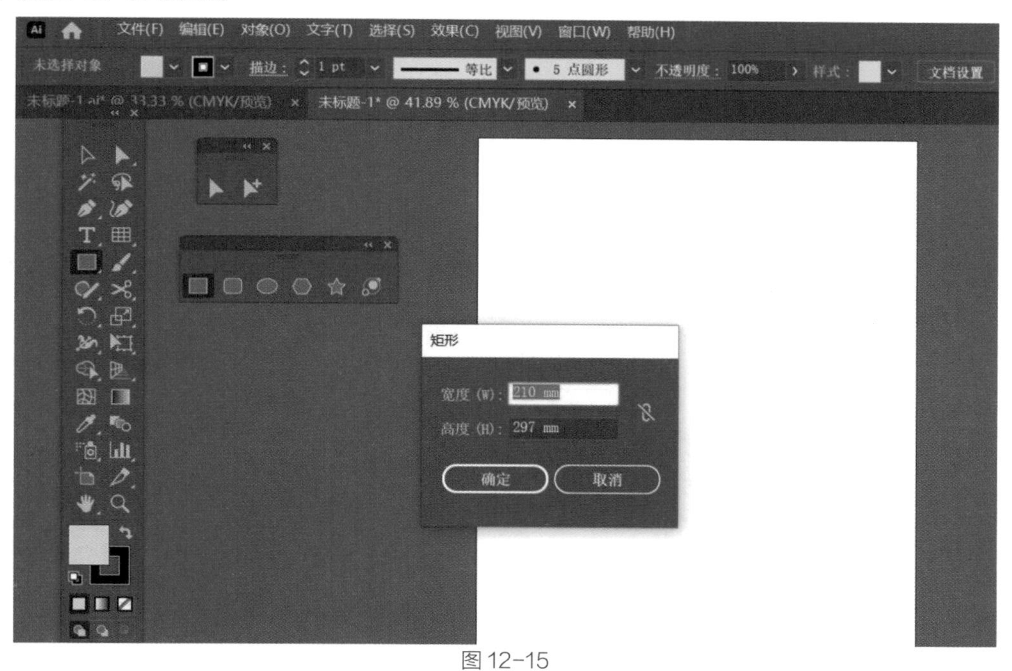

图 12–15

步骤 3：填充颜色设置为 #CEE7D3。如图 12–16 所示。然后执行“对象→锁定→所选对象”命令（快捷键【Ctrl】+【2】）进行背景的锁定。

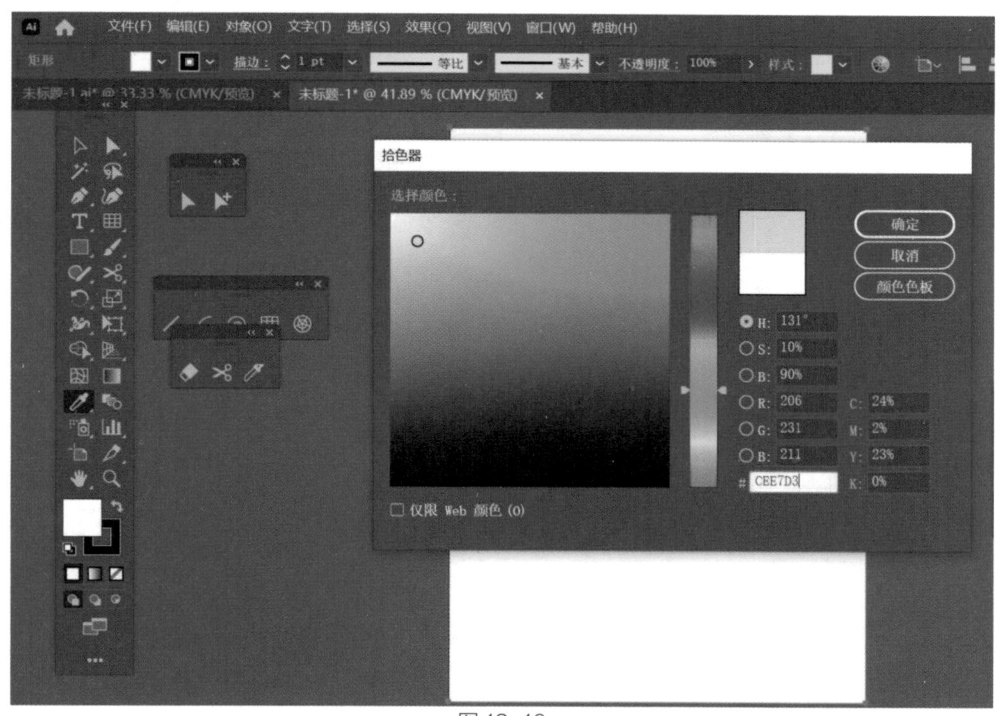

图 12–16

步骤 4：画一个椭圆，宽度和高度分别设置为“240mm”和“107mm”，再画一个矩形，同时选中这两个图形，打开“路径查找器”面板，点击“减去顶层”按钮，剪掉椭圆的下半部分。使用同样的方法剪掉椭圆右侧一部分，使它对齐到页面的底部和右部。如图 12–17 所示。

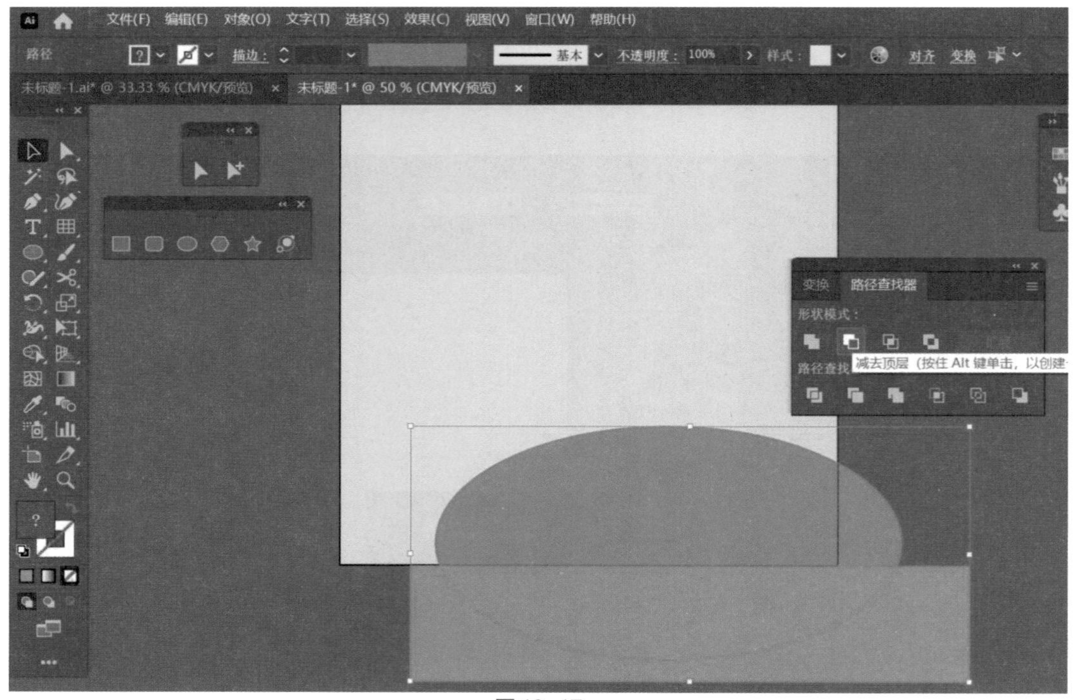

图 12–17

步骤 5：在修剪好的图形上单击鼠标右键，选择“变换”选项下的“镜像→垂直镜像”命令，然后点击“复制”，把复制出的图形对齐到画板的左侧，并置于下一层，填充颜色设置为 #00913A。如图 12–18 所示。

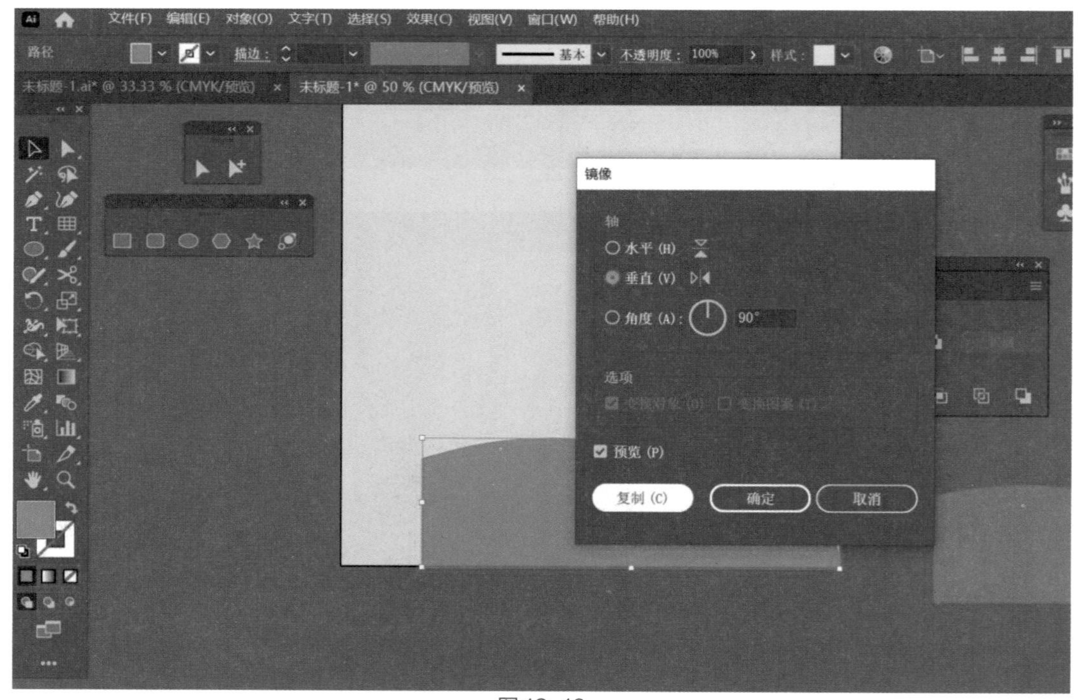

图 12–18

步骤 6：使用椭圆工具绘制树冠，然后选择直线工具组中的“直线段工具”，画一条垂直线，并与椭圆垂直居中对齐，然后打开“路径查找器”面板，单击“分割”按钮，分割后的图形处于编组状态，此时单击直接选择工具组里的“编组选择工具”，单击椭圆的左半部分，填充颜色设置为 #22AC38，右半部分填充颜色设置为 #22AC38。然后选择“移动工具”，按住【Alt】键拖动鼠标，分别复制出另外两个树冠。如图 12-19 所示。

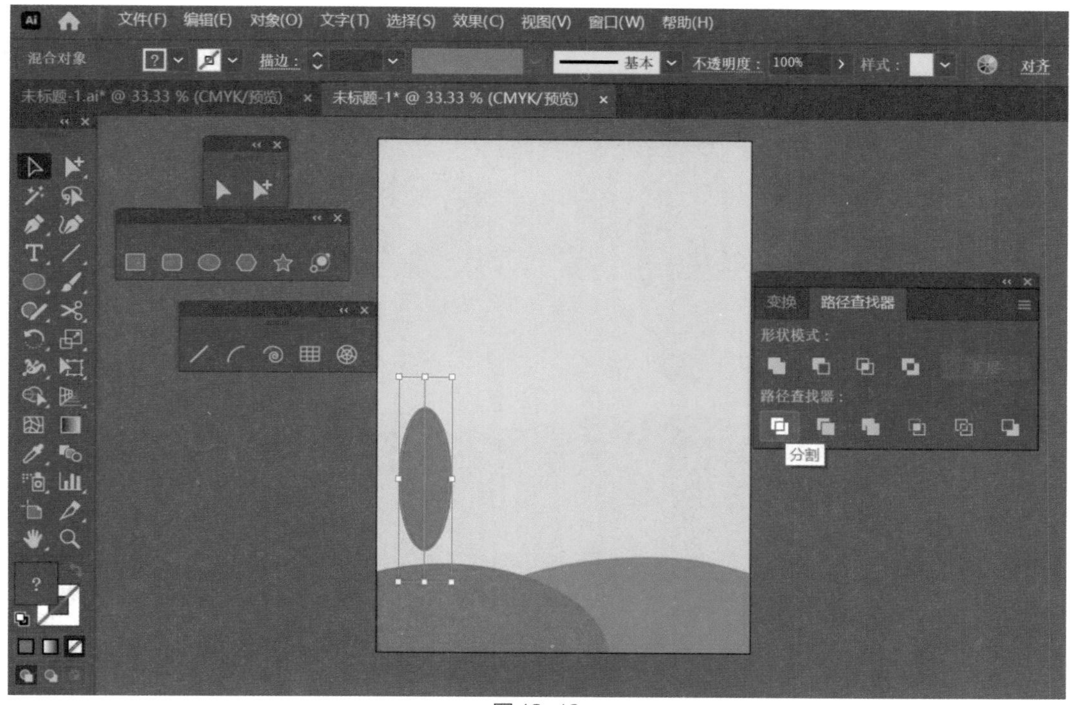

图 12-19

步骤 7：利用工具箱中的“直线段工具”绘制树干，绘制过程中可以按住【Shift】键，保持直线的垂直方向，然后打开“描边”面板，粗细设置为“6pt”，端点设置为“圆头端点”，直线的颜色值为 #40220F。用同样的方法绘制其他树干。如图 12-20 所示。

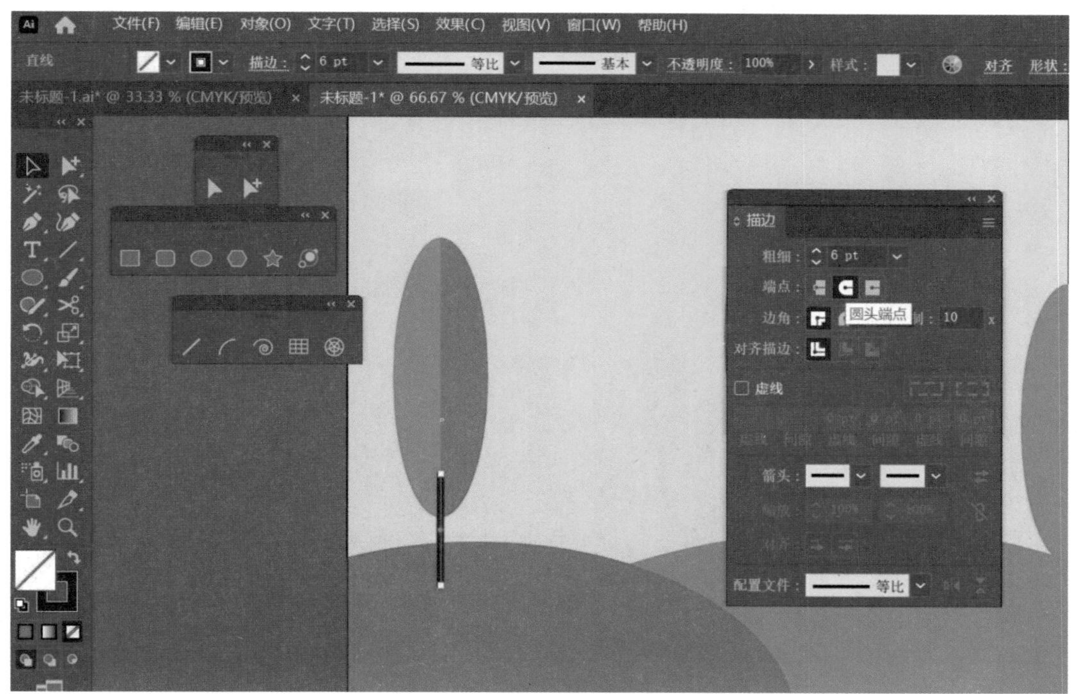

图 12-20

步骤 8：用同样的方法绘制其他两棵树，并在控制栏中设置不透明度为“50%”。如图 12-21 所示。

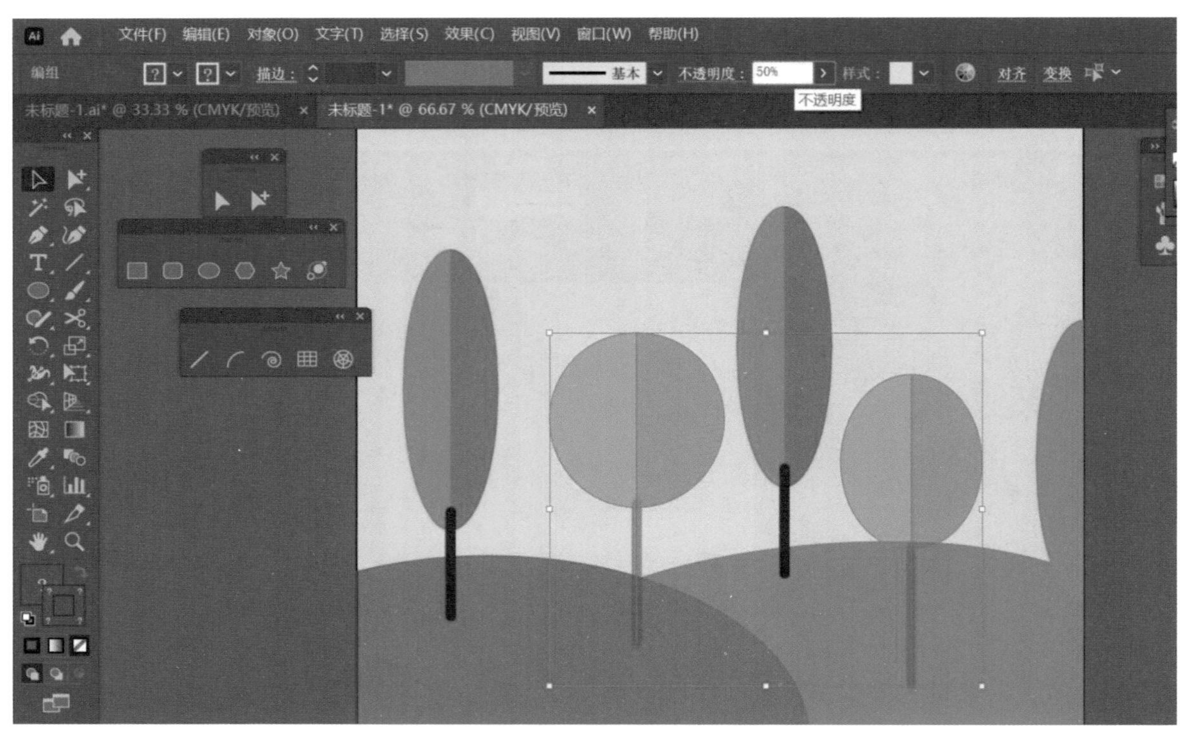

图 12-21

步骤 9：使用椭圆工具绘制太阳，然后选择线形工具组中的“极坐标网格工具”，设置宽度和高度均为“66mm”，同心圆分隔线的数量设置为“1”，倾斜设置为“– 210%”，径向分隔线的数量设置为“6”。如图 12-22 所示。

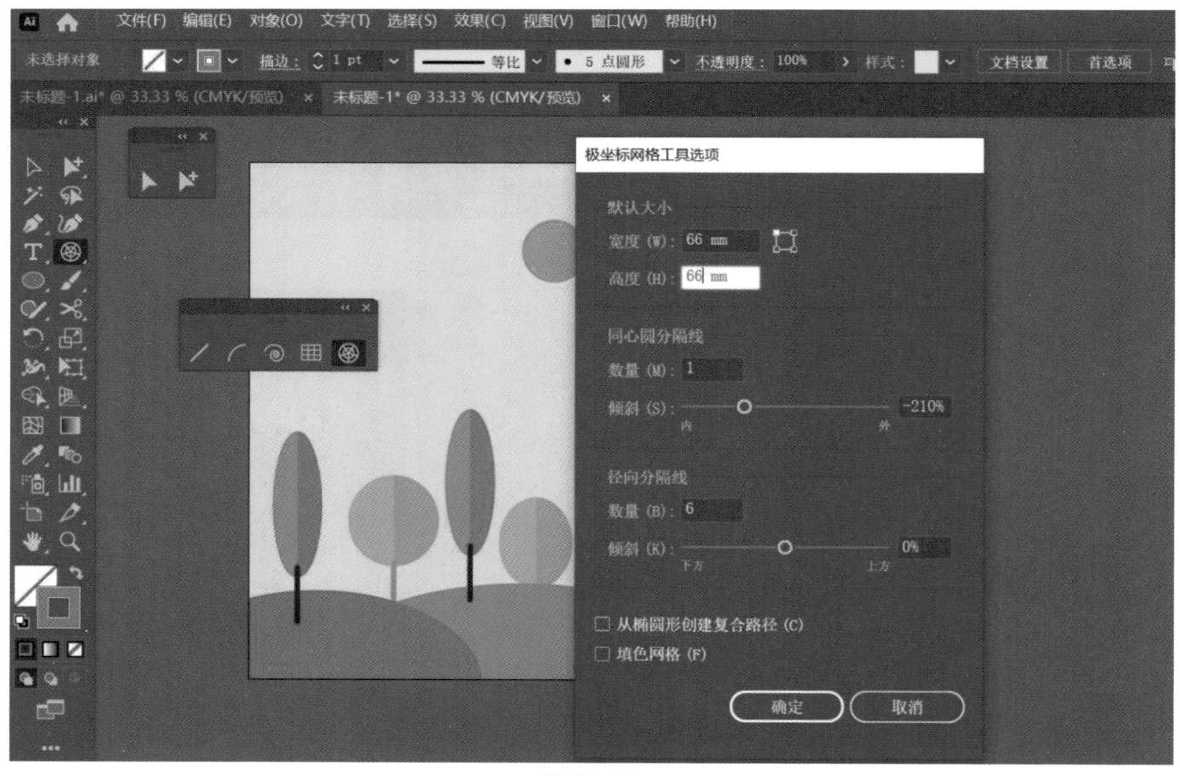

图 12-22

步骤 10：选中图形，在控制栏中设置描边粗细为“3pt”，然后选择“编组选择工具”，选中图形的圆形部分，设置描边粗细为“16pt”。如图 12-23 所示。

图 12-23

步骤 11：绘制圆形，设置描边色为黑色，描边宽度为“10pt”，打开“描边”面板，在对齐描边中设置为“使描边外侧对齐”。车轮绘制完成，如图 12-24 所示。

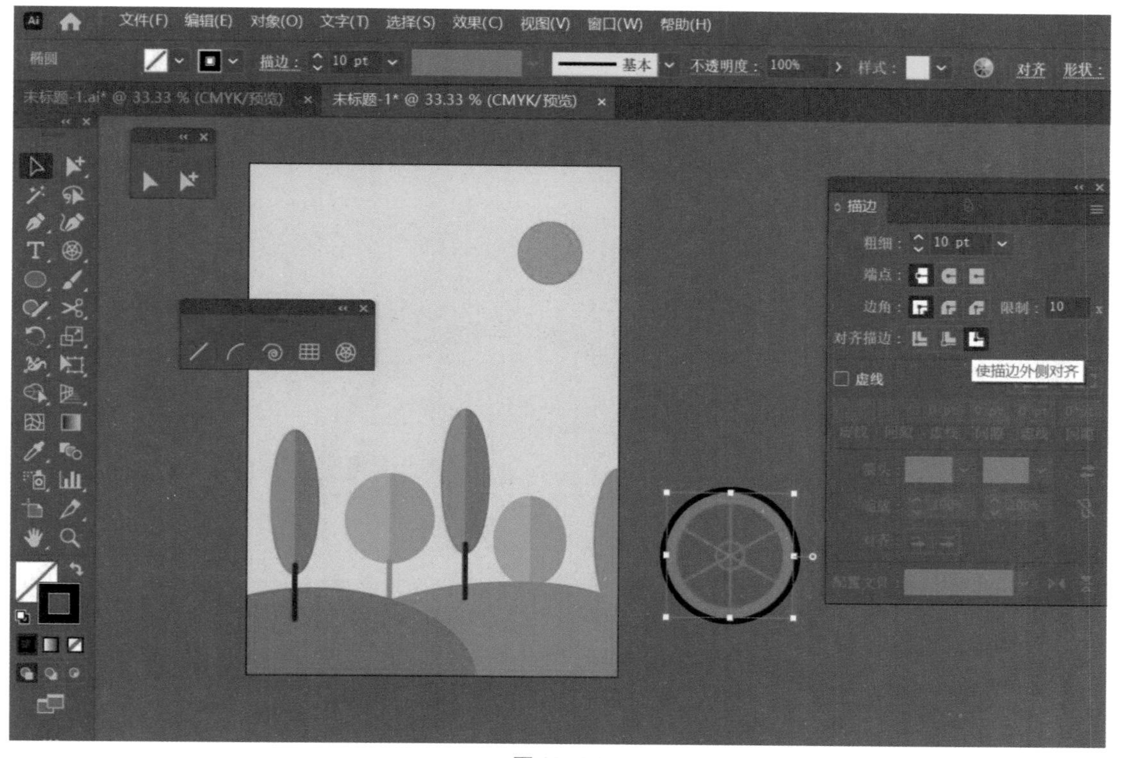

图 12-24

步骤 12：复制车轮，再次使用极坐标网格工具绘制车轴，宽度和高度均设置为“16mm”，数量设置为“1”，倾斜设置为“－210%”，径向分隔线的“数量”设置为“6”，描边宽度设置为 5.341pt，画出齿轮效果，齿轮大小看比例而定即可。如图 12-25 所示。

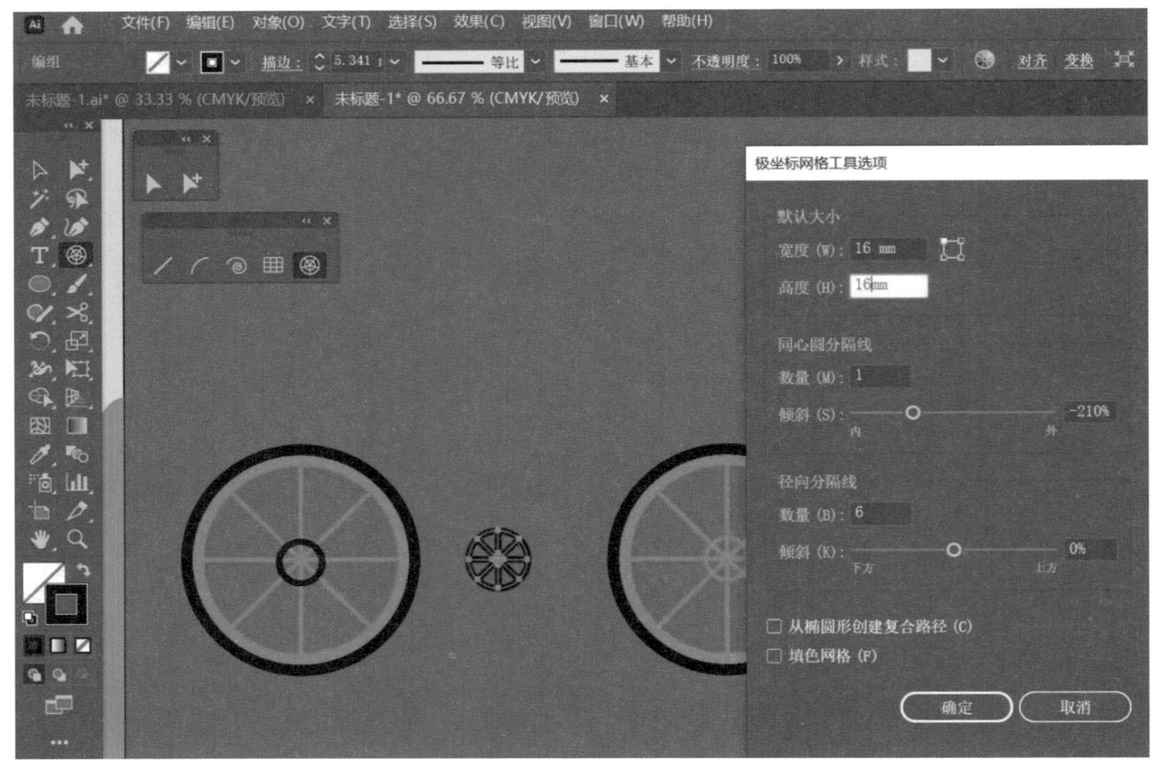

图 12-25

步骤 13：选择“圆角矩形工具”，在拖动鼠标绘制过程中，可以按【 ↑ 】键增加圆度到最大极限，然后使用直接选择工具，选择圆角矩形的两个锚点，分别向上、向下移动，增加描边宽度到对齐到圆形外侧。如图 12-26 所示。

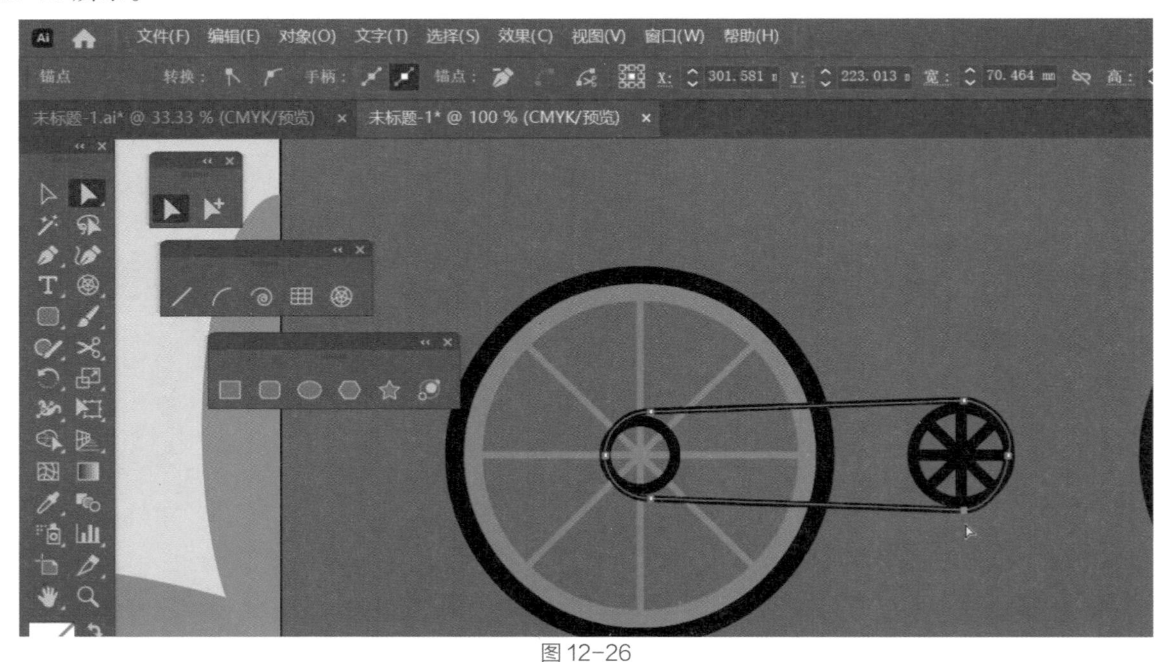

图 12-26

步骤 14：使用直线段工具绘制自行车框架，调整“描边”面板的端点为“圆头端点”。如图 12-27 所示。

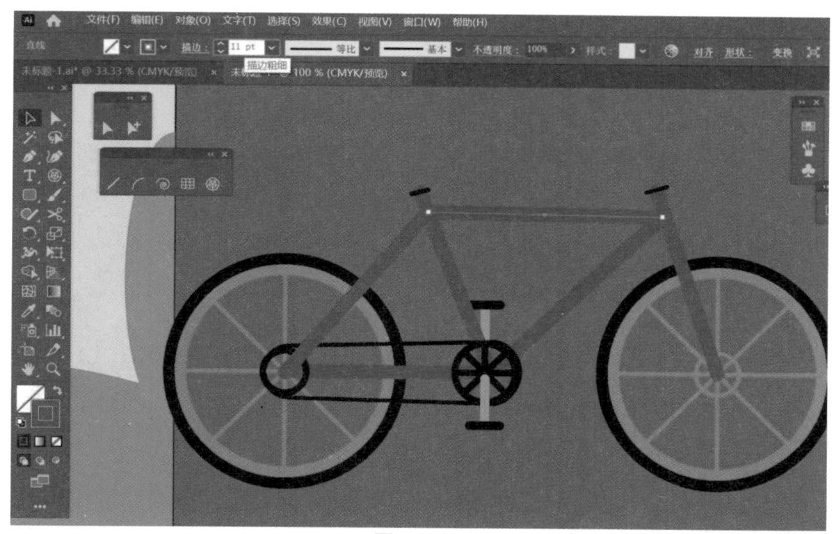

图 12-27

步骤 15：使用钢笔工具绘制车把，调整转角为圆角，绘制正圆，删除左侧锚点，得到半圆效果。如图 12-28 所示。

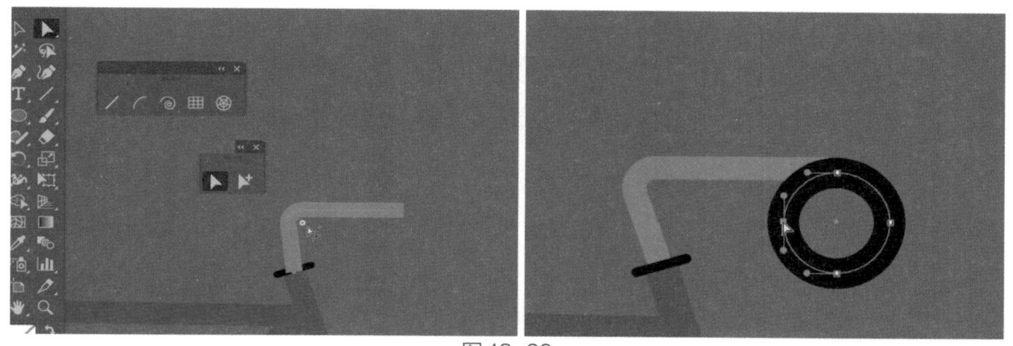

图 12-28

步骤 16：选择“矩形网格工具”，宽度设置为“108mm”，高度设置为“58mm”，水平分隔线的数量设置为“3”，垂直分隔线的数量设置为“7”，打开“描边”面板，勾选“虚线”，并在画板选择红色。如图 12-29 所示。

图 12-29

步骤 17：输入“低碳环保 绿色出行”文字，设置字体为“文鼎特粗黑简”，字号设置为“69pt”，行距设置为“82pt”，字距设置为“80”，修改“低碳环保”字体颜色的 CMYK 值为 82%、27%、100%、0%，设置“绿色出行”字体颜色的 CMYK 值为 89%、49%、100%、13%。如图 12-30 所示。

图 12-30

步骤 18：利用两个椭圆的交集，得到叶子效果，并进行复制和颜色的填充。如图 12-31 所示。

图 12-31

步骤 19：选择“圆角矩形工具”，将圆角值调整为最大，选择“美工刀”工具将路径剪断，将剪断路径复制并做镜像效果，将两个端点进行“连接”，使其成为一个整体。如图 12-32 所示。

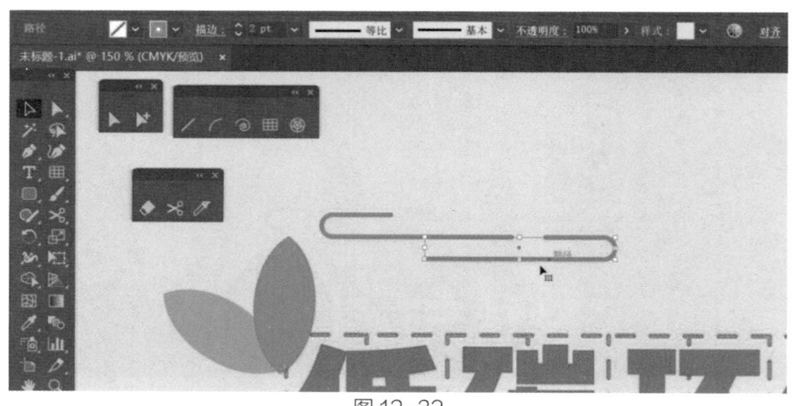

图 12-32

步骤 20：输入文字“节 / 能 / 我 / 行 / 动 / 低 / 碳 / 新 / 生 / 活”，字体设置为“华文细黑”，字号设置为“18pt”，字距设置为“720”。如图 12-33 所示。

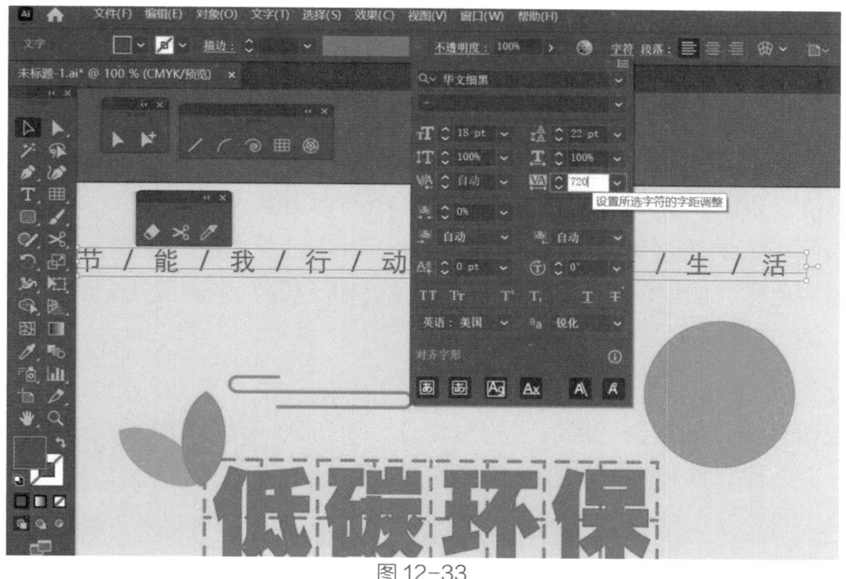

图 12-33

步骤 21：选择“螺旋线工具”，绘制螺旋线，然后绘制直线，得到小花的效果，对小花进行复制、旋转方向、缩放大小和调整透明度等操作。最终效果如图 12-34 所示。

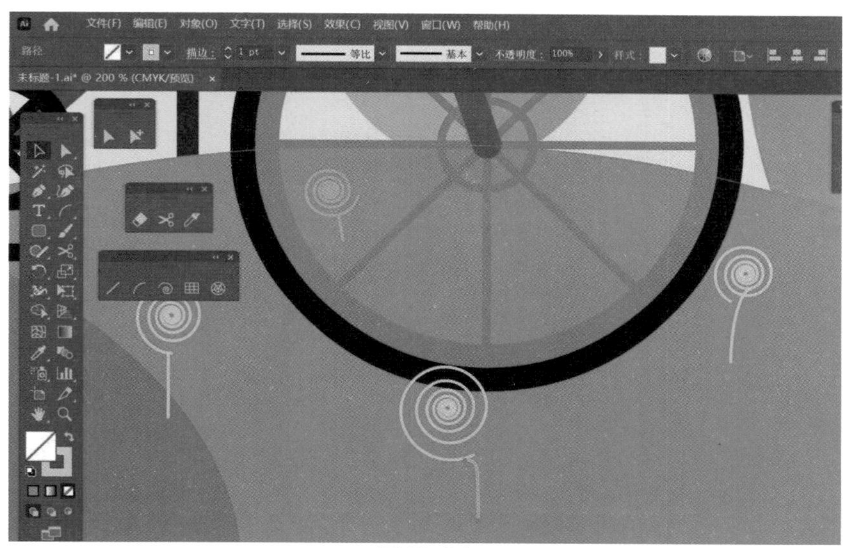

图 12-34

12.3 任务三：七波辉六一促销海报设计

学习目标

1. 重点学习画笔的使用和创建。
2. 熟悉符号工具组和符号库的使用。
3. 路径的偏移。

4.“钢笔工具”的使用。

5.“文字工具”的使用。

6. 海报的创意方法和排版技巧。

任务描述

1. 儿童节海报的主题应该突出“儿童”的特点，围绕着孩子们的天真、欢乐和活力来展示，如可以以孩子们喜欢的动物群落、乐园、游戏场等为创意灵感，来设计海报。

2. 儿童节海报最吸引人的莫过于缤纷的色彩。因此，海报必须在色彩搭配上下功夫，需要选择明亮、鲜艳、活泼、有童趣的色彩，如红色、蓝色、绿色、黄色、橙色等，来表现儿童的天真活泼和快乐。

设计要求

七波辉品牌海报设计要以独居创意的海报构思设计，营造六一儿童节的欢乐气氛，赢得儿童喜爱，促进儿童商品的销售，进而建立良好的企业形象，增强品牌势能。

任务准备

1. 硬件要求

一台足够运行 Illustrator 软件的电脑。

2. 实操要求

参考效果图如图 12–35 所示。

图 12–35

实施步骤

步骤 1：新建文件，画板大小设置这“A4”，创建矩形，长和宽分别设置为“210mm”和“297mm”，填充颜色设置为 #51BCB2。创建另一个矩形，长和宽分别设置为“210mm”和“29mm”，填充颜色为白色，设置不透明度的值“28%”。然后框选两个图形，按住【Ctrl】+【2】组合键锁定背景。如图 12–36 所示。

图 12-36

步骤 2：选择“椭圆工具”，单击画板，调出“椭圆”面板，输入宽度和高度的值均为“140mm”，填充颜色设置为 #FAFAE2。绘制矩形，长和宽分别设置为“31mm”和“74mm”，然后选择“直接选择工具”，选中矩形下面两个锚点，向左移动，对齐到圆形的左侧。然后框选圆形和矩形，打开“路径查找器”面板，点击“联集”按钮，两者即结合为一个整体。数字“6”绘制完毕，如图 12-37 所示。

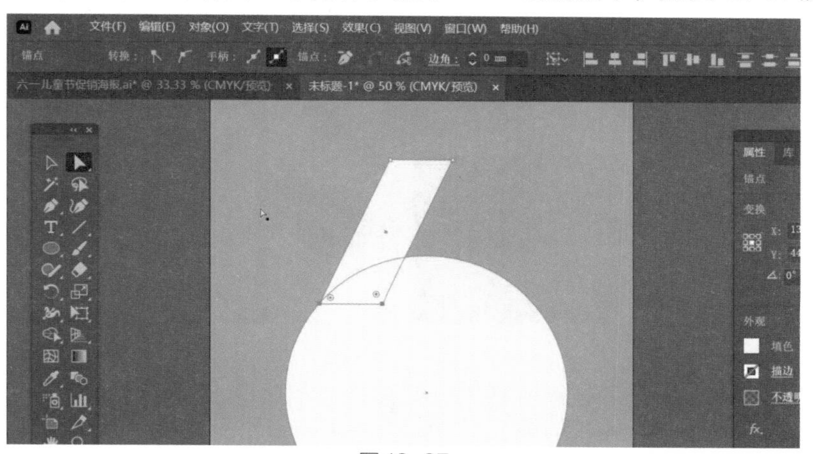

图 12-37

步骤 3：绘制矩形，长和宽均设置为“36mm”，按住【Shift】键将矩形旋转 45°，然后使用直接选择工具选中最左侧锚点，按【Delete】键删除，然后调整圆角为 5mm，描边宽度为 9.843mm，在“描边”面板中设置端点为“圆头端点”。如图 12-38 所示。

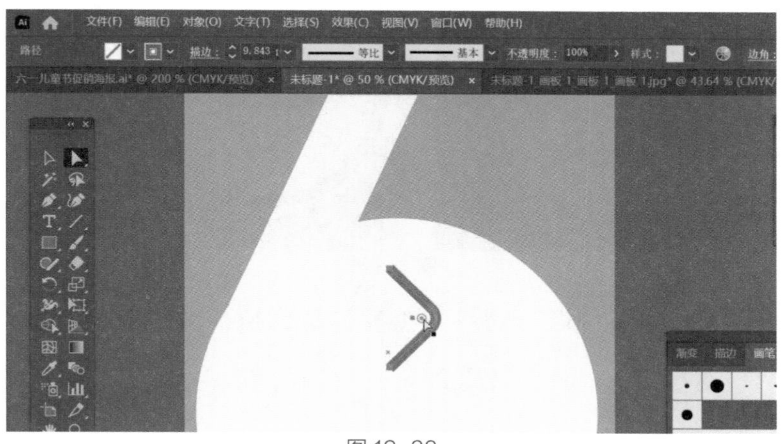

图 12-38

步骤 4：在线条两个端点分别绘制两个正圆，并放在线条下一层，然后复制线条，同时选中两端线条，执行“对象→扩展”命令，使描边变为图形。绘制一个矩形框，选择“形状生成器工具”，按住【Alt】键，在要删掉的图形上拖动鼠标删除多余部分即可。如图 12–39 所示。

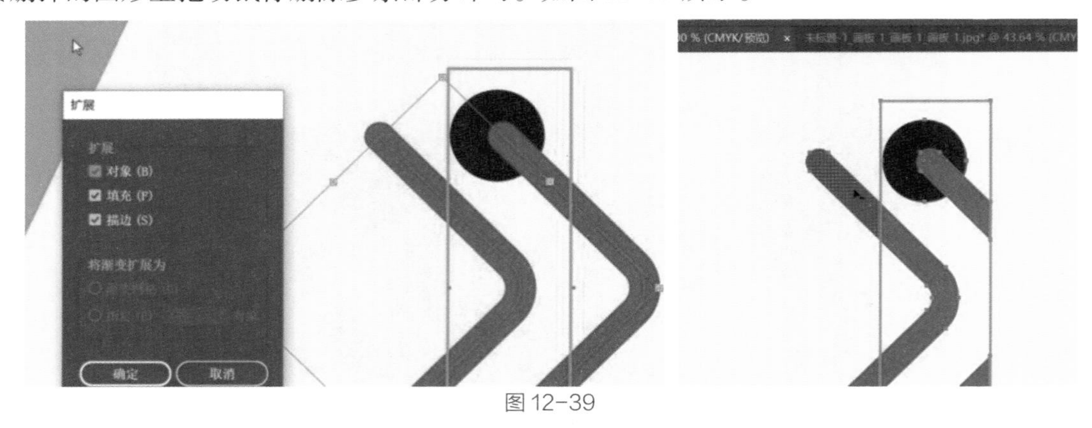

图 12–39

步骤 5：框选所有图形，打开新建“画笔”面板，新建图案画笔，参数设置如图 12–40 所示。

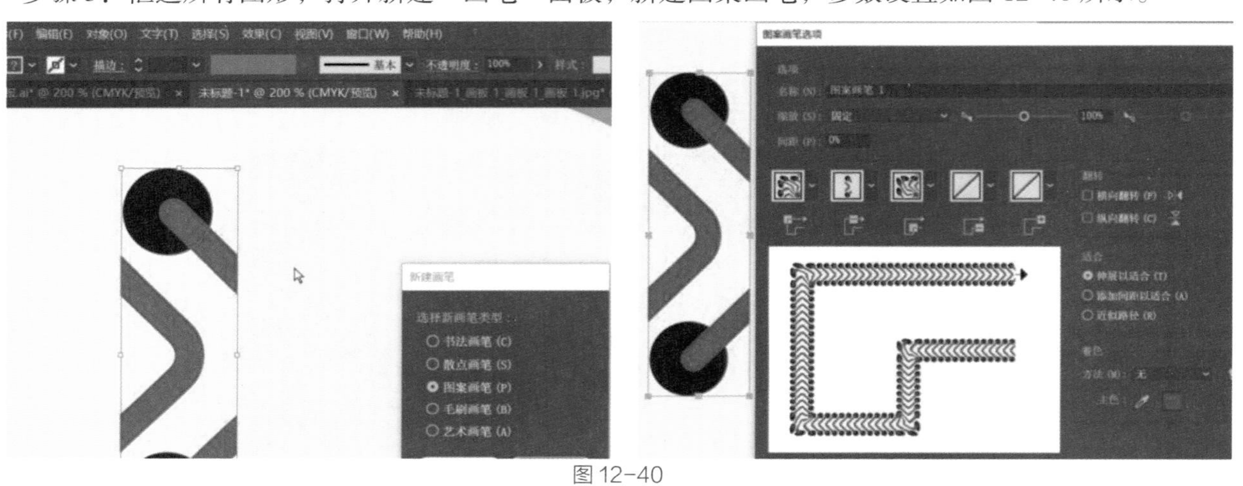

图 12–40

步骤 6：选中图形“6”，执行“对象→路径→偏移路径”命令，设置位移值为“5mm”，选择创建的图案画笔，双击图案画笔，进行画笔的缩放调整，调至比例适合即可。如图 12–41 所示。

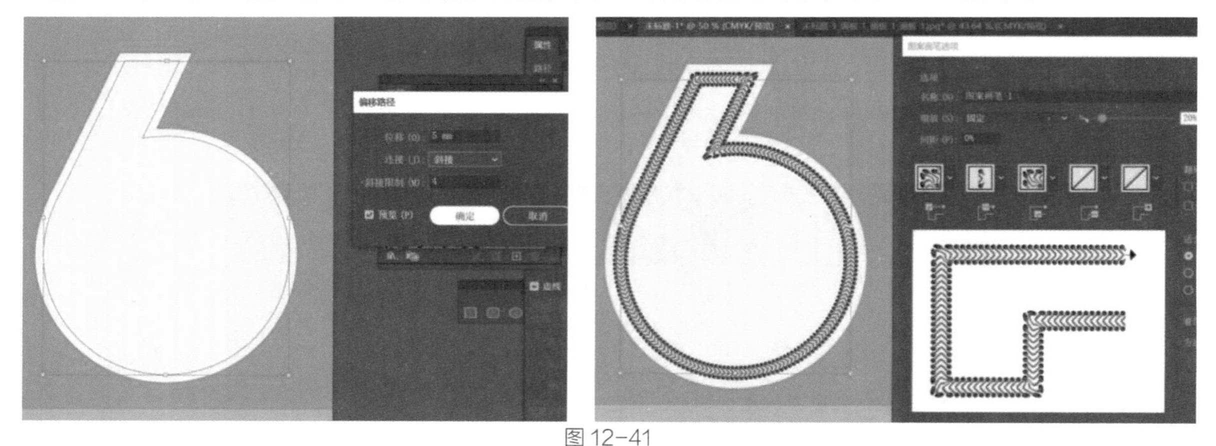

图 12–41

步骤 7：选中已经偏移的图形“6”，再一次偏移同样的值，设置颜色的 CMYK 值为 12%、62%、87%、40%。如图 12–42 所示。

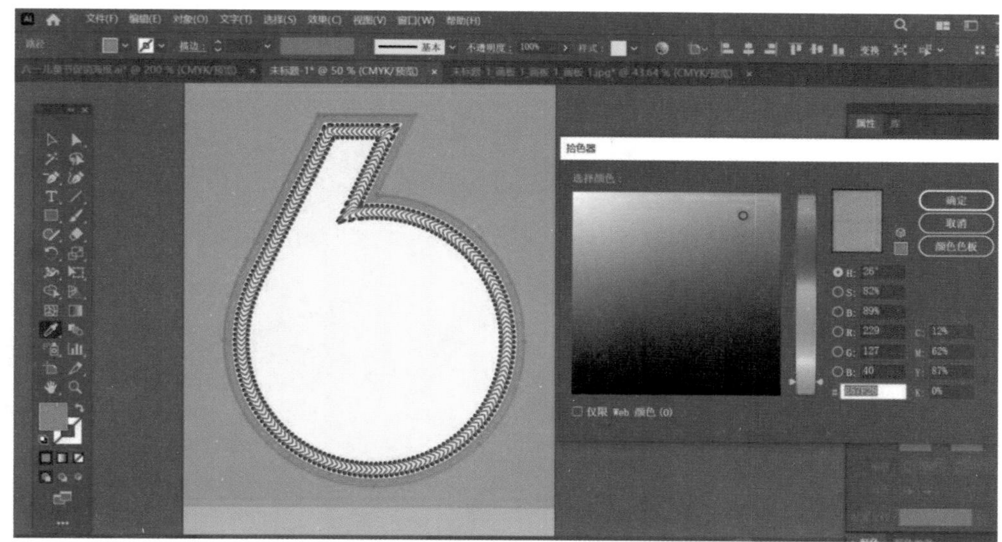

图 12-42

步骤 8：使用钢笔工具绘制“6”的投影造型，设置颜色的 CMYK 值为 12%、62%、87%、40%。然后将第二个色标的透明度降低为 0%，选择“渐变工具”进行方向的调整。如图 12-43 所示。

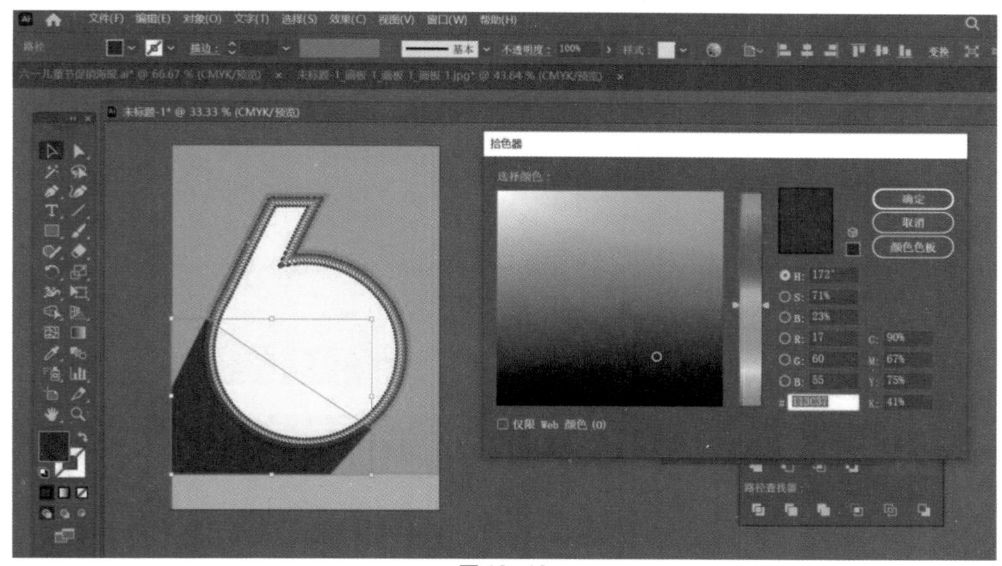

图 12-43

步骤 9：绘制正圆，删除一个锚点，得到半圆效果，并将描边设置为虚线。使用钢笔工具绘制“小飞机”效果，在图形“6”中输入相应文字。如图 12-44 所示。

图 12-44

步骤 10：打开画笔库中的“装饰→装饰 _ 散布”面板，沿着图形“6”的边缘绘制路径，选择“装饰 _ 散布”面板中的“气泡”画笔效果，也可以直接拖动气泡到页面中，得到如图 12–45 效果。

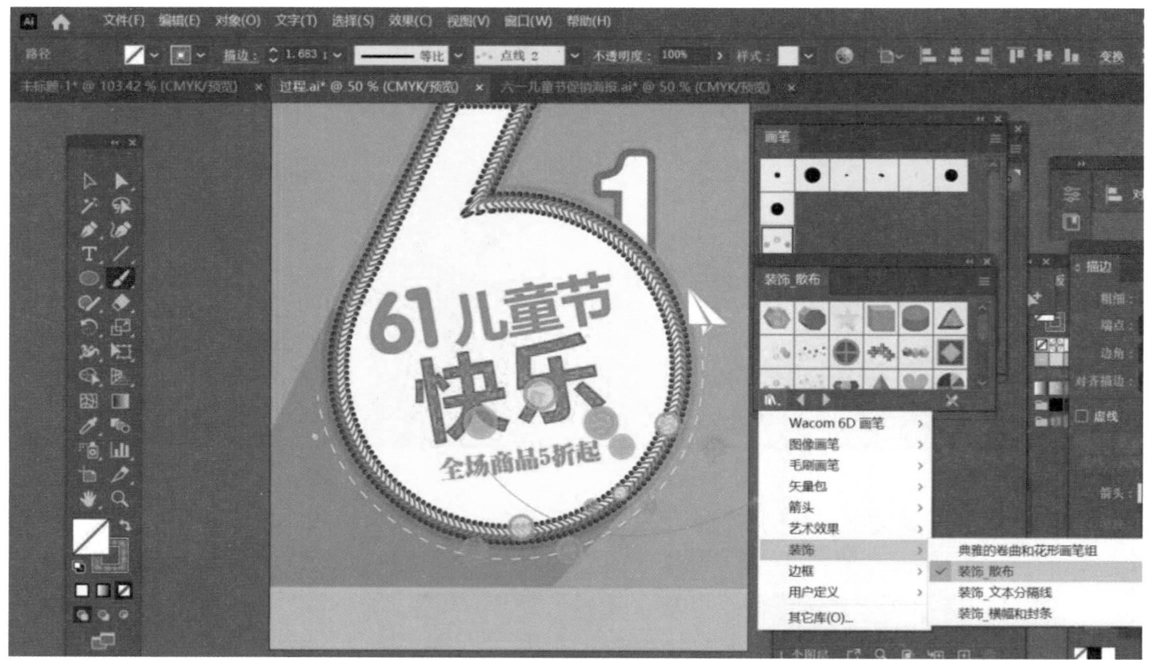

图 12–45

步骤 11：打开画笔库中的“装饰→装饰 _ 散布”面板，直接拖动“点线”“点环”和“五彩纸屑”符号到页面中进行点缀装饰，得到如图 12–46 效果。对于大小不合适的画笔头，可以双击相应画笔进入“散点画笔选项”面板进行详细参数的修改。

图 12–46

步骤 12：打开“七波辉”标志，排在海报左上角，输入文字“50% off”，调整相应文字大小，凸显重点信息，输入“梦想启航　童心飞扬——致童真的你”。如图 12–47 所示。

图 12-47

步骤 13：打开“二维码”图形，使用椭圆工具绘制正圆，选择正圆最下面的锚点，使其向下移动，得到“定位符号”。打开“符号”面板的“符号库菜单”中的“地图”选项，找到“电话”符号，拖到画板上进行排版，得到如 12-48 图效果。

图 12-48

步骤 14：输入具体地址信息得到最终效果。如图 12-49 所示。

图 12-49

12.4 任务四：喜迎二十大、推广普通话海报设计

学习目标

1. 学习文字工具、吸管工具、路径查找器面板等的使用。
2. 学习公益海报的创意方法和构成法则。

任务描述

公益海报为大众传递信息，却不以盈利为目的，只是为引发大众对某些社会热点、公益事件的关注，并服务于社会。公益海报的作用在于唤起公众的社会意识，对一些社会行为起到促进作用。经国务院批准，自 1998 年起，每年 9 月第三周为全国推广普通话宣传周（简称推普周）。2022 年 9 月 12 日至 18 日举办了第 25 届全国推广普通话宣传周，本届活动主题为“推广普通话，喜迎二十大”。

设计要求

海报创意设计要体现国家通用语言文字在夯实终身发展基础、帮助个人成长成才、铸牢中华民族共同体意识等方面的重要作用。

任务准备

1. 硬件要求

一台足够运行 Illustrator 软件的电脑。

2. 实操要求

参考效果图如图 12-50。

图 12-50

实施步骤

步骤 1：新建文件，执行“文件→新建”命令（快捷键【Ctrl】+【N】）后，出现“新建文档”面板，在此面板中设置文件的大小为“A4”，单位设置为“毫米”，出血设置为“1mm”，点击“创建”按钮，然后执行“选择文件→置入→红色背景图 -01”操作。如图 12-51 所示。

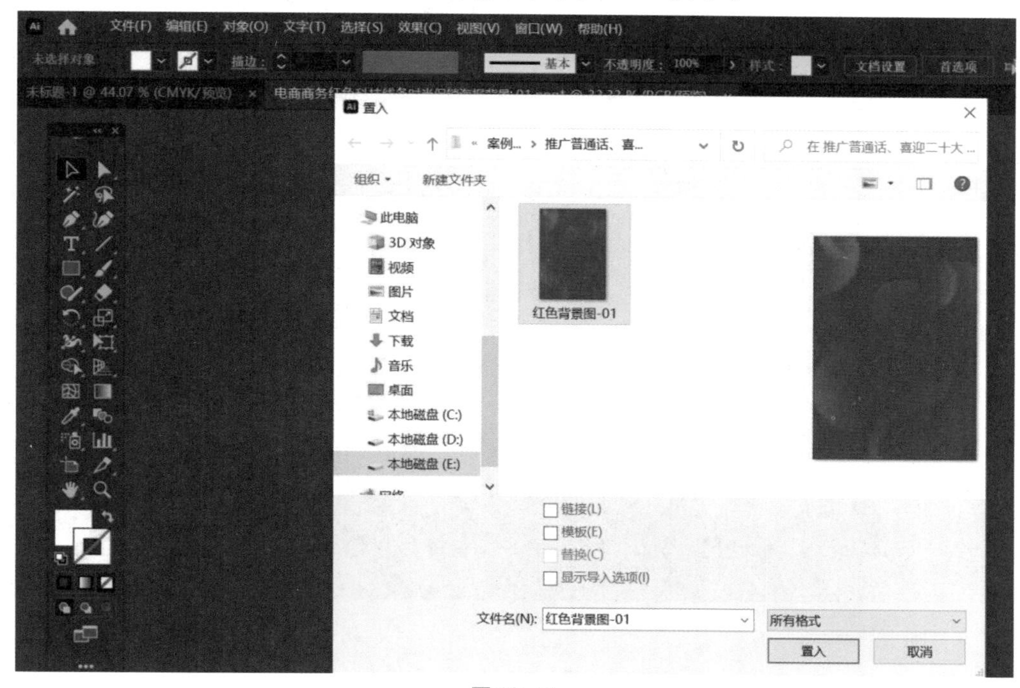

图 12-51

步骤 2：创建 A4 大小矩形，设置颜色的 CMYK 值分别为 7%、95%、89%、0%，设置“不透明度”为“53%”，同时锁定两个背景对象。如图 12-52 所示。

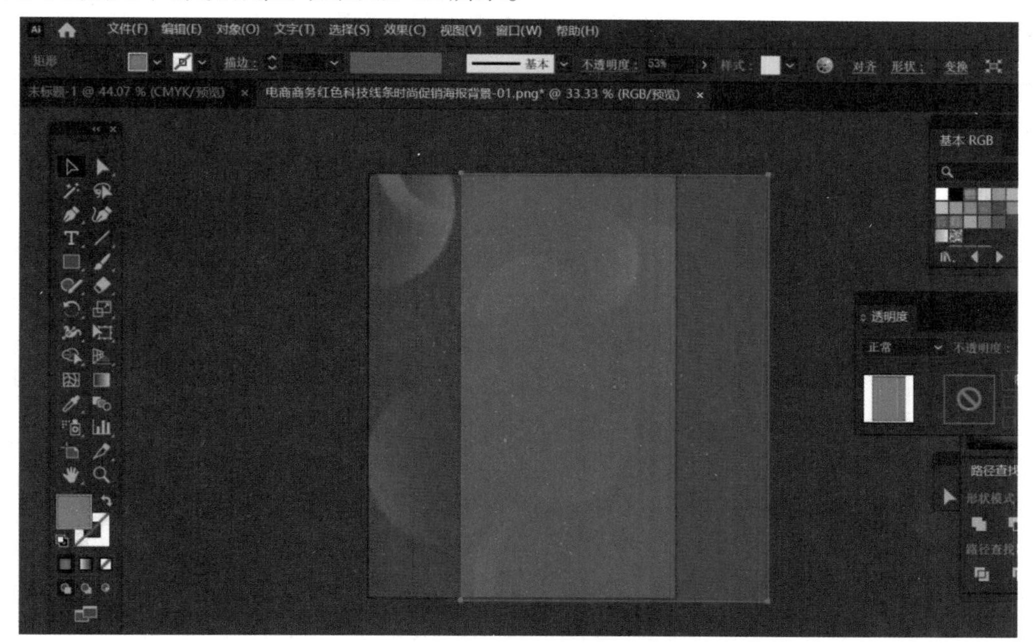

图 12-52

步骤 3：使用椭圆工具绘制一个椭圆，宽度和高度分别设置为 147mm 和 132 mm，设置椭圆轮廓 CMYK 值分别为 50%、100%、0%、0%，描边宽度为 2pt，然后选择“剪刀工具”在椭圆顶点剪开，在椭圆右象限点单击，使椭圆断开为两条曲线，然后选中两条曲线在控制栏设置“变量宽度配置文件”并选择“宽度配置文件 1”，使曲线有粗细变化。如图 12–53 所示。

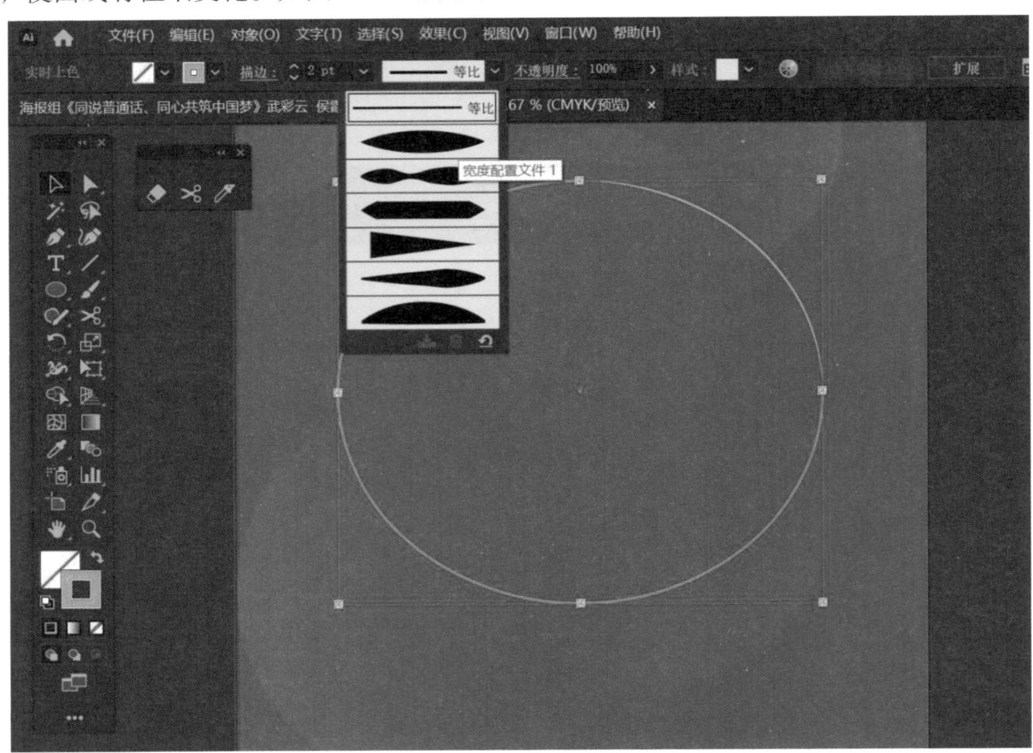

图 12–53

步骤 4：使用椭圆工具绘制正圆，并进行复制，然后在“路径查找器”面板下点击“交集”按钮，使用同样方法绘制两个正圆，再进行“减去顶层”操作，得到一个月牙形，对月牙形进行镜像复制，得到如图 12–54 所示效果后，再进行“联集”操作。

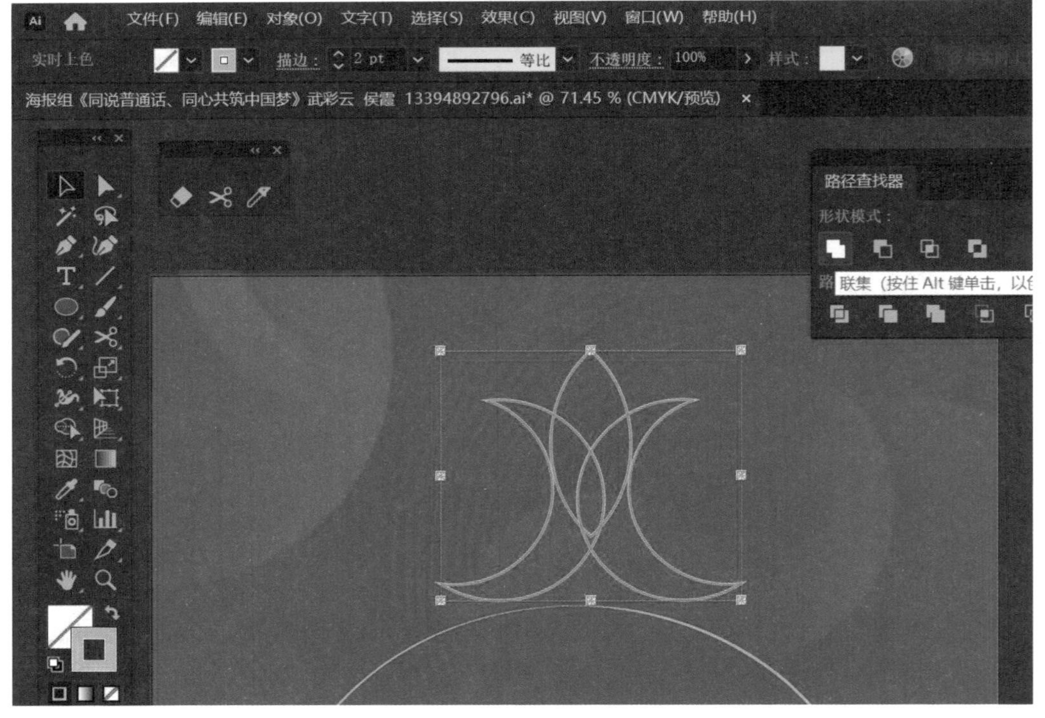

图 12–54

步骤 5：使用剪刀工具对图形进行剪切，可得到石榴顶部造型。如图 12–55 所示。

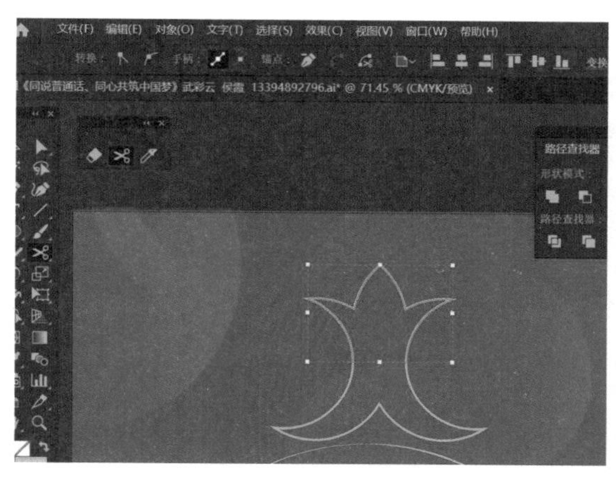

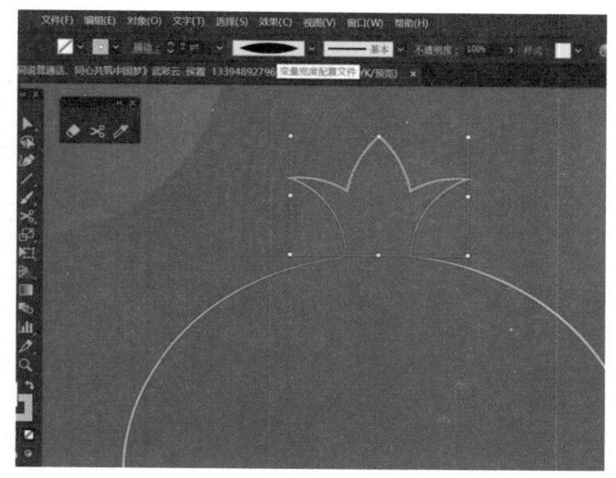

图 12-55

步骤 6：使用钢笔工具绘制石榴叶子，绘制过程可以通过【Ctrl】键调整锚点位置，通过【Alt】键调整滑杆。叶子绘制好后，填充颜色的 CMYK 值分别为 50%、100%、0%、0%。如图 12-56 所示。

图 12-56

步骤 7：复制 Word 文档中的文字内容，粘贴到画板中，对于石榴顶端的文字，可以依石榴边界使用钢笔工具创建一个区域，将文字粘贴到该区域里，得到区域文字效果。设置文字字体为“方正兰亭特黑 _GBK”，大小为 10mm 和 5mm，做到文字层次拉开，重点信息突出显示即可。颜色的层次也要根据文案中得重点层次拉开，黄色的 CMYK 值分别为 0%、50%、100%、0%，浅黄色的 CMYK 值分别为 5%、32%、50%、0%。如图 12-57 所示。

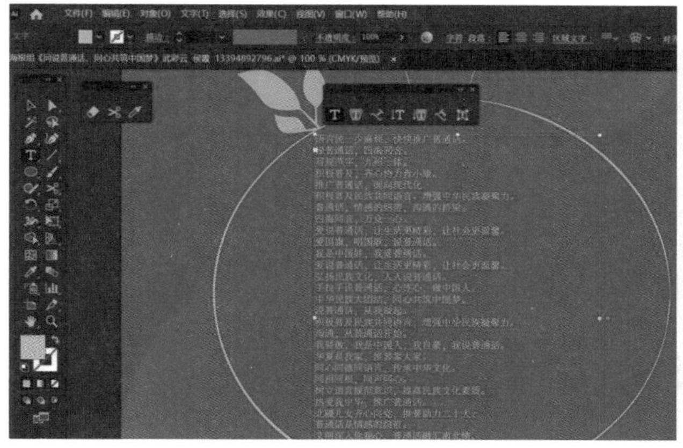

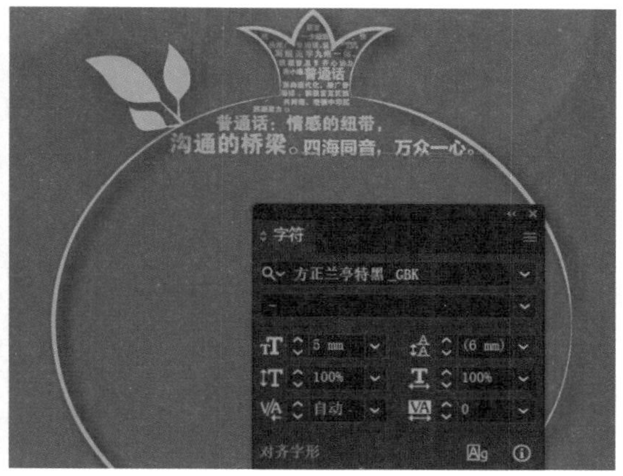

图 12-57

步骤 8：输入文字“推广普通话　喜迎二十大”，字体设置为“幼圆”，字号设置为“12.2806mm”，颜色的 CMYK 值分别为 3%、8%、29%、0%。如图 12–58 所示。

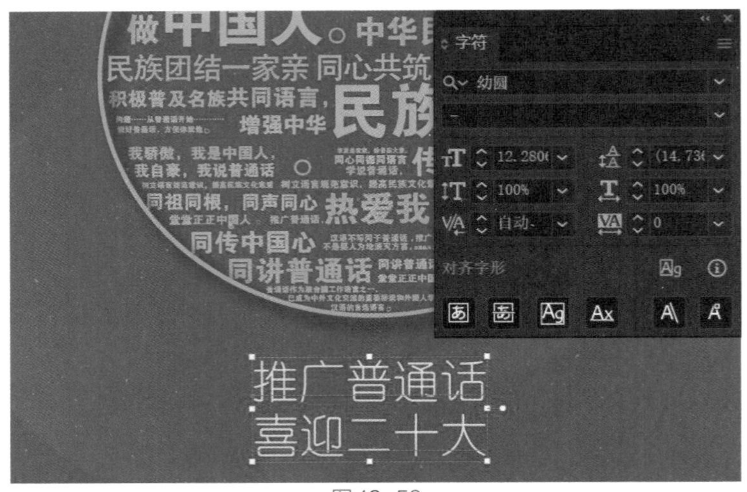

图 12–58

步骤 9：输入文字“全 / 国 / 各 / 族 / 人 / 民 / 像 / 石 / 榴 / 籽 / 一 / 样 / 紧 / 紧 / 抱 / 在 / 一 / 起”，字体设置为“腾祥沁圆简 –W3”，字号设置为 4.23333mm，颜色的 CMYK 值分别为 0%、50%、100%、0%。如图 12–59 所示。

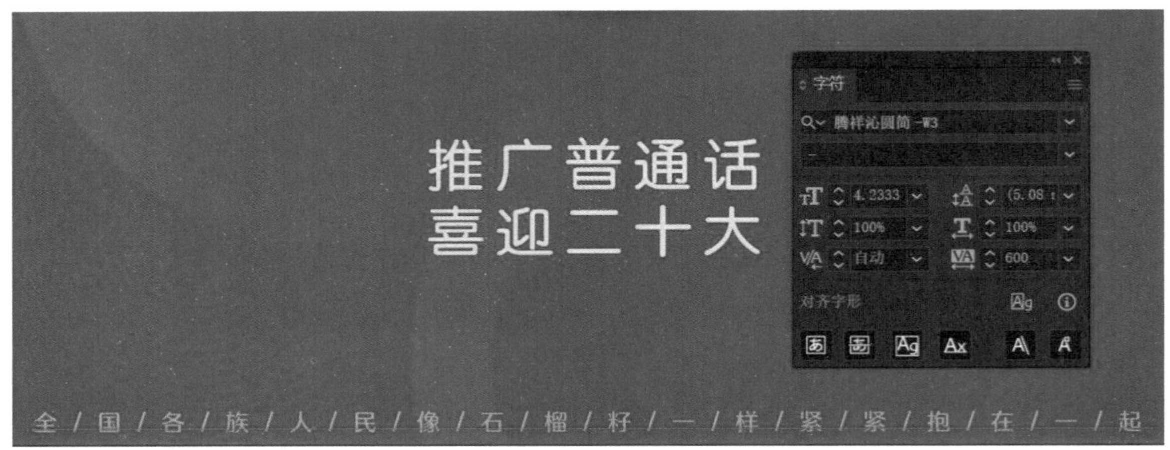

图 12–59

步骤 10：对海报左上角进行排版，输入“第 25 届”，字体设置为“方正准圆 _GBK”，字号设置为“6mm”，其他字体依次排列即可。绘制矩形，设置其描边粗细为 0.25mm，绘制三角形，并进行复制；绘制粗细为 0.25mm 的直线，并在“描边”面板中将其设置成虚线。如图 12–60 所示。

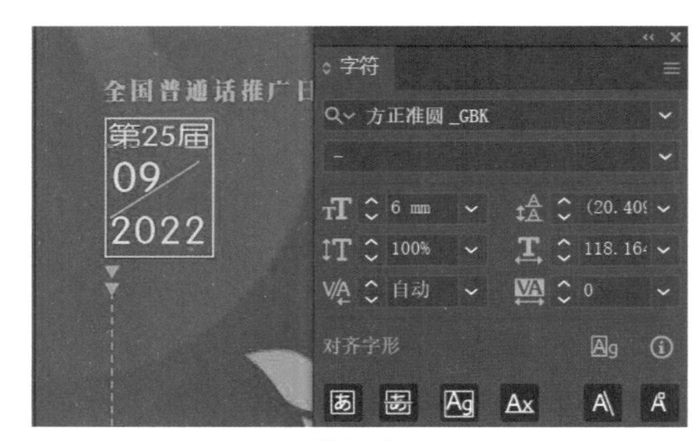

图 12–60

第13章 名片设计

名片的作用就是要表现自己或自己的行业，从而来推销自己和自己的公司，给对方留下深刻的印象，以增加将来的商业合作机会。名片是个人或公司基本信息的展示，由于名片的面积比较小，容纳的内容有限，所以一张名片想要达到良好的宣传和展示效果，需要将名片的主要信息设计完整。尤其对于公司来说，名片是极其重要的介绍和宣传手段。在进行名片设计时，要合理设计姓名、公司名称及标志、个人的头衔或职称、地址、联系方式等基本信息的位置和样式。

13.1 名片的功能

1. 宣传自我

一张小小的名片的最主要内容就是名片持有者的姓名、职业、工作单位、联络方式（电话、E-mail、QQ）等，这些内容可以展示名片持有人的简明个人信息，并以此为媒介向外传播。

2. 宣传企业

名片除标注清楚个人信息资料外，还要标注企业资料，如企业的名称、地址及企业的业务领域等。把具有 CI 形象规划的企业名牌纳入办公用品策划中，这种类型名片的企业信息最重要，个人信息次之。在名片设计中同样要求企业的标志、颜色不要太花哨，但是要能在短时间内给人留下深刻的印象使其成为企业整体形象的一部分。

3. 信息时代的联系卡

在数字化信息时代中，每个人的生活、工作、学习都离不开各种类型的信息，名片以其特有的形式传递企业、个人及业务等信息，一张个性的名片设计能很快地把信息传播出去，给我们的生活带来了很大的方便。

虽然现代名片的设计更加出众，名片制作的方法也千姿百态，印刷也更精美。但是，名片传递的礼节是不变的，我国是一个礼仪之邦，名片交换讲究礼尚往来。

13.2 任务一：名片设计

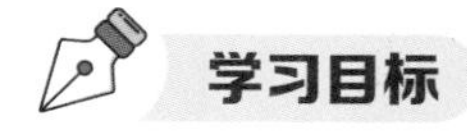

学习目标

1. 软件中各种工具的综合使用能力。
2. 名片知识要点和设计程序。

任务描述

独特的构思来源于对设计的合理定位、来源于对名片的持有者及单位的全面了解。名片设计要求有视觉冲击力和可识别性、具有媒介主体的工作性质和身份、要别致、独特，符合持有人的业务特性。确定名片的设计构思、构图、字体、色彩等。

设计要求

1. 要有名片持有人的姓名及职务、单位及地址、通讯方式和业务领域。
2. 文字简明扼要、层次分明，强调设计意识，艺术风格要新颖。

任务准备

1. 硬件要求

一台足够运行 Illustrator 软件的电脑。

2. 实操要求

参考效果图如图 13–1 所示。

图 13–1

实施步骤

步骤 1：新建文件：执行“文件→新建”命令（快捷键【Ctrl】+【N】），出现“新建文档”面板，在此面板中可以设置画板的宽度和高度分别为“92mm”和“56mm”，单位设置为“毫米”，出血设置为“1mm”，点击“创建”按钮即可。如图 13–2 所示。

图 13–2

步骤 2：执行“文件→置入”命令（快捷键【Ctrl】+【Shift】+【P】），置入位图。如图 13–3 所示。

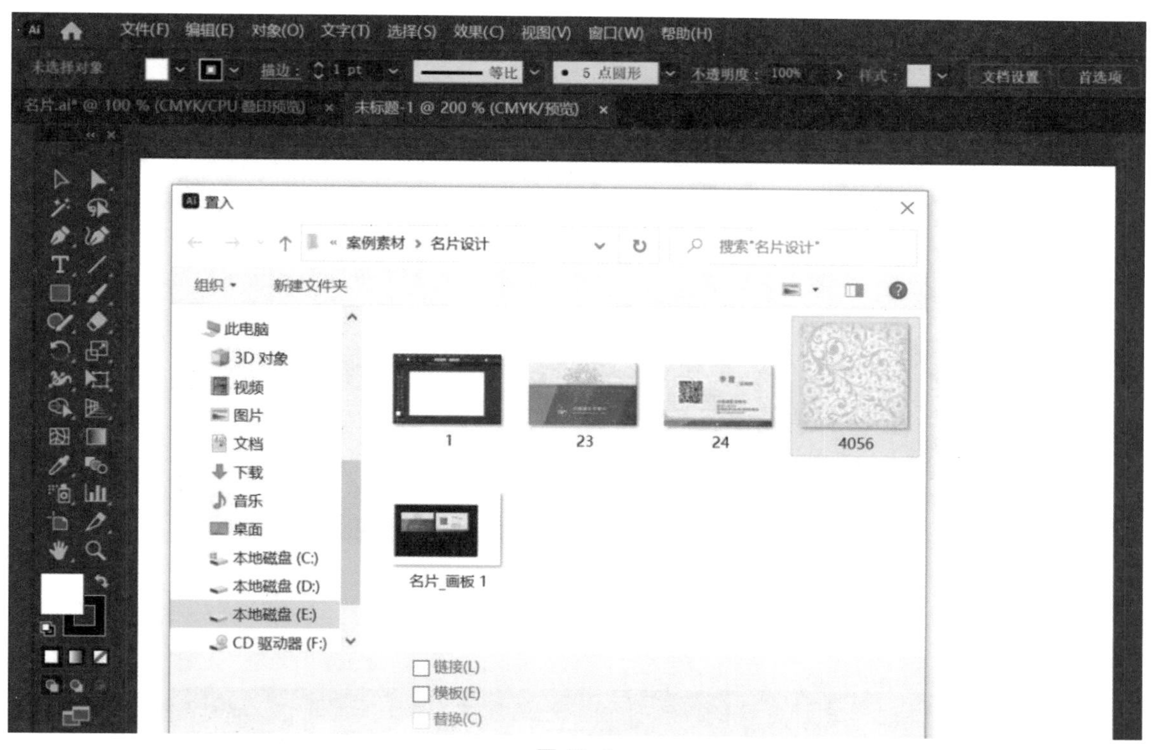

图 13-3

步骤 3：打开“图像描摹”面板，模式选择“黑白”，阈值设置为“218”，点击“描摹”按钮，然后点击控制栏的“扩展”按钮。如图 13-4 所示。

图 13-4

步骤 4：选择工具箱中“魔棒工具”，在图案中白色区域单击，把所有白色选中后，按【Delete】键删除。如图 13-5 所示。

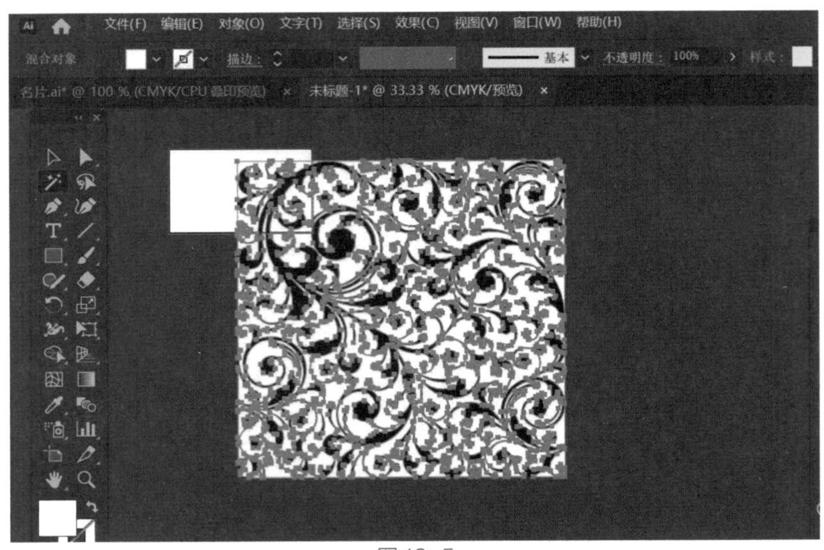

图 13-5

步骤 5：选中黑色图形，填充颜色设置为 #C9A063，并设置不透明度为“10%”，缩小到名片宽度。如图 13-6 所示。

图 13-6

步骤 6：绘制与页面大小相等的矩形，框选矩形和矩形下层的图案，建立剪切蒙版，使图案和页面大小一致。如图 13-7 所示。

图 13-7

步骤 7：绘制矩形和三条斜线后，同时选择矩形和斜线，执行“路径查找器”面板下面的“分割”命令，如图 13-8 所示。

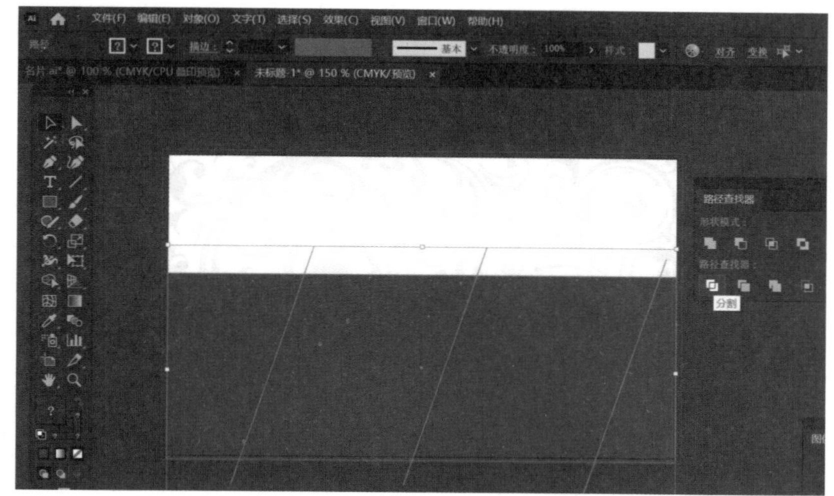

图 13-8

步骤 8：用编组选择工具从左到右依次填充颜色 #BA4F8A、#982D69、#982D69、#711C48，打开公司标志和标志字体，进行版面编排。如图 13-9 所示。

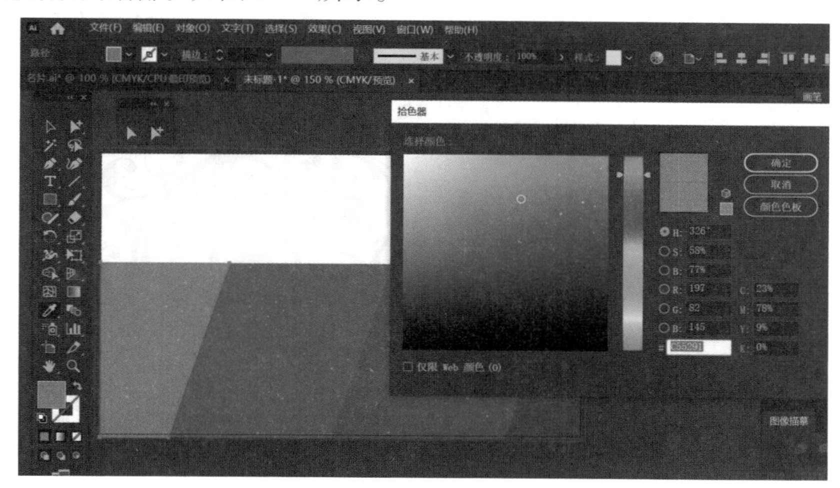

图 13-9

步骤 9：绘制矩形框，填充颜色为 #C29D66。如图 13-10 所示。

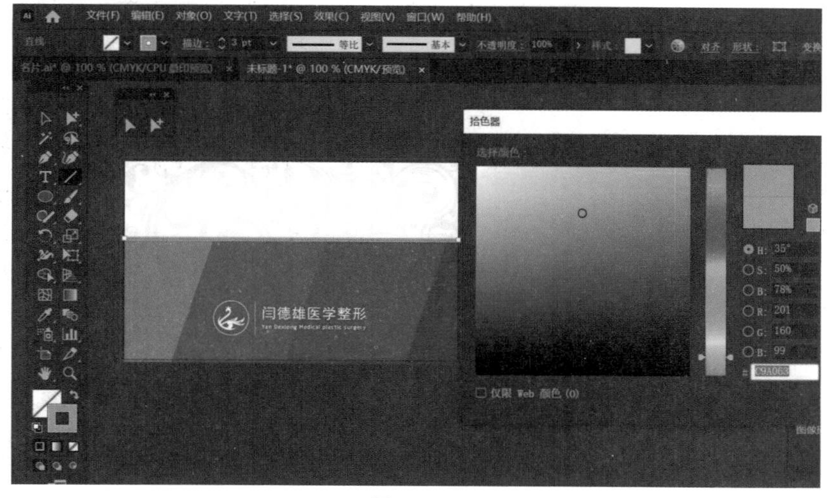

图 13-10

步骤 10：置入位图“花卉”，进行版面编排，填充颜色为 #CC629E。如图 13-11 所示。

图 13-11

步骤 11：复制画板，复制名片正面背景图所有内容。如图 13-12 所示。

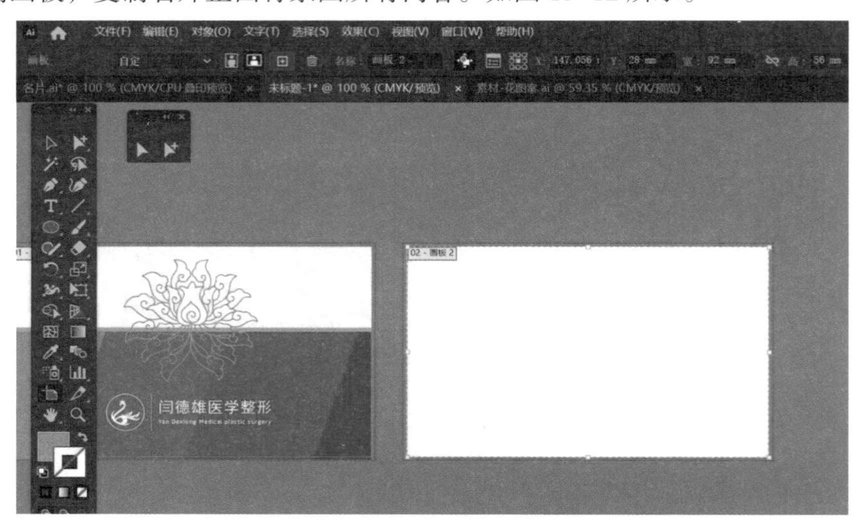

图 13-12

步骤 12：选择全部紫色系图形，复制至背面背景图下方，并在垂直方面进行压缩。如图 13-13 所示。

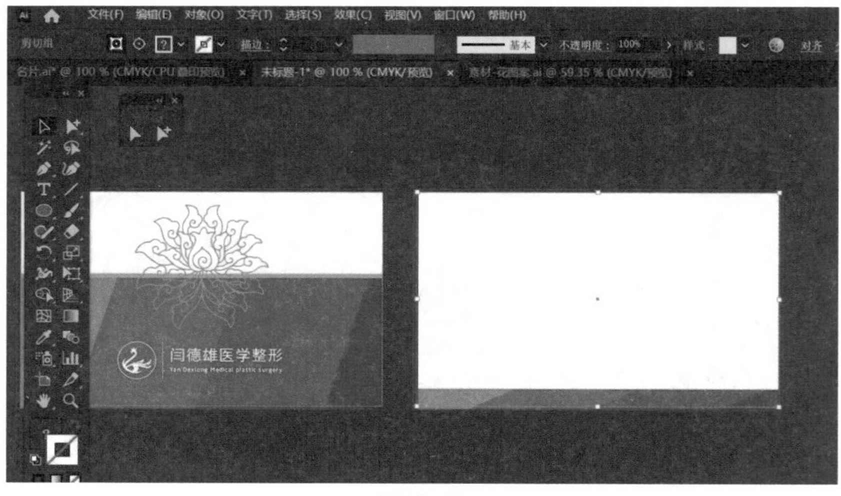

图 13-13

步骤 13：导入素材“二维码”图形，调整大小到比例合适为止，输入“李霞”和“咨询师”，字体设置为“黑体”。同理，输入相应企业名称、地址及联系方式。如图 13-14 所示。

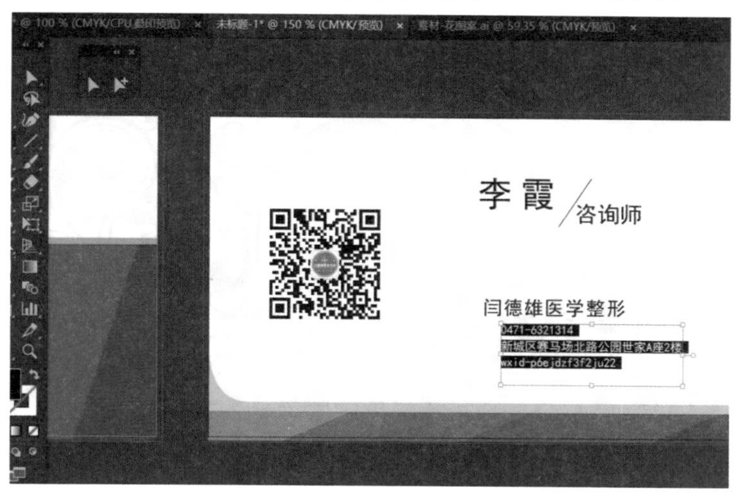

图 13-14

步骤 14：打开素材下的“电话”“定位”等小图标，进行大小调整和版式排列。如图 13-15 所示。

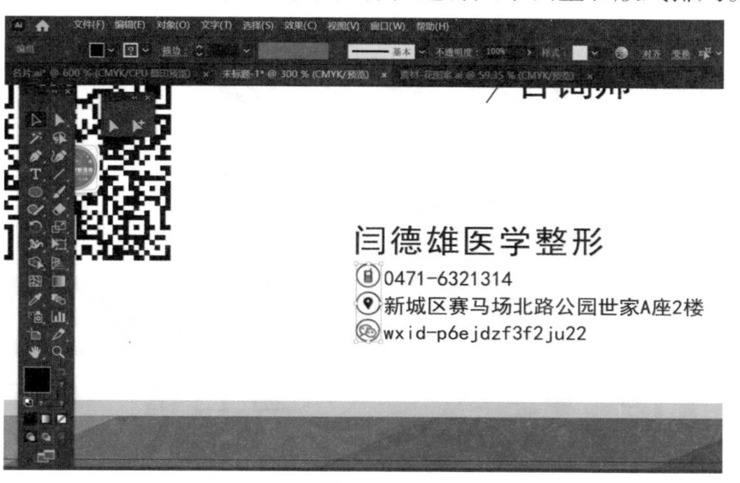

图 13-15

步骤 15：整体再调整至画面均衡即可。如图 13-16 所示。

图 13-16

第 14 章 宣传折页设计

宣传折页是一种以传媒为基础的纸制宣传流动广告，主要载体为四色印刷机彩色印刷的单张彩页，是为了扩大信息影响力而做的一种纸面宣传广告。

14.1 宣传折页设计简介

宣传折页是在日常生活中经常见到的一种广告，它不需要其他媒体的帮助，也没有其他媒体的宣传环境、公众特点、信息安排、版面、印刷、纸张等各种限制，具有很强的独立性。宣传折页在开本实用、折叠方式携带方便、内容新颖别致、美观的基础上，印刷封面主要表现商品的特点，以定位方式和艺术表现来吸引消费者；内页的设计则详细地反映商品的具体内容，并且图文并茂。每个宣传折页设计都能完整地表现出所要宣传的内容，因为宣传折页成本比较低，发布范围广，是很多商店、公司做宣传的首选。

对于设计复杂的图文，则要讲究排列的秩序性，并突出主题。封面、内页要统一风格，围绕一个主题进行阐述。目前常见的折页方式有平行折页、垂直折页、混合折页、特殊折页等。平行折而和特殊折页多用于折叠长方形的印刷品，如说明书、地图、书帖中的表和插图等；垂直折页常用于书刊的内页设计；混合折页适用于 3 折 6 页或 3 折 9 页等形式的书帖。

14.2 任务一：三折页设计

学习目标

1. 软件的综合使用能力。
2. 折页的构成和对折页形式的了解。
3. 此训练要把前导课程所学的知识（造型、色彩、构成基础等知识）串联起来、实现知识的融会贯通。

任务描述

在设计折页时，前期要好好的构思，要在有限的空间内全面展示企业的形象、产品和服务，要了解折页的尺寸和设计规范，要构思好折页的布局和内容排列，而且顺序要合理，遵循“从易到难”或“从总体到细节”的原则。设计形式和颜色既要有新意，也要有让人眼前一亮，为企业带来更多的商业机会。

设计要求

1. 整体风格要求以紫色系为主基调。
2. 三折页共有六页，铺开为 A4 纸大小，最终要提供印刷用的矢量图 (AI)。
3. 在设计的时候只需明白大概思路即可，千万不要受任何局限，最大限度地发挥创造想象力。
4. 设计要吸引眼球，色彩明快、专业、丰满，突出企业的特色。

任务准备

1. 硬件要求

一台足够运行 Illustrator 软件的电脑。

2. 实操要求

参考效果图如图 14-1 所示。

图 14-1

实施步骤

步骤 1：新建文件，画板大小设置为 285mm × 210mm，三折页尺寸分别设置为 95mm × 210mm、97mm × 210mm、95mm × 210mm（三折页中间页宽度一般设置偏大 2mm，），出血设置为“3mm”。如图 14-2 所示。

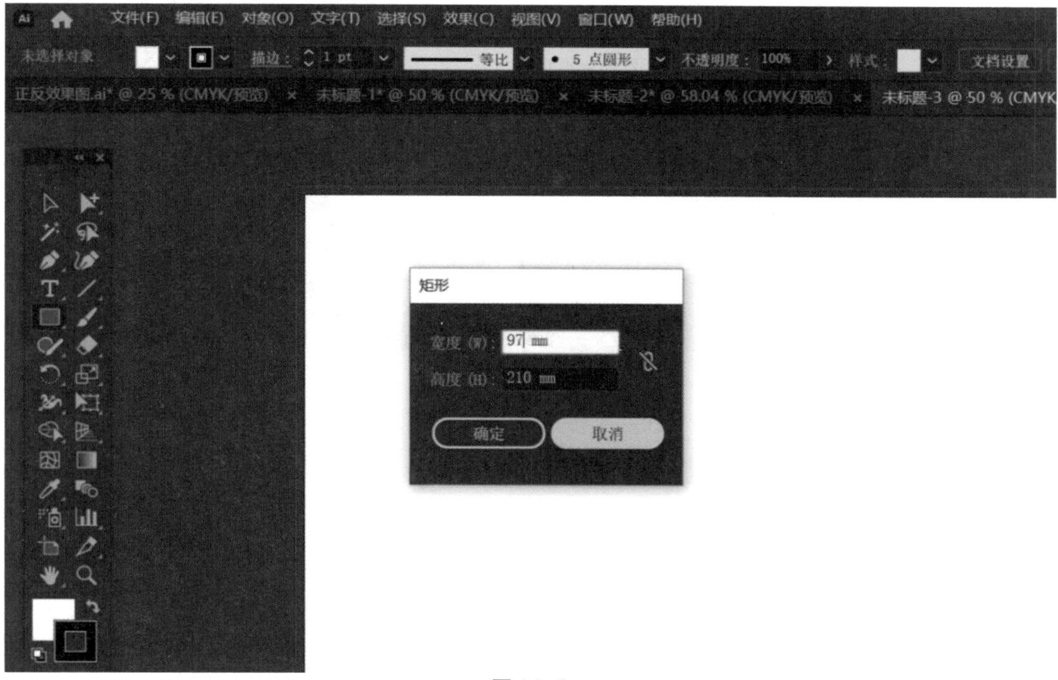

图 14-2

步骤 2：创建三个矩形，大小分别设置为 98mm × 216mm、97mm × 216mm、98mm × 216mm（注意：98mm 是左侧加了 3mm 出血线，216mm 是上下各加了 3mm 的出血。），对齐到画板上。如图 14-3 所示。

图 14-3

步骤 3：打开花纹素材，等比例缩放素材到画板高度，创建页面大小的矩形，同时选中花纹和矩形，点击鼠标右键，选择“建立剪切蒙版”。然后设置花纹不透明度为“10%”。如图 14-4 所示。

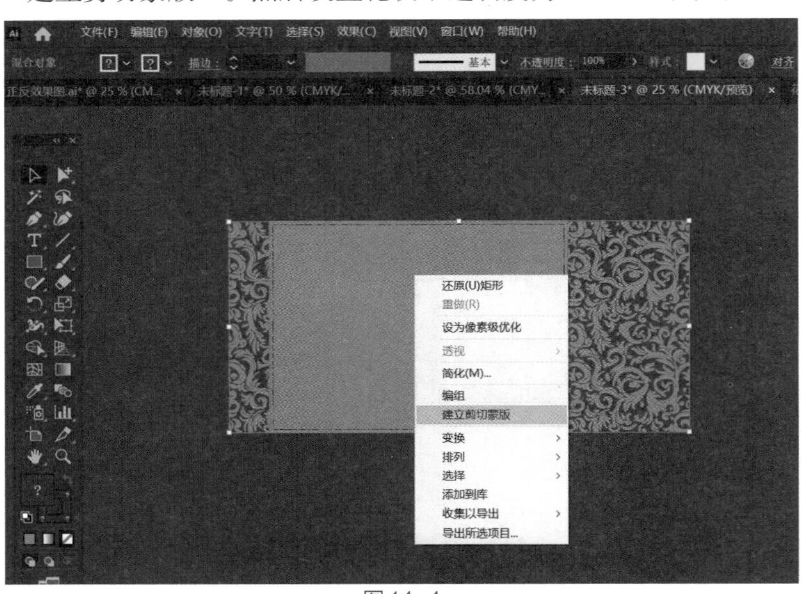

图 14-4

步骤 4：打开素材标志，放入折页封面的合适位置，绘制正圆，高度和宽度分别设置为 80mm 和 80mm，颜色设置为 #A40B5D，粗细为设置 1mm，然后按【Ctrl】+【C】组合键复制，按【Ctrl】+【F】组合键原位粘贴，将复制的对象的宽度和高度均缩小于 3mm，颜色设置为 #B27C30，粗细为 0.5mm，然后同时选中两个图形，执行“对象→混合→建立”命令，然后双击混合工具，设置“指定的步数”为“25 步”。如图 14-5 所示。

步骤 5：对混合的对象进行复制，可以根据美的构成法则对其大小、颜色进行节奏性的调整，使画面看起来灵动、有节奏感。如图 14-6 所示。

步骤 6：执行“文件→置入”命令，选择“人物素材 1”，创建矩形，把需要的图形放在矩形框中（矩形一定在上层）同时选中矩形和“人物素材 1”，点击鼠标右键，选择“建立剪切蒙版”。如图 14-7 所示。

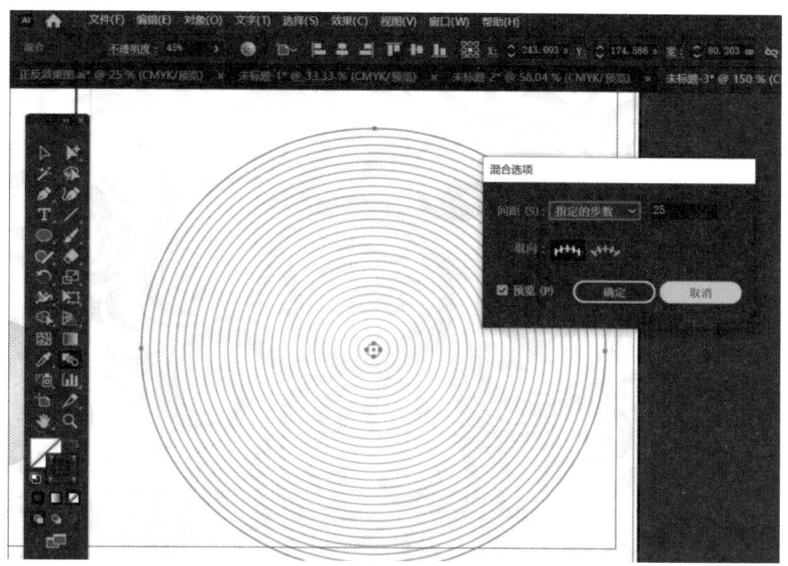

图 14-5

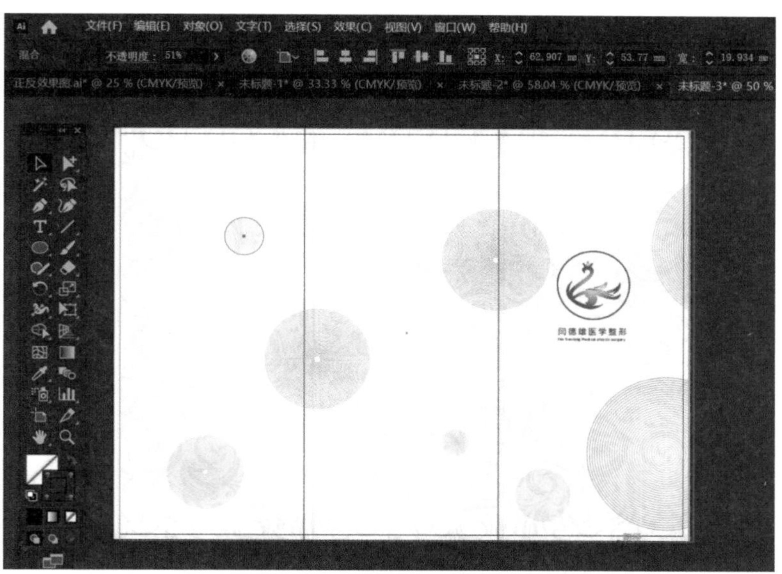

图 14-6

图 14-7

步骤 7：输入文字“OPEN”，字号设置为 78pt，字体设置为“方正黑体”。输入文字“与缺憾彻底决裂”。字号设置为 20pt，字体设置为“方正超粗黑”。输入文字“开・启・完・美・人・生”字体设置为“方正黑体”，字号设置为 18pt。输入文字“COMPLETELY BREAK AWAY FROM DEFECTS”，字号设置为 6pt，字体设置为“Arial”。如图 14-8 所示。

步骤 8：绘制正圆，直径设置为 20mm，颜色设置为 #C6874A，复制、粘贴，将复制的正圆的直径缩小为 18mm，颜色值设置为 #D69861，然后将上述两个正圆复制三份。如图 14-9 所示。

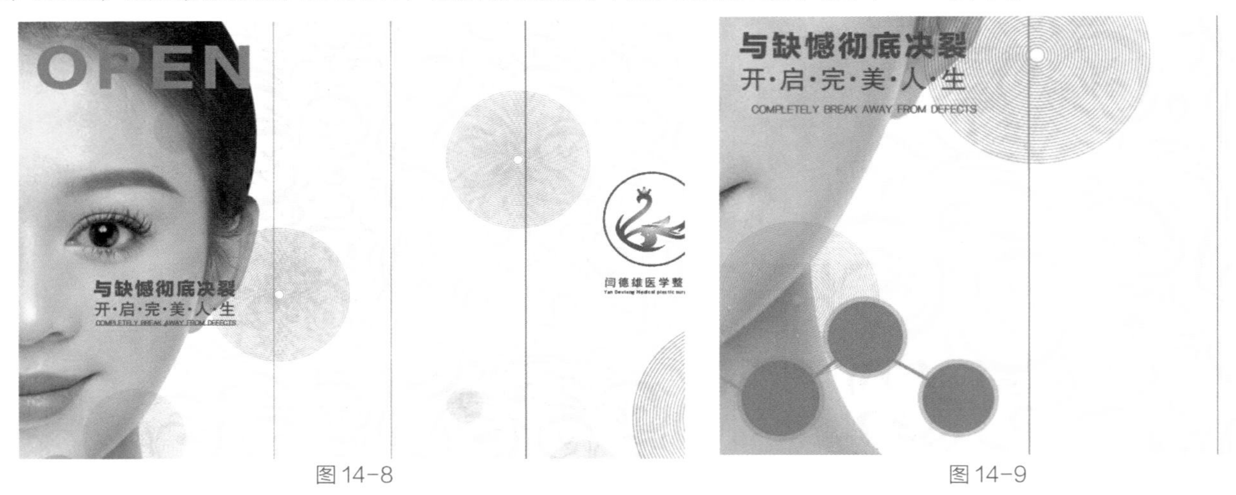

图 14-8 图 14-9

步骤 9：输入文字“科学”“严谨”“专业”“安全”，字号设置为 15pt，字体设置为“方正正粗黑简体”，颜色设置为白色。如图 14-10 所示。

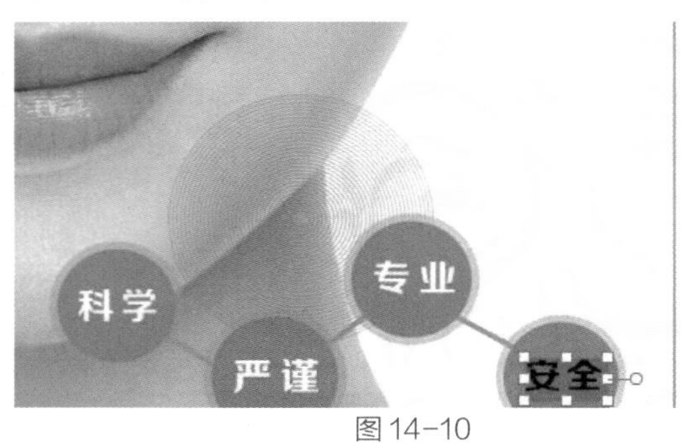

图 14-10

步骤 10：输入文字“主营项目”，字号设置为 18pt，颜色设置为 #AA3175，打开文件素材中的“文本分割线”文件，调节大小至合适为止，颜色设置为 #956134。如图 14-11 所示。

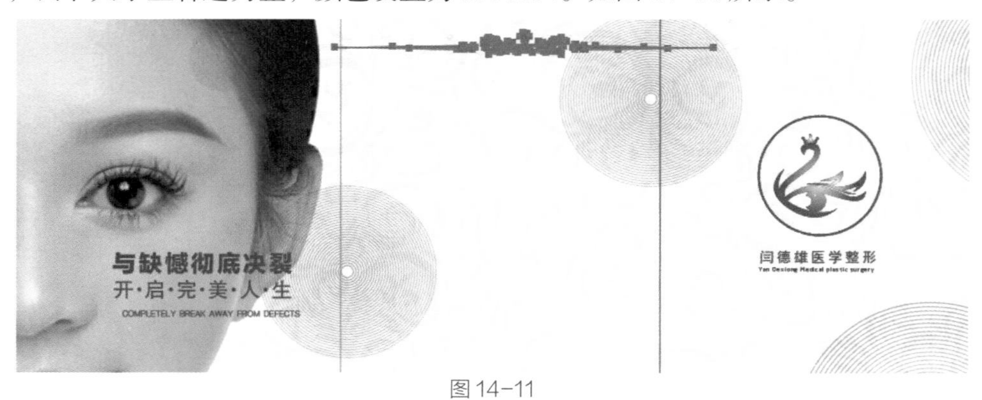

图 14-11

步骤 11：输入主营项目相关的文本，字号设置为 14pt，字体设置为“方正正粗黑简体”，行距设置为 30pt，居中对齐。如图 14-12 所示。

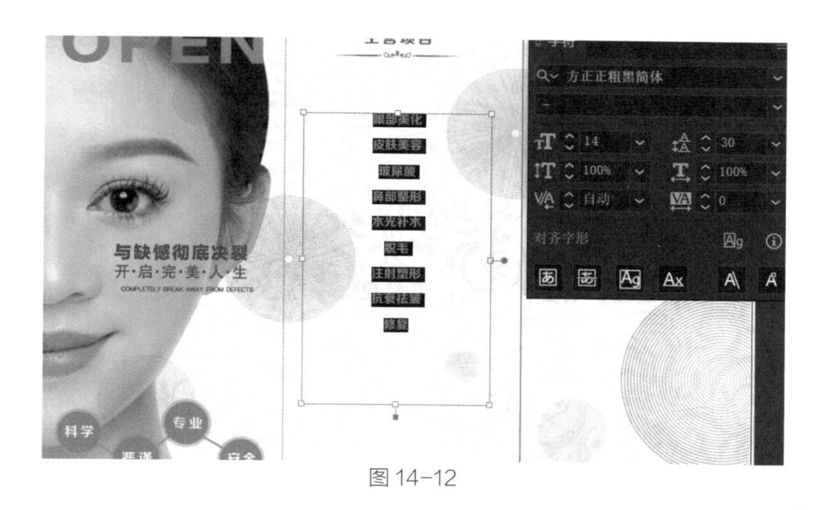

图 14-12

步骤 12：打开文件素材中的“二维码”文件，复制到折页中，居中对齐，输入如图 14-13 所示文字，字体设置为“思源黑体 CN”，字号设置为 6pt，左对齐，颜色设置为 #6D441F，行距设置为 10pt。打开文件素材中的“图标”文件，缩小并上下对齐于文字。

图 14-13

步骤 13：输入文字“美丽一生 · 一生美丽”，字体设置为“胡晓波男神体”，字号设置为 8pt，颜色设置为 #B27C30，打开素材文件的“文本分割线”文件，将文本分割线放在合适的位置。如图 14-14 所示。

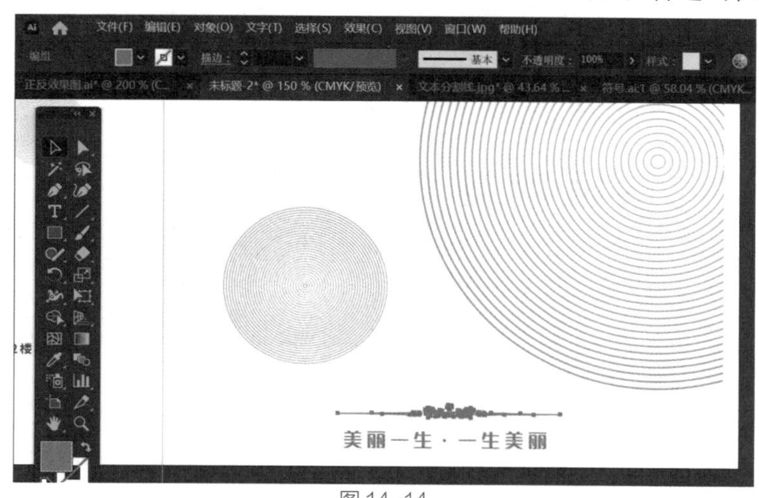

图 14-14

步骤 14：新建文件，画板大小设置为 285mm × 210mm，三折页尺寸分别设置为 95mm × 210mm、97mm × 210mm、95mm × 210mm，出血设置为“3mm”。打开花纹素材，等比例拖动到画板中，创建与页面大小相等的矩形，同时选中两个图形创建剪切蒙版。置入“文件素材 1”并调整大小为 78mm × 60mm。如图 14–15 所示。

图 14–15

步骤 15：输入文字“医院简介”，字体设置为“方正粗圆”，字号设置为 14pt，字距设置为 280，颜色设置为黑色，输入文字“HOSPITAL INTRODUCTION”，字体设置为“Adobe 宋体 StdL”，字号设置为 5pt。

步骤 16：将汉字和英文两端对齐，绘制矩形，宽度和高度分别为 4mm 和 6mm，填充颜色设置为 #B28247。如图 14–16 所示。

步骤 17：打开素材文件中的“文本分割线”文件，调整宽度和高度分别为 82mm 和 6mm，设置颜色为 #B28247；复制 Word 文档中的医院简介内容，使用文字工具拖动出一个文本框，然后粘贴，字体设置为“Adobe 宋体 StdL”，字号设置为 10pt，行距设置为 14.4pt，在“段落”面板里面设置对齐方式为“两端对齐，末行左对齐”，在“避头尾集”选项里则选择“宽松”。如图 14–17 所示。

图 14–16

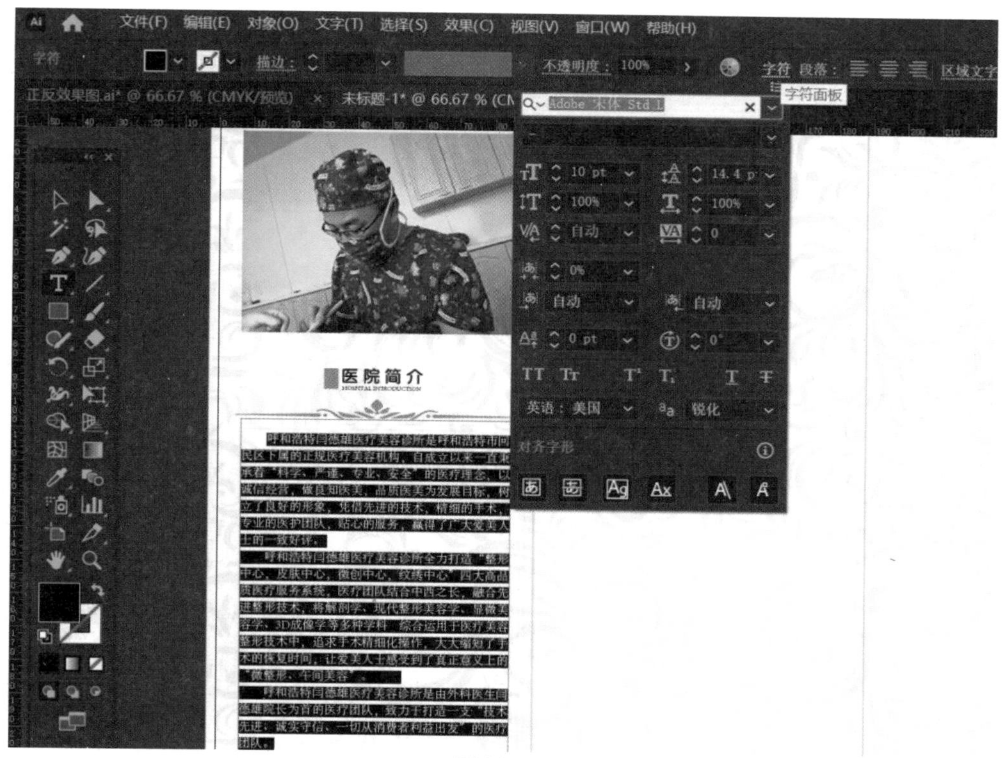

图 14-17

步骤 18：复制“医院简介”和“文本分割线”对象，粘贴到中间折页，插入光标修改“医院简介”为“医院环境”，并对把英文“HOSPITAL INTRODUCTION”修改为“HOSPITAL ENVIRONMENT”，置入素材图片“医院环境 1”，创建圆角矩形，宽度和高度分别设置为 86mm 和 65mm，圆角半径设置为 3mm，同时选中素材和圆角矩形，点击鼠标右键选择“建立剪切蒙版”。如图 14-18 所示。

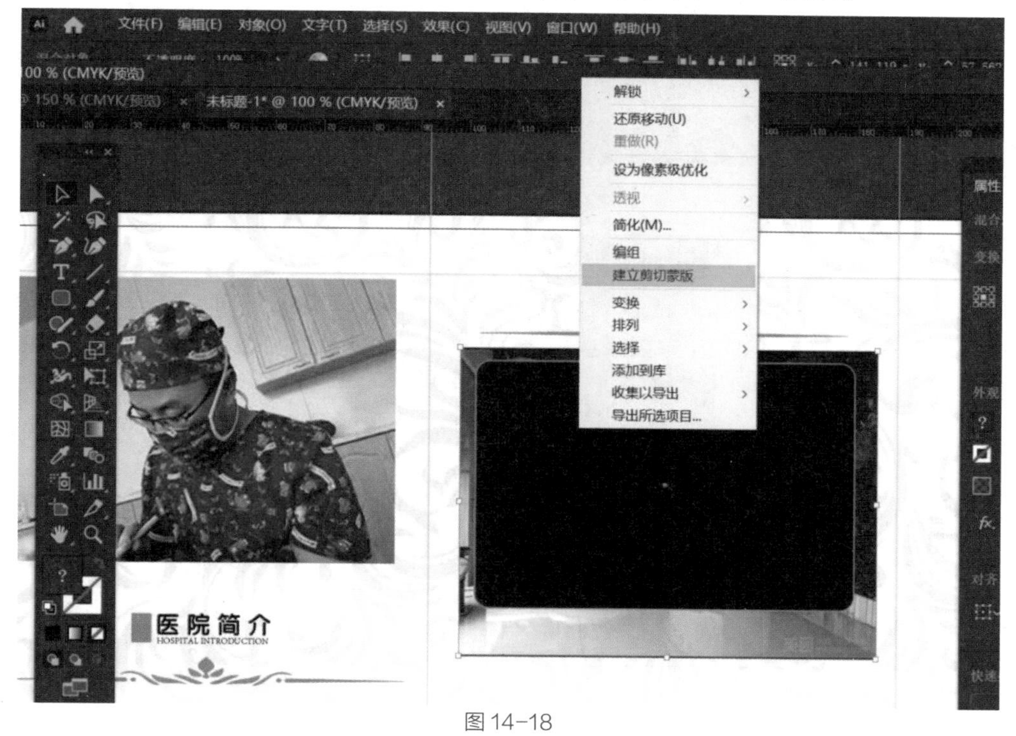

图 14-18

步骤 19：分别置入其他图片，使用同样的方法创建圆角矩形的剪切蒙版。如图 14-19 所示。

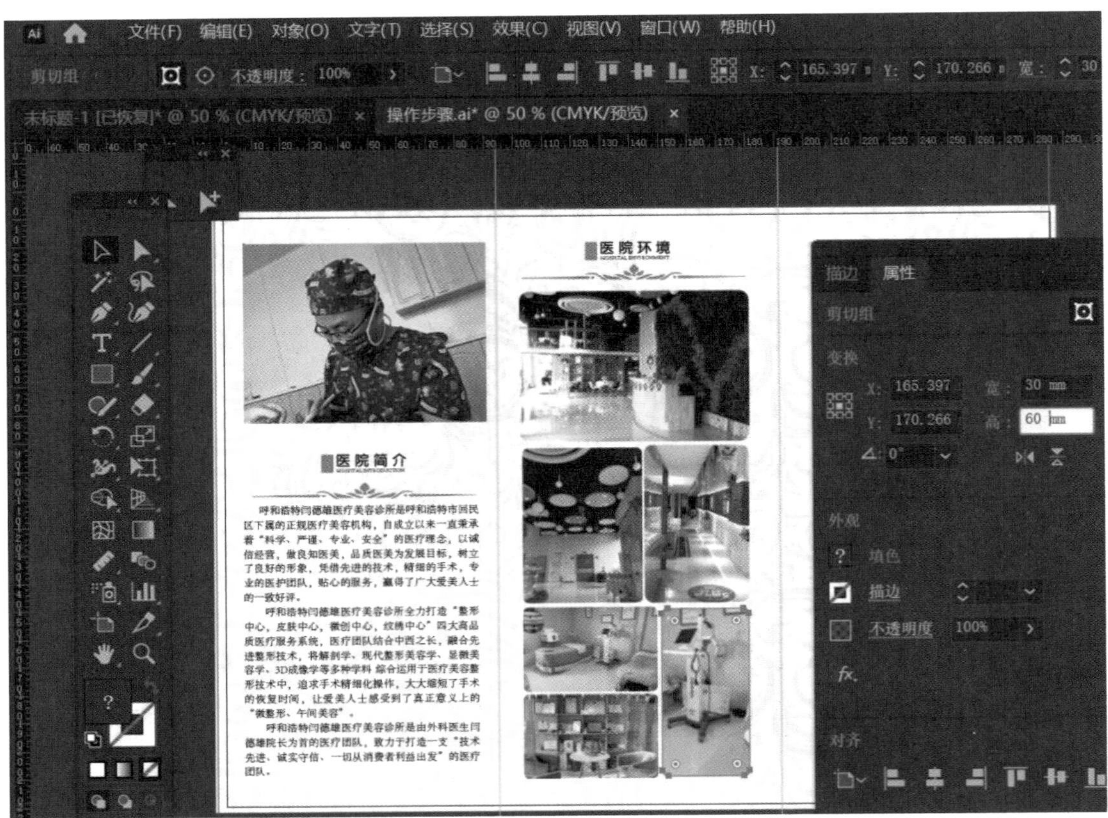

图 14-19

步骤 20：绘制矩形，大小为 96.5mm × 215mm，在矩形底边中点添加一个锚点，调整直线为曲线。填充颜色为 #AB407F。如图 14-20 和图 14-21 所示。

图 14-20

图 14-21

步骤 21：对调整好的曲线图形进行复制，置入图片素材后，和曲线图形进行建立剪切蒙版操作，使用钢笔工具绘制人物下面的曲线条，得到如图 14-22 的效果。

图 14-22

步骤 22：绘制正圆，直径为 9mm，设置颜色为 #C9A063，按住【Alt】键向右拖动图形复制 3 个正圆，对正圆的填充色进行更改，里面分别输入文字“活”“动”“内”“容”，字号设置为 18pt，字体设置为“方正粗圆”，字距设置为 540。打开“素材→文本分割线”，通过“路径查找器”面板把文本分割线分割成两部分，分别编组，放置在文字两侧，设置颜色为 #CCA835。如图 14–23 所示。

图 14–23

步骤 23：绘制圆角矩形，大小为 37mm × 9mm，圆角半径为 1.6mm，然后执行“效果→风格化→投影”命令，绘制直径为 21mm 正圆，颜色设置为 #F0EA9A，复制一个该正圆，同时选中两圆，执行“对象→混合→建立”命令，设置步数为 15 步，然后复制一个该混合对象，错位排列好。再将上面的圆角矩形复制一个，放在两个混合对象上层，建立剪切蒙版。如图 14–24 所示。

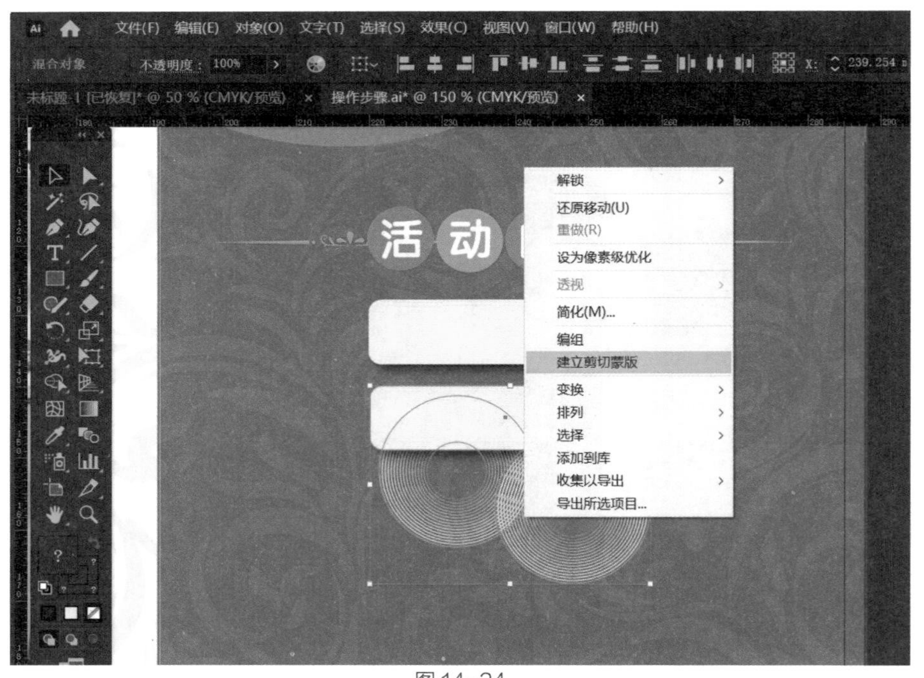

图 14–24

步骤 24：绘制矩形，大小为 15mm × 3.5mm，在“变换”面板中调整矩形下面两个角为圆角，圆角大小设置为 1.2mm，执行“效果→风格化→投影”命令，模式设置为“正片叠底”，不透明度设置为“75%”，X 位移和 Y 位移均设置为“0.942mm”，模糊设置为“0.673mm”，颜色设置为 #593309。如图 14–25 所示。

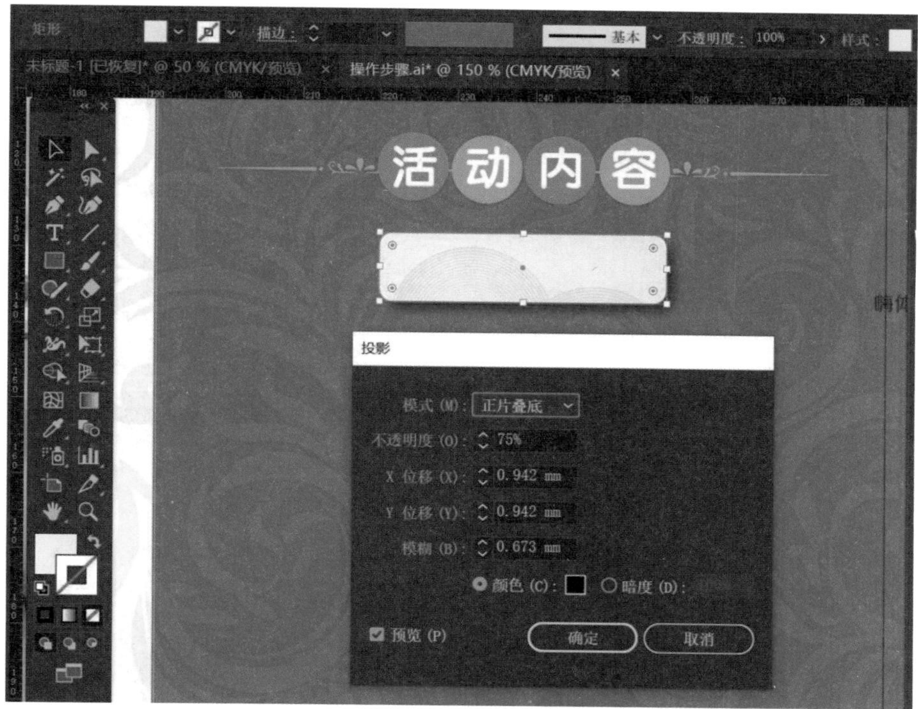

图 14-25

步骤 25：输入文字“特惠”，字号设置为 6pt，字体设置为“方正粗圆”，颜色设置为 #E60012；输入文字“嗨体除皱”，字体设置为“方正正准黑简体”，字号设置为 7.5pt，颜色设置为 #40220F，执行“效果→风格化→外发光”命令，颜色设置为 #E72D19，不透明度设置“为 75%”，模糊设置为“0.352mm”。如图 14-26 所示。

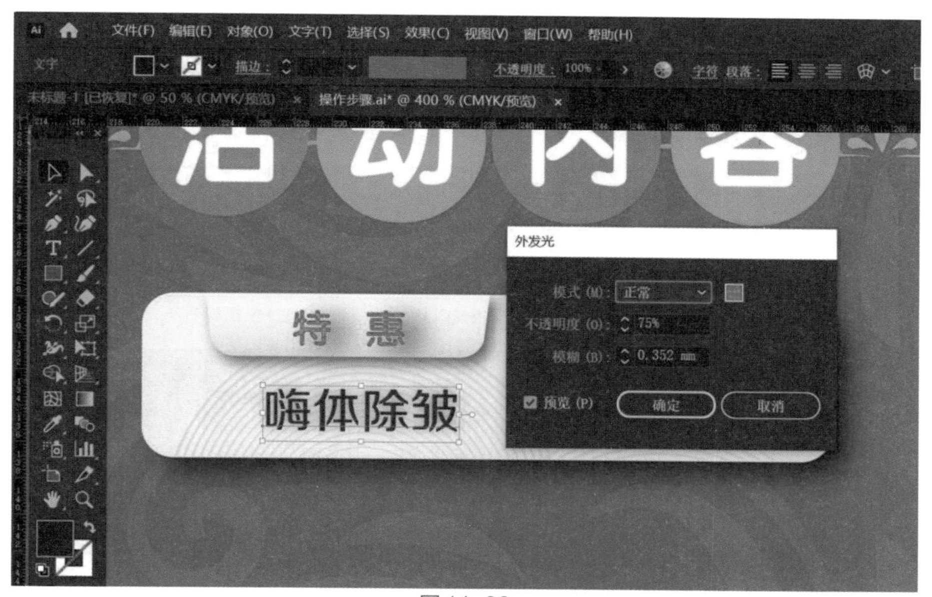

图 14-26

步骤 26：输入与价格相关文字，设置“原价：￥1980”“秒价：￥1580”的字号为 5pt，行距为 8pt，设置“秒价：”颜色为白色，并在其下层绘制圆角矩形，填充颜色设置为 #E4007F，作为文字衬托，凸显秒价信息，“￥1980”颜色设置为灰色。如图 14-27 所示。

图 14-27

步骤 27：把特惠信息整体编组，复制 8 份，进行对齐和分布。如图 14-28 所示。

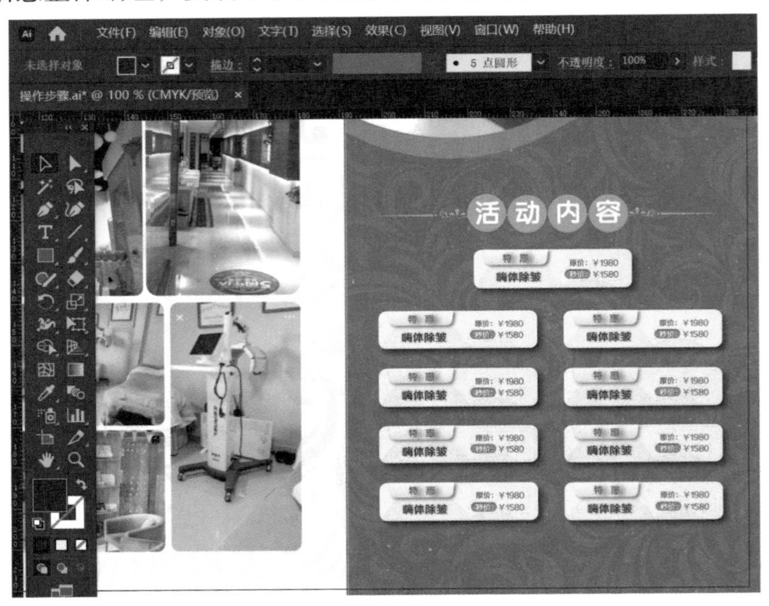

图 14-28

步骤 28：插入光标对文字逐一修改，整体排版即完成。如图 14-29 所示。

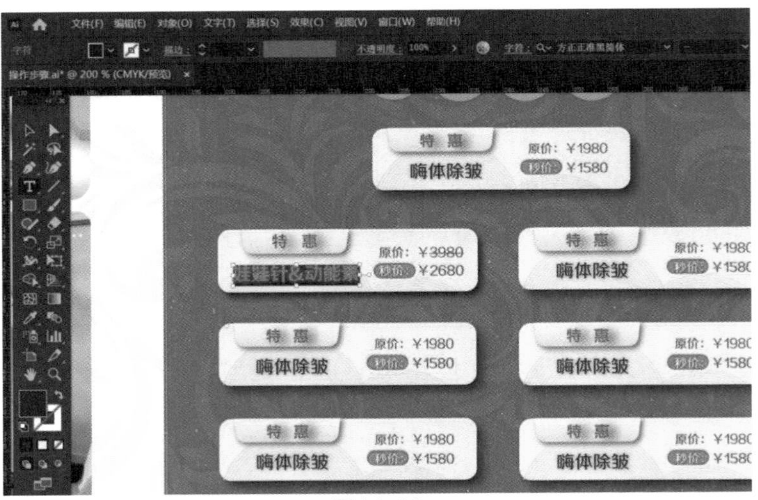

图 14-29

第15章 文字设计

文字设计是平面设计的重要组成部分，是根据文字在页面中的不同用途，运用系统软件提供的基本字体字形，用图像处理和其他艺术字加工手段，对文字进行艺术处理和编排，以达到协调页面效果，更有效地传播信息的一种平面设计。本章实战案例，结合文字设计的特点，详细讲解“好事橙双”文字设计，帮助用户理解文字设计的流程。

15.1 文字设计简介

文字设计是平面设计的重要组成部分，是根据文字在页面中的不同用途，运用一些基本的字体字形，采用图像处理和其他艺术字加工手段，对文字进行艺术处理和编排，最终达到协调页面效果。

15.2 任务一：“好事橙双”文字设计

学习目标

1. 能够运用“钢笔工具”“渐变填充”“美工刀”“路径查找器”面板设计出理想图形。
2. 掌握字体设计的方法。

任务描述

文字在视觉传达中，作为画面的形象要素之一，具有传达感情的功能，因而它必须具有视觉上的美感，能够给人以美的感受。人们对于作用其视觉感官的事物常以美丑来衡量，这已经成为有意识或无意识的标准。在“好事橙双”设计中，美不仅仅体现在局部，而是对笔形、结构以及整个设计的把握。文字设计可由横、竖、点和圆弧等线条组合而成，使其在结构的安排和线条的搭配上，协调笔画与笔画、字与字之间的关系，也可以字体图形化设计，凸显包装内容，使作品更富表现力和感染力，把内容准确、鲜明地传达给观众。

设计要求

1. 避免为了单纯追求文字的视觉效果，而失去文字的阅读性。
2. 字体设计既要起到传递信息的功效，又要达到视觉审美的目的。
3. 字体设计外部形态和设计格调要能满足人们的审美愉悦感受，从而促进产品销售。

任务准备

1. 硬件要求

一台足够运行 Illustrator 软件的电脑。

2. 实操要求

参考效果图如图 15–1 所示。

图 15–1

任务实施

步骤 1：新建文件，画板大小设置为“A4”，输入文字“好事橙双”，字体设置为“汉仪游园体简”，字号设置为“46mm”，字距设置为“0”，如图 15–2 所示。

图 15–2

步骤 2：选择文字，单击鼠标右键，选择“创建轮廓”，同时取消编组，把“好”“橙”两个字中不需要的地方用直接选择工具选中后删除。绘制矩形，把“事”字通过“路径查找器”面板的减去顶层命令去掉不要的地方，如图 15–3 所示，最终得到如图 15–4 所示效果。

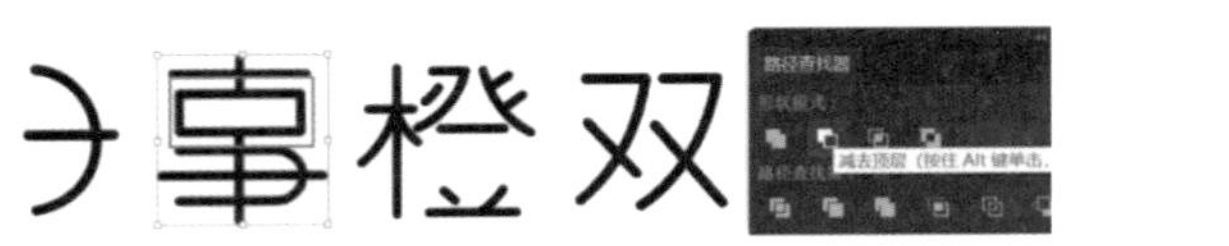

图 15–3

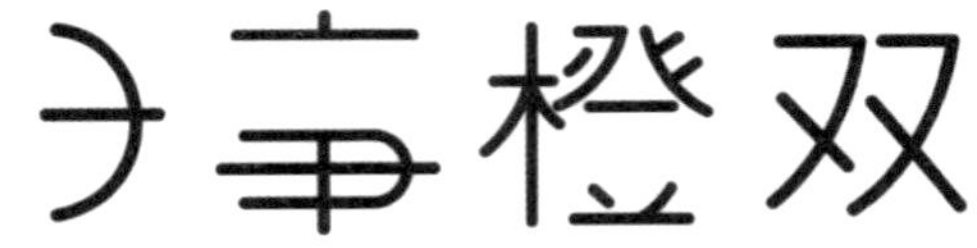

图 15–4

步骤 3：绘制圆形，直径为 14mm，填充颜色为 #F39800，描边颜色设置为黑色，描边宽度设置为 1.8mm，在圆形上面分别绘制三个小圆，填充色为黑色，将做好的橙子造型移至“好”字左侧，使用钢笔工具分别绘制两条曲线，在“描边”面板中把端点设置为“圆头端点”。复制橙子造型到“事”字中间。如图 15–5 所示。

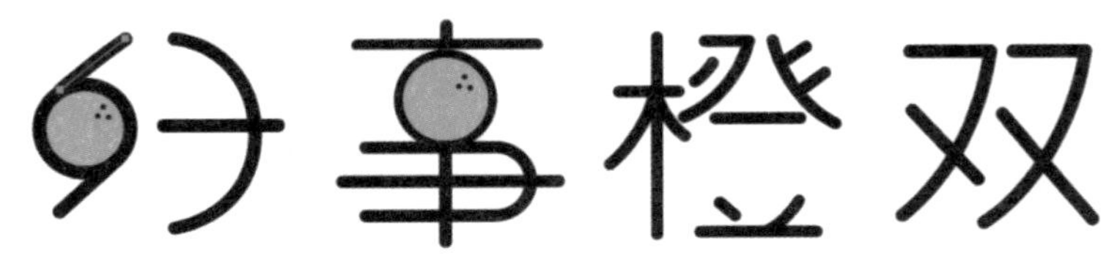

图 15–5

步骤 4：复制圆形的橙子造型到“橙”字上面，调整大小到合适为止，继续复制橙子造型到“双”字上面，设置“双”字的不透明度为“50%”，并按【Ctrl】+【2】组合键锁定图形，然后贴着“双”字造型，利用直线工具绘制两条直线，如图 15-6 所示。

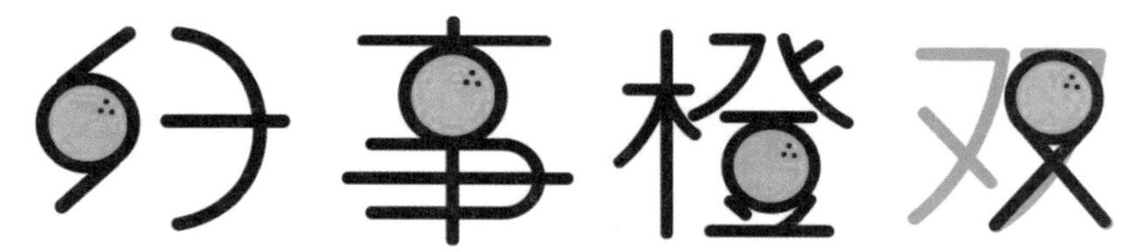

图 15-6

步骤 5：绘制“双”字的左半部分。先绘制正圆，使用剪刀工具在圆形下半部分的合适位置分别单击，可以把正圆分割为两部分，然后删除下半部分，在“描边”面板中设置端点为“圆头端点”，如图 15-7 所示。接着绘制两条直线，如图 15-8 所示，对齐到圆形的断开处。按【Ctrl】+【Alt】+【2】组合键，取消锁定的双字，并进行删除操作，得到 15-9 所示效果。

图 15-7　　图 15-8　　图 15-9

步骤 6：使用钢笔工具绘制叶子，然后进行复制，分别放在“好事橙双”四个字上作为装饰。如图 15-10 所示。

图 15-10

步骤 7：对“好事橙双”进行排版设计，如图 15-11 所示。绘制矩形，大小为 132pt × 132pt，轮廓颜色设置为 #E60012，描边宽度设置为 0.5pt，如图 15-12 所示。

图 15-11　　图 15-12

步骤 8：选择矩形，按【Ctrl】+【C】组合键后按【Ctrl】+【F】组合键原位粘贴，选择工具箱中的“比例缩放工具”，选择等比缩放到 97%，并设置描边宽度为 0.25pt，如图 15-13 所示。选择“剪刀工具”，在矩形的合适位置分别单击，即可剪断路径，得到最后效果图。如图 15-14 所示。

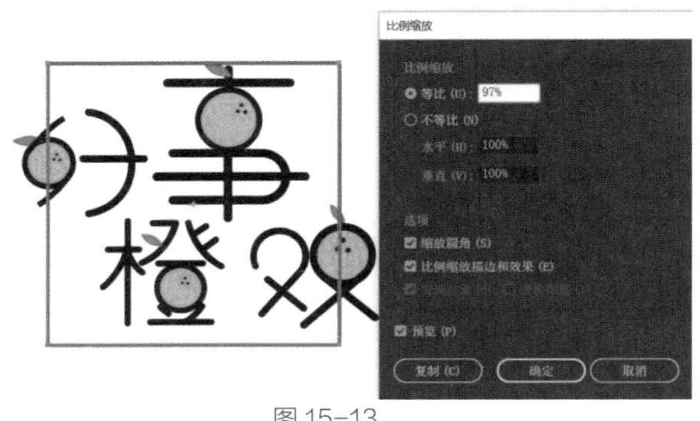
比例缩放
比例缩放
等比 (U): 97%
不等比 (N)
水平 (H): 100%
垂直 (V): 100%
选项
缩放圆角 (S)
比例缩放描边和效果 (E)
预览 (P)
复制 (C)
确定
取消

图 15-13

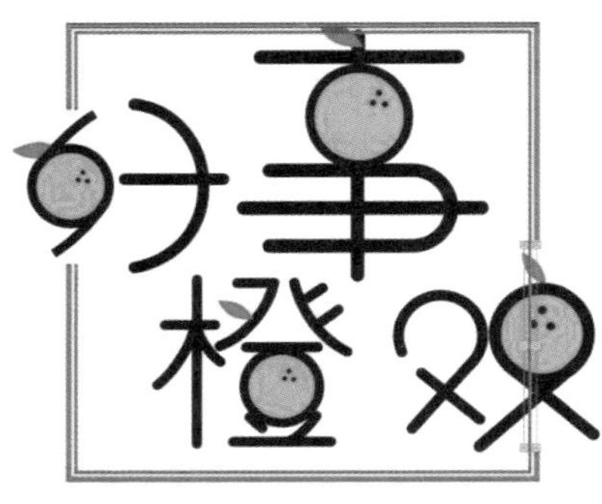

图 15-14

第16章 包装设计

包装设计是平面设计的重要组成部分，是根据文字在页面中的不同用途，运用系统软件提供的基本字体字形，用图像处理和其他艺术字加工手段，对文字进行艺术处理和编排，以达到协调页面的效果，使得信息更有效地传播。本章实战案例，结合包装设计的特点，详细讲解“蒙古奶茶”和“好事橙双”包装设计，帮助用户了解包装设计的流程。

16.1 包装设计概述

在现代生活中，包装设计已经与人们的日常生活紧密联系在一起。包装是商品不可或缺的一部分，如果没有包装，商品运输会受到很大的限制，商品的功能及使用等信息将很难传达给消费者，生产效益也会大大降低。可见，包装对于商品十分重要。

16.2 任务一：蒙古奶茶包装设计

学习目标

1. 软件各种工具和命令的综合使用能力
2. 掌握包装设计的方法和技巧。
3. 训练举一反三的思维，能融会贯通，综合利用所学工具，创作出高品质的设计作品。

任务描述

蒙古奶茶包装设计要体现草原气息，包装图形要优美、简洁，可以采用大众普遍喜欢的蒙古族牧民生活场景展示蒙古风味特色奶制品，将蒙古族生活场景缩小融入到奶茶壶中，充满趣味性同时又能突出产品属性。

设计要求

1. 构图完整、协调，形式新颖、独特，内涵精准、具有象征意义。
2. 易懂、易记、易辨识、易推广。
3. 能体现内蒙古民族特色、民族历史文化底蕴、民族饮食文化，人与自然和谐共处和生态绿色等理念。

任务准备

1. 硬件要求

一台足够运行 Illustrator 软件的电脑。

2. 实操要求

参考效果图如图 16–1 所示。

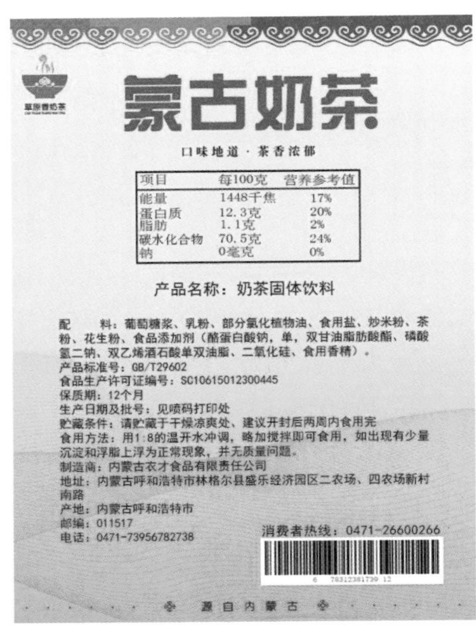

图 16-1

实施步骤

步骤 1：新建文件，大小设置为“A4”，创建矩形，宽度和高度分别设置为 210mm 和 297mm，填充渐变颜色从上到下分别为 #FEEDD8、#FCE2C3、#F18B42，按住【Ctrl】+【2】组合键进行背景的锁定。如图 16-2 所示。

图 16-2

步骤 2：置入提前设计好的“主图”文件，调整其大小，如图 16-3 左侧所示，同时使用钢笔工具绘制第一条曲线，设置颜色为 #F39800，绘制第二条曲线，设置颜色为 #E83828，同时选中两条曲线，执行“对象→混合→建立”命令。接着再绘制曲线，同时选中曲线和混合图形，执行“对象→混合→替换混合轴”命令，得到如图 16-3 右侧效果，并调整其位置到合适位置。

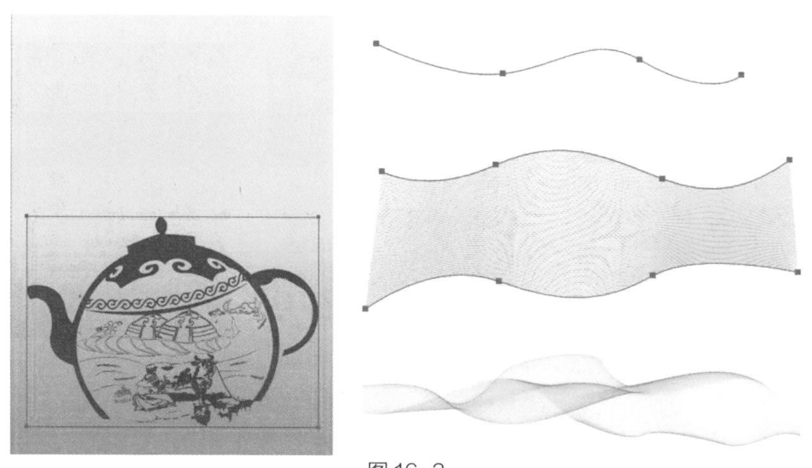

图 16-3

步骤 3：对替换混合轴的对象，进行复制，并做水平镜像处理，调整至合适位置，并设置不透明度为“44%”。把两个对象进行编组，绘制与页面大小相同的矩形，选中编组对象和矩形，点击鼠标右键，选择“建立剪切蒙版”，使混合对象适合页面大小。如图 16-4 所示。

图 16-4

步骤 4：绘制四个矩形，分别填充颜色为 #D93832、#DF6639、#7A367B、#364590，然后置入“纹样”素材，调整大小，对齐于页面。如图 16-5 所示。

图 16-5

步骤 5：输入文字“蒙古奶茶”，字体设置为“迷你简综艺”，字号设置为“53mm”，调整行距为“63.6”，选中文字，单击鼠标右键，选中“创建轮廓”，对个别笔画进行设计，得到如图 16-6 所示对比效果。

图 16-6

步骤 6：输入文字“口味地道 · 茶香浓郁”，字体设置为“方正粗圆 _GBK”，字号设置为 9mm，字距设置为 300。如图 16-7 所示。

图 16-7

步骤 7：置入位图“印章”文件，执行“图像描摹→去除多余背景”命令，填充颜色为 #E60012，点击“路径查找器”面板下“联集”按钮，输入直排文字“甜味”，字体设置为“方正水柱简体”，选中文字，单击鼠标右键，选择“创建轮廓”，用文字“甜味”的轮廓修剪“印章”的轮廓。如图 16-8 所示。

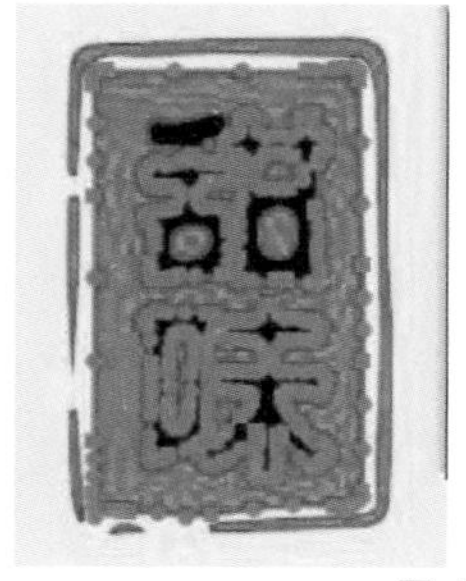
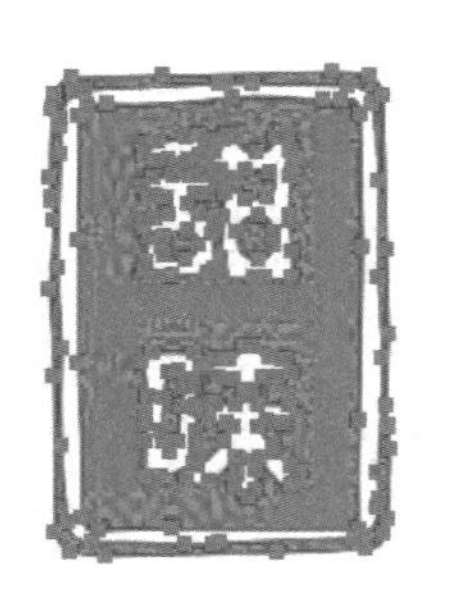

图 16-8

步骤 8：置入位图“祥云”文件，在“图像描摹”面板下的“模式”栏选择“黑白”，然后单击“描摹”按钮，并取消编组，去除白色背景，对两组祥云填充颜色 #EA5614，设置第二片祥云的透明度为 60%。如图 16-9 所示。

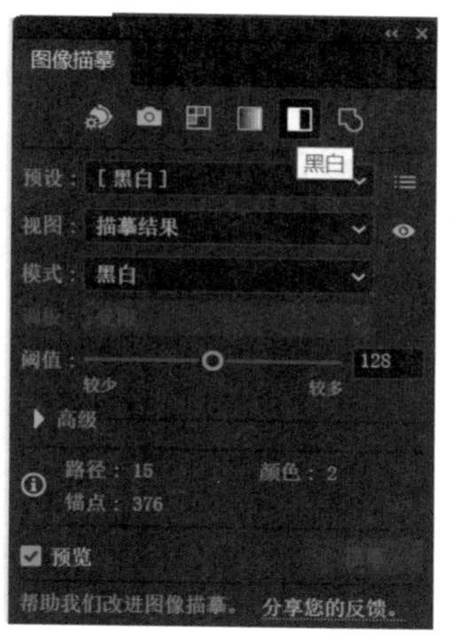

图 16-9

步骤 9：输入“……源自内蒙古……”，字体设置为“方正粗圆”，字号设置为 9mm，字距设置为 820。置入“小纹样”文件进行描摹，填充颜色为红色，调整大小，进行复制，再输入“净含量”等文字内容。如图 16-10 所示。

图 16-10

步骤 10：复制正面背景和标志，复制正面的文字“蒙古奶茶”到背面，并重新排列，输入文字“口味地道 · 茶香浓郁”，使用矩形工具绘制简单表格。如图 16-11 所示。

图 16-11

步骤 11：输入文字“产品名称：奶茶固体饮料”，字体设置为“黑体”，字号设置为 12mm，输入“配料”等文字，字号设置为 9mm，字距设置为 11mm，在“段落”面板里设置对齐方式为“两端对齐，末行左对齐”，在“避头尾集”里设置样式为“严格”，这样可以自动调整句首的标点符号，避免标点出现在句首。置入“条形码”文件，缩放到合适大小并调整至合适位置。如图 16–12。

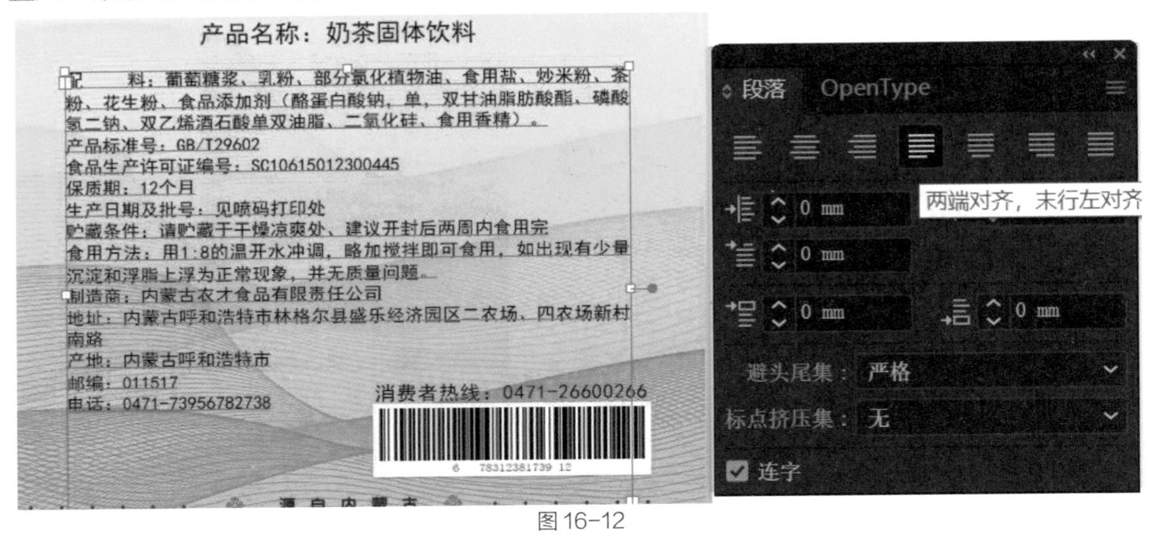

图 16–12

16.3 任务二：“好事橙双”包装设计

学习目标

1. 能够运用“钢笔工具”“混合工具”“文字工具”“透明度”面板等设计制作产品包装视觉效果图。

2. 掌握包装设计的方法和技巧。

3. 能熟练应用软件处理“繁、杂、灵活、多变”设计，能对常用的命令、功能、选项、参数进行整合。

任务描述

橙子包装设计方案要保持简洁、清新和生动的视觉效果，通过插画元素创造与水果相关的形象，使消费者能够在一瞬间辨识出产品，并与其产生情感共鸣。利用鲜艳的色彩和流畅的线条勾勒出水果的轮廓和纹理，选用配套的字体和排版设计，凸显产品特点和品牌；结合包装的形状和材质，使插画与包装完美融合。在设计制作过程中强化软件中工具的熟练度，同时掌握包装设计的设计理念和设计要点。

设计要求

1. 包装盒子外形为上下合盖式，盒子正面要有本公司标志。

2. 设计要体现出“鲜、美、真”的感觉，力求简约而不失深度，脱俗、时尚、高端。

3. 色彩、设计方案由设计师自由发挥，不必拘泥。设计者可根据自己理解及喜好创作。考虑设计的整体风格，颜色方面尽量做的适合各种颜色的搭配协调，体现“时尚、健康和绿色”。

任务准备

1. 硬件要求

一台足够运行 Illustrator 软件的电脑。

2. 实操要求

参考效果图和素材如图 16–13 所示。

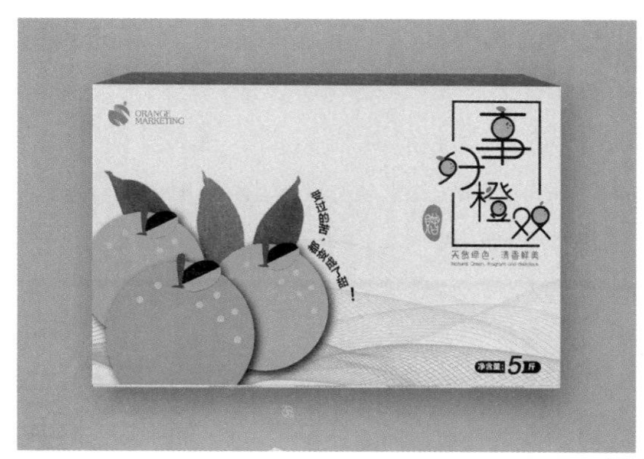

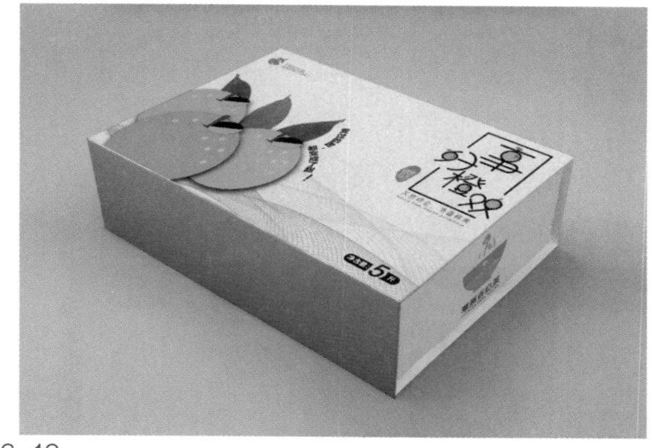

图 16–13

任务实施

步骤 1：新建文件，宽度设置为“315mm”，高度设置为“215mm”，出血设置为“3mm”，创建同页面大小的矩形，填充颜色为 #EFEFEF。执行“效果→纹理→颗粒”命令，强度设置为“40”，对比度设置为“50”，颗粒类型选择“常规”。如图 16–14 所示。

图 16–14

步骤 2：使用钢笔工具绘制两条路径，设置描边颜色分别为 #F39800、#EA5514，描边宽度为 0.25mm，执行“对象→混合→建立”命令，设置步数为 100。绘制一条曲线，同时选择所有路径对象，执行“对象→混合→替换路径”命令，并复制混合对象，控制栏的不透明度设置为“36%”，拉开空间感，移动至合适位置。如图 16–15 所示。

图 16–15

步骤 3：创建同页面大小的矩形，和混合对象创建剪切蒙版，使混合对象适合页面宽度，使用椭圆工具绘制橙子图形，填充颜色为 #EC6618，调整投影效果至大小适宜即可，复制两个橙子，填充颜色为 #F39800。置入“水墨叶子素材”位图，在“透明度”面板下设置模式为“正片叠底”，过滤掉白色背景，并放在橙子后面，然后复制叶子，旋转排列。如图 16-16 所示。

步骤 4：打开“好事橙双”字体设计文件，进行排版，输入文字“源自自然，品质新鲜”，字体设置为“汉仪游园体简”，字号设置为“9.4mm”，输入文字“From Nature， quality fresh translation”，字体同样设置为“汉仪游园体简”，字距调整到和汉字两侧对齐即可。如图 16-17 所示。

图 16-16

图 16-17

步骤 5：打开红色“赠”字印章文件，排列在文字“好事橙双”左侧。沿着橙子主图边界绘制一条曲线，选择“直排路径文字工具”，在路径上单击插入光标，输入文字“吃过的苦，现在都很甜！”，字体设置为“即墨体”，字号设置为“10mm”。如图 16-18 所示。

步骤 6：最终效果图如图 16-19 所示。

图 16-18

图 16-19